Dick Jones

Der Kosmos-Spinnenführer

Über 350 mitteleuropäische Spinnenarten in Farbe

Kosmos · Gesellschaft der Naturfreunde
Franckh'sche Verlagshandlung · Stuttgart

Aus dem Englischen übersetzt und bearbeitet von Bodwin Gebhard
Titel der Originalausgabe „The Hamlyn Guide to Spiders of Britain and Europe“, erschienen bei The Hamlyn Publishing Group Ltd., Feltham 1983, unter ISBN 0 600 35665 5 und ISBN 0 600 35614 0

Mit 354 Farbfotos von Dick Jones, 8 Schwarzweißfotos von Dick Jones und 179 Schwarzweißzeichnungen von Maudy Holloway (157) und Marianne Golte-Bechtle (22).

Umschlag von Edgar Dambacher unter Verwendung einer Aufnahme von Dick Jones
Das Bild zeigt die Gartenkreuzspinne *(Araneus diadematus)*.

CIP-Kurztitelaufnahme der Deutschen Bibliothek

Jones, Dick:
Der Kosmos-Spinnenführer : über 350 mitteleurop. Spinnenarten in Farbe / Dick Jones. [Aus d. Engl. übers. u. bearb. von Bodwin Gebhard]. – Stuttgart : Franckh, 1984.
(Kosmos-Naturführer)
Einheitssacht.: The Hamlyn guide to spiders of Britain and Europe ⟨dt.⟩
ISBN 3-440-05392-X
NE: Gebhard, Bodwin [Bearb.]

Franckh'sche Verlagshandlung, W. Keller & Co., Stuttgart / 1984

Printed in Spain / Imprimé en Espagne / LH 14 Ste / ISBN 3-440-05392-X
Satz: G. Müller, Heilbronn
Herstellung: Artes Gráficas Toledo, S. A.
D. L. TO: 761-1984

Der Kosmos-Spinnenführer

Vorwort

Spinnen sind weit verbreitet, kommen zu Lande in fast allen Lebensräumen vor und sind wohl jedem Menschen, der mit offenen Augen durchs Leben geht, bekannt. Leider werden diese interessanten Tiere aus Unkenntnis und Überlieferung alter Mythen und Sagen, aufgrund von Horrorgeschichten und Horrorfilmen immer noch (oder schon wieder) für gefährlich und mysteriös gehalten und als ekelig und furchterregend empfunden. Kaum einer nimmt sich die Zeit, diese „ekeligen" Tiere mit den vielen Beinen, von denen man nie genau weiß, welche Richtung sie jetzt einschlagen, genauer zu betrachten, geschweige denn über längere Zeit zu beobachten. Im Gegenteil: Ein Fußtritt oder ein gezielter Wurf mit einem festen Gegenstand befreit schnell von diesen „Ungeheuern".

Nur sehr wenige wissen mehr über die oft farbenprächtigen und kunstvoll gemusterten und behaarten Tiere, ihre Lebensweise und ihre oft außergewöhnlichen Verhaltensweisen, den komplizierten Netzbau, die ungewöhnlichen und von Familie zu Familie sehr verschiedenen Arten des Beuteerwerbs, die ausdauernden Werbungen der Männchen um die erwählte Partnerin, die sorgfältige Eiablage in gut getarnte Schlupfwinkel oder gut gesicherte Eipakete, das Heranwachsen der Jungspinnen und ihren Schutz.

Dieses Buch will dem interessierten Naturfreund auf einfache Art und Weise anhand von Text und Bildern das faszinierende Leben der Spinnen und ihre Artenvielfalt vorstellen – in der Hoffnung, nicht nur dem Leser interessante, unbekannte Informationen über die oft verschmähte Tiergruppe zu liefern, sondern auch den zahlreichen, äußerst nützlichen Spinnen zu helfen, die meist nur aus Unwissenheit getötet werden.

Das Buch ist in zwei Teile gegliedert: eine allgemeine Einleitung, die sich mit der Stellung der Spinnen im Tierreich, ihrem Bau und ihrer Lebensweise beschäftigt und Tips zum Beobachten, Sammeln und Halten gibt, und einen ausführlichen Bestimmungsteil, der von einem kurzen Bestimmungsschlüssel zu den einzelnen Familien eingeleitet wird. Der Bestimmungsteil ist systematisch nach Familien geordnet. Ein allgemeiner Text führt die Besonderheiten und wichtigsten Bestimmungsmerkmale der einzelnen Familien auf, danach folgen kurze Beschreibungen der bei uns am häufigsten zu findenden und am leichtesten zu bestimmenden Vertreter dieser Familien. Zu diesen Beschreibungen gehört jeweils ein Farbfoto, das die Spinne (meist das größere und besser gezeichnete Weibchen) in ihrem natürlichen Lebensraum zeigt – manchmal muß man schon genau hinsehen, um das gut getarnte Tier in seiner Umgebung zu entdecken. Wichtige Bestimmungsmerkmale werden anhand von Strichzeichnungen weiter verdeutlicht.

Gartenkreuzspinne *(Araneus diadematus)*

Die Stellung der Spinnen im Tierreich

Das gesamte Tierreich ist in mehrere Stämme unterteilt, diese wiederum in Klassen, Ordnungen, Familien und Arten.
Die Spinnen gehören dem Stamm der Gliederfüßer (Arthropoden) an, dem bei weitem artenreichsten Stamm des gesamten Tierreiches, der fast 80% aller bisher bekannten Tiere umfaßt:

Gliederfüßer (Arthropoda)

Krebstiere (Crustacea)	**Tausendfüßer (Diplopoda)**	**Hundertfüßer (Chilopoda)**	**Insekten (Insecta)**	**Spinnentiere (Arachnida)**

Gliederfüßer zeichnen sich aus durch eine deutliche Gliederung des Körpers und der Gliedmaßen. Sie besitzen eine feste Hülle aus Chitin um ihren Körper, die als Außenskelett bezeichnet wird und dem Körper Festigkeit und Schutz verleiht. Dieses Außenskelett besteht aus einzelnen Chitinplatten (Sklerite), die durch weiche Häute beweglich miteinander verbunden sind, jedoch dem Wachstum des Tieres nicht folgen können, so daß sich ein Gliederfüßer im Laufe seiner Entwicklung und seines Wachstums öfter häuten muß, d. h., das zu klein gewordene Außenskelett wird abgeworfen und durch ein größeres ersetzt.
Der Körper ist gegliedert in Kopf, Brust und Hinterleib. Am Kopf sitzen die Augen und verschiedene „Anhänge", wie z. B. Fühler und Mundwerkzeuge.
Die Gliederfüßer haben ein sogenanntes Strickleiternervensystem, ein schlauchförmiges Herz mit seitlichen Spalten und ein offenes Blutgefäßsystem. Sie atmen – je nach Lebensraum – entweder mit Kiemen, Tracheen oder Tracheenlungen. Sie sind meist getrenntgeschlechtlich und eierlegend.
Die einzelnen Klassen der Gliederfüßer lassen sich wie folgt kurz charakterisieren:

Krebstiere (Crustacea): Im Wasser lebende Gliedertiere mit länglichem Körper, der aus einer unterschiedlichen Anzahl von Segmenten bestehen kann. Kopf und Brust sind meist zu einem Teil, der Kopfbrust, verschmolzen und tragen drei verschiedene Gliedmaßentypen: 2 Paar lange, dünne Fühler, 3 Paar kauende Mundwerkzeuge und 4 Paar Beine mit Spaltfüßen. Krebstiere treten jedoch in so vielen verschiedenen Formen auf, daß diese Merkmale nicht immer in der beschriebenen Form auftreten.

Tausendfüßer (Diplopoda): Landbewohnende Gliederfüßer mit wurmartig gestrecktem Körper, an dem viele Beinpaare sitzen. Kopf rundlich mit 1 Paar Fühler und 2 Paar Mundwerkzeugen.

Hundertfüßer (Chilopoda): Landbewohnende Gliederfüßer mit wurmartig gestrecktem Körper. Kopf mit 1 Paar Fühler und 3 Paar Mundwerkzeugen. Die übrigen Körpersegmente tragen je ein Beinpaar.

Insekten (Insecta): Landbewohnende Gliederfüßer mit dreigeteiltem Körper: Kopf, Brust, Hinterleib. Der Kopf trägt 1 Paar Fühler, die Mundwerkzeuge und zusammengesetzte Augen (Facettenaugen). An der Brust sitzen 3 Paar Beine und oft 2 Paar Flügel. Beine meist 5gliedrig. Eierlegend. Aus dem Ei entwikkelt sich eine Larve, die entweder über mehrere Häutungen zum erwachsenen Tier heranwächst oder die noch ein Puppenstadium durchläuft, ehe das erwachsene Tier schlüpft.

Spinnentiere (Arachnida): Landbewohnende Gliederfüßer mit zweigeteiltem Körper: Kopfbruststück und Hinterleib. Am Kopfbruststück sitzen die Punktaugen und alle entwickelten Gliedmaßen (2 Paar Mundwerkzeuge und 4 Paar Beine). Beine häufig 7gliedrig. Hinterleib gliedmaßenlos (bei Webespinnen 3 Paare von „Gliedmaßen" als Spinnwarzen).

Da die Spinnen der Klasse der Spinnentiere (Arachnida) angehören, wollen wir uns mit dieser Klasse und ihren Ordnungen etwas eingehender befassen:

Spinnentiere (Arachnida)

Zur Klasse der Spinnentiere gehören 11 Ordnungen, von denen allerdings nur die Vertreter von 4 Ordnungen in Mitteleuropa heimisch sind:

Afterskorpione (Pseudoscorpiones)
Milben und Zecken (Acari)
Weberknechte (Opiliones)
Spinnen (Araneae)

Gelegentlich tritt in Frankreich ein Vertreter der Ordnung Skorpione (Scorpiones) auf: der ca. 40 mm lange, dunkle *Euscorpius flavicaudis* (siehe Bild Seite 8). Der eigentliche Verbreitungsraum dieses Skorpions ist jedoch der Mittelmeerraum. Da die Vertreter der Skorpione vor allem in heißen, trockenen Klimaten leben, wollen wir diese Ordnung ganz außer acht lassen.

Der Körper der Spinnentiere gliedert sich deutlich in zwei Teile (eine Ausnahme bilden die Milben und Weberknechte, bei denen der Körper wie ein Stück erscheint).
Der vordere Abschnitt besteht aus der Verschmelzung von Kopf und Brust, dem Kopfbruststück (Cephalothorax oder Prosoma). An ihm sitzen alle Gliedmaßen: 4 Beinpaare, 1 Paar Kiefertaster (Pedipalpen), 1 Paar Kieferklauen (Cheliceren) und die punktförmigen Einzelaugen (Ocellen). Die Zahl der Augen reicht von null (einige Milben- und Zeckenarten) bis zu 12 (einige Skorpion-Arten). Trotz dieser Vielzahl von Augen ist das Sehvermögen der Spinnentiere nicht gut ausgebildet. Viele Spinnentiere besitzen daher zum Aufspüren der Beute noch spezielle Sinneshaare (Setae) an ihren Gliedmaßen. Der Hinterleib (Abdomen oder Opisthosoma) ist bei den Skorpionen und Afterskorpionen deutlich gegliedert, bei den Weberknechten nur sehr undeutlich, bei Spinnen und Milben überhaupt nicht.

Euscorpius flavicaudis (etwa 40 mm)

Sehr oft werden die Spinnentiere mit den Insekten verwechselt, von denen sie sich jedoch deutlich unterscheiden. Hier noch einmal die wichtigsten Unterscheidungsmerkmale:

Spinnentiere	**Insekten**
Körper zweiteilig (Kopfbrust, Hinterleib)	Körper dreiteilig (Kopf, Brust, Hinterleib)
4 Paar Beine	3 Paar Beine
Punktaugen	Komplexaugen
2 Paar Mundgliedmaßen	3 Paar Mundgliedmaßen
ohne Flügel	mit Flügel
ohne Fühler (Antennen)	mit Fühler (Antennen)

Afterskorpione (Pseudoscorpiones)

Afterskorpione sind kleine, höchstens 5 mm lange, flache Spinnentiere mit ungegliedertem Vorderkörper (Kopfbrust) und deutlich gegliedertem Hinterleib.

Am Vorderkörper sitzen 4 Paar blasse, relativ kurze Beine, 1 Paar lange Kiefertaster (Pedipalpen) mit großen, endständigen Zangen, 1 Paar Kieferfühler (Cheliceren), in die Spinndrüsen endigen, und 0–4 kleine Punktaugen. Der deutlich gegliederte Hinterleib ist nicht – wie bei den Echten Skorpionen – verschmälert und trägt auch keinen Giftstachel. Die aus den Kieferfühlern austretende Spinnseide wird zum Bau von Wohnkammern, Eikammern und Überwinterungskammern benötigt. Afterskorpione leben in Moos und Bodenstreu (z. B. *Neobisium muscorum, Chthonius tenuis*), unter Steinen, auf Bäumen und Sträuchern, in Vogelnestern, Viehställen und Häusern (z. B. der Bücherskorpion *Chelifer cancroides,* der sich von Staubläusen und Büchermilben ernährt).

Die Afterskorpione sind in mehrere Familien unterteilt, von denen ca. 25 Arten bei uns heimisch sind.

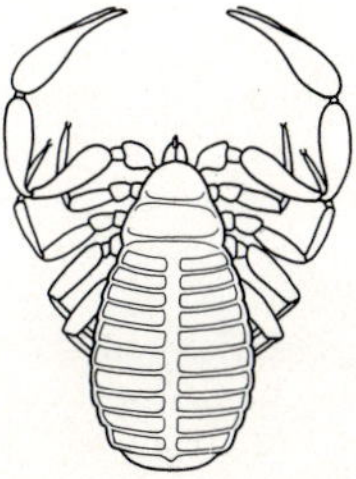

Neobisium muscorum (etwa 2,5 mm)

Chthonius tenuis (etwa 1,5–2 mm)

Holzbock *Ixodes ricinus* (etwa 1–11 mm, je nach Nahrungsaufnahme)

Sammetmilbe *Trombidium holosericeum* (etwa 4 mm)

Milben und Zecken (Acari)

Die Milben bilden neben den Spinnen die artenreichste Ordnung der Spinnentiere. Es handelt sich hier um außerordentlich verschieden gestaltete kleine Spinnentiere mit gedrungener, ei-, sack- oder wurmförmiger Gestalt. Vorderkörper und Hinterleib bilden eine Einheit und scheinen miteinander verschmolzen zu sein, eine deutliche Trennung ist nicht zu erkennen. Der Hinterleib ist ungegliedert. Milben besitzen meist 4 Beinpaare (die Larvenstadien z. T. jedoch nur 3 Paar!), die in Klauen oder Haftscheiben enden. Am Vorderende des Kopfbrustteiles sitzen beißende, saugende oder stechende Mundwerkzeuge und 0–4 punktförmige Augen. Die Beine sind je nach Lebensweise stark umgebildet, Wassermilben z. B. tragen lange Schwimmborsten an den Beinen, parasitär lebende Milben besitzen oft nur noch Beinstummel oder Klammerbeine.

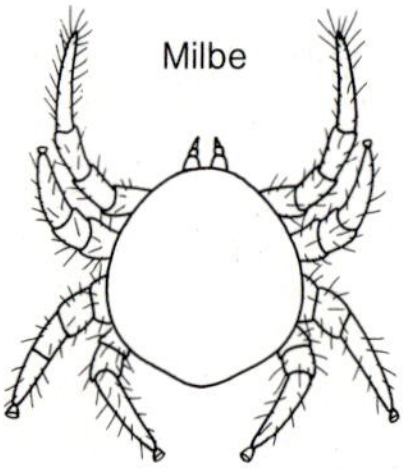

Milbe

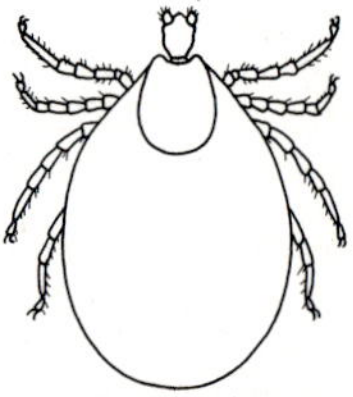

Zecke (teilweise vollgesogen)

Sehr viele Milbenarten leben schmarotzend (parasitär) an Pflanzen oder Tieren und Menschen und verursachen große gesundheitliche und wirtschaftliche Schäden. Bekannt und berüchtigt sind z. B. die Krätzmilben (Acaridae), die sich in die Haut des Menschen einbohren, dort Gänge fressen und ihre Eier ablegen, die Zecken (Ixodidae), die beim Blutsaugen gefährliche Krankheitserreger (ARBO-Viren) übertragen können, Haarbalgmilben (Demodicidae), Räudemilben (Psoroptidae), Spinnmilben an Pflanzen (Tetranychidae), Vorratsschädlinge (Tyroglyphidae) wie Käsemilben, Mehlmilben, Polstermilben und Büchermilben.

Weberknechte (Opiliones)
1–20 mm lange Spinnentiere mit gedrungenem, hochgewölbtem Körper. Der deutlich gegliederte Hinterleib sitzt dem Kopfbruststück in voller Breite an, so daß eine Einheit entsteht.
Am Vorderende sitzen auf einem Hügel meist 1 Paar Punktaugen, 1 Paar 5- bis 6gliedrige Kiefertaster, 1 Paar 3gliedrige, am Ende scherenförmige Kieferfühler und 4 Paar lange, dünne Laufbeine, deren Füße meist vielgliedrig sind und dafür sorgen, daß sich die Tiere besser auf Sträuchern und Pflanzen festhalten können. Diese langen Laufbeine brechen sehr schnell ab, bei vielen Arten besitzen sie auch sogenannte „Sollbruchstellen", so daß der Weberknecht bei Gefahr einfach ein Bein abfallen läßt, das dann noch weiterzuckt und so den Freßfeind vom eigentlichen Opfer ablenkt.

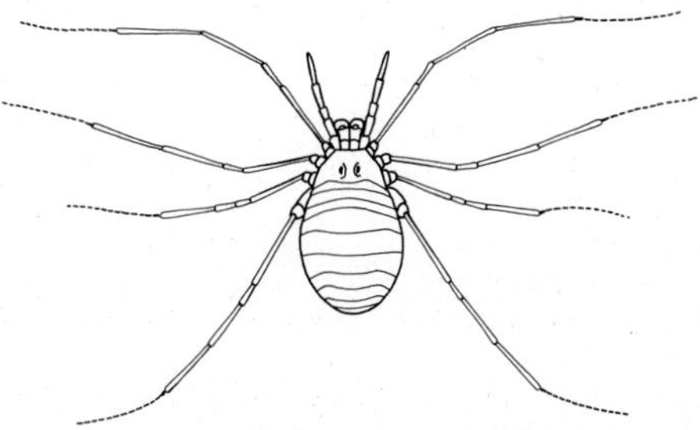

Weberknechte sind getrenntgeschlechtlich. Das Weibchen besitzt eine Legeröhre, mit deren Hilfe es die Eier in gut geschützte Spalten und Ritzen ablegen kann. Weberknechte sind weltweit verbreitet und besiedeln fast alle Lebensräume an Land, halten sich vor allem jedoch in Bodennähe auf. Sie ernähren sich von pflanzlicher und tierischer Nahrung. In Mitteleuropa kommen ca. 35 Arten in 4 Familien vor.

Spinnen (Araneae)
Im Unterschied zu den anderen Spinnentieren ist der Körper der Spinnen deutlich in zwei Teile gegliedert: das aus Kopf und Brust verschmolzene Kopfbruststück und den ungegliederten Hinterleib. Kopfbrust und Hinterleib sind nur durch einen schmalen Stiel (Petiolus) miteinander verbunden.
Am Kopfbruststück sitzen 6 oder 8 Punktaugen, 2 Paar Mundwerkzeuge und 4 Paar Beine.
Am Hinterleib liegen die Geschlechtsorgane, spaltenförmige Atemlöcher (Stigmen), die den Eingang zu den Tracheenlungen bilden, und 1–4 Paare kegelförmige Spinnwarzen.
Spinnen ernähren sich vorwiegend räuberisch von Insekten, die sie entweder erjagen oder in eigens dafür angefertigten Fangnetzen erbeuten. Sie sind weit verbreitet, besiedeln fast alle Lebensräume, sind aber in der Hauptsache Landbewohner.

Die Anatomie der Spinnen

Der Körper der Spinnen ist aus zwei Teilen zusammengesetzt: dem Vorderkörper (Cephalothorax oder Prosoma), der aus einer Verschmelzung von Kopf und Brust entstanden ist und an dem 6 Paar Gliedmaßen (2 Paar Mundgliedmaßen und 4 Paar Beine) und die Augen sitzen, und dem Hinterleib (Abdomen oder Opisthosoma), an dessen Hinterende die charakteristischen Organe dieser Ordnung, die Spinnwarzen, liegen. Beide Körperteile sind durch einen schmalen, röhrenförmigen Stiel (Petiolus) miteinander verbunden.

Vorderkörper (Cephalothorax)

Der Vorderkörper der Spinnen trägt auf seiner Oberseite einen festen Rückenschild (Carapax), der bei genauer Betrachtung mit der Lupe eine deutliche Grube (Fovea) erkennen läßt. Es handelt sich hier um eine Einsenkung des Außenskelettes, an der einige Muskeln des darunterliegenden Saugmagens ansetzen. Von dieser Eindellung ziehen nach allen Seiten mehr oder weniger gut sichtbare flache Furchen, von denen die beiden nach vorne führenden den Vorderkörper undeutlich in den erhabeneren Kopfteil (Caput) und den flacheren Brustteil (Thorax) gliedern.

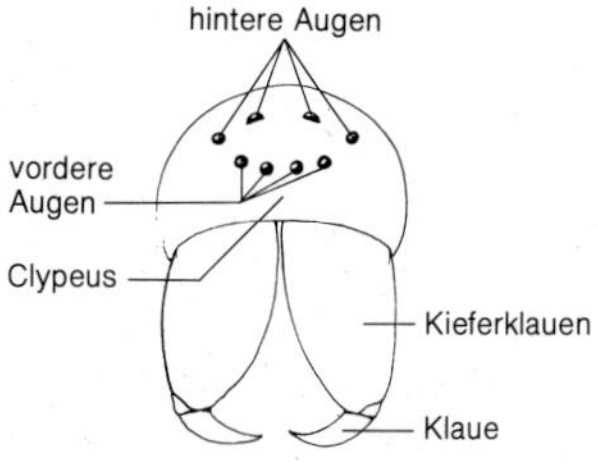

Augenstellung von vorn

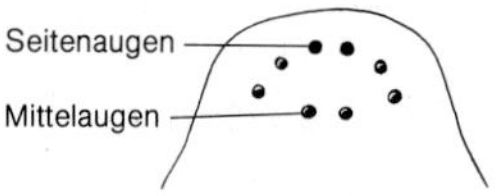

Augenstellung von oben

Der Kopfabschnitt trägt an seinem vorderen Rand (Stirnrand), seltener in der Mitte, 6 oder 8 Punktaugen, die je nach Art in 2 oder 3 Querreihen angeordnet sind.
Man unterscheidet grob in hintere Augen, vordere Augen, Seitenaugen und Mittelaugen. Diese Unterscheidung spielt bei der Bestimmung der einzelnen Arten eine nicht unbedeutende Rolle. Der Teil zwischen Augenfeld und Stirnrand wird Clypeus genannt.
Auch die Bauchseite des Vorderkörpers wird von einem Schild bedeckt, dem Brustschild (Sternum), das bei einigen Arten typisch geformt oder gezeichnet ist und zur Bestimmung mit herangezogen wird. Am vorderen Rand dieses Brustschildes liegt eine kleinere Platte, die Lippe (Labium), die bei einigen Arten mit dem Brustschild, meist jedoch nur mit einer weichhäutigen Membran gelenkig verbunden ist. Links und rechts der Lippe liegen die Kauladen (Maxillen oder Enditen, Basisglieder der Pedipalpen), die auf der Innenseite mit

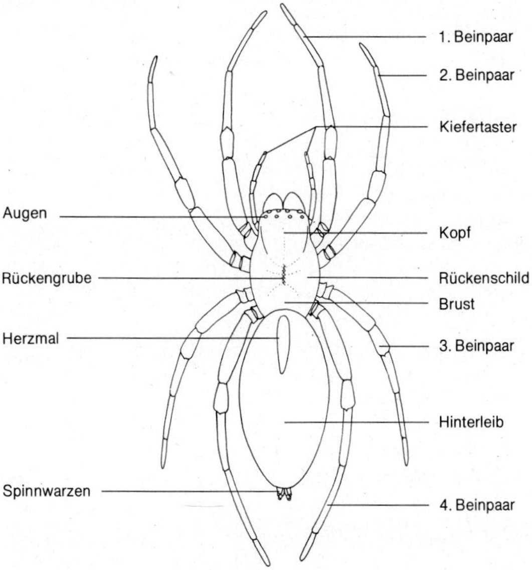

Charakteristischer Spinnenkörper

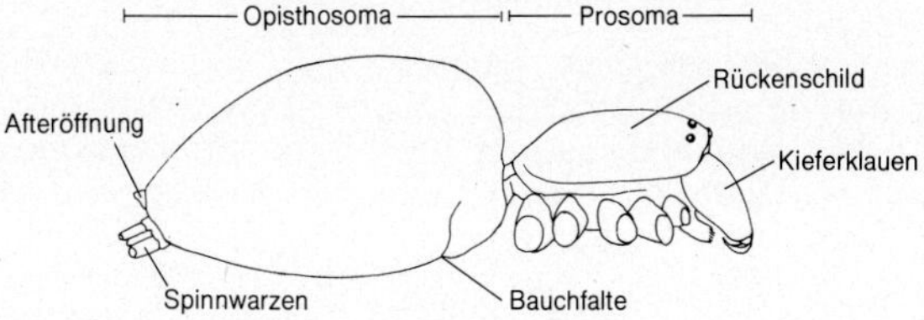

Spinnenkörper von der Seite

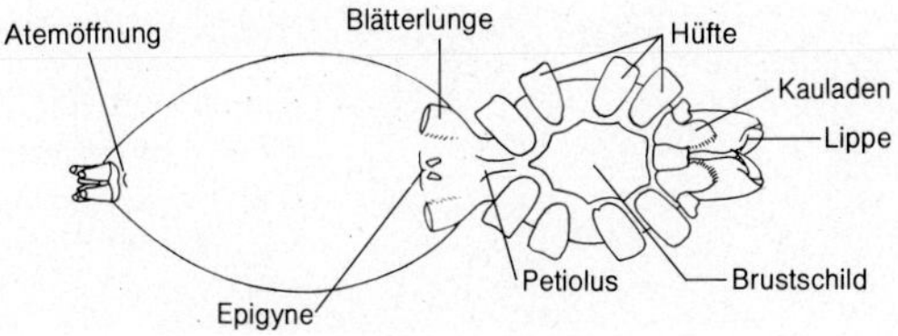

Spinnenkörper von unten

dichtstehenden, feinen Härchen besetzt sind und wie Filter funktionieren. Als erstes Gliedmaßenpaar sitzen am Kopfbruststück die Kieferklauen (Cheliceren), die vor dem Mund liegen. Jede Kieferklaue besteht aus 2 Gliedern: einem kräftigen, breiten Grundglied und einer zahnartigen, beweglichen Klaue, die auf dem Grundglied sitzt. Bei manchen Spinnen-Arten ist das Grundglied noch mit einer Reihe feststehender Zähnchen besetzt, die dazu dienen, die ergriffene Beute zu „zersägen". In der Spitze der Klauen enden Giftdrüsen, die zum Teil im Kopf, zum Teil im Grundglied liegen und schlauchförmig durch die Klaue ziehen.
Auf die Kieferklauen folgen die Kiefertaster (Pedipalpen), das zweite am Kopfbruststück ansetzende Gliedmaßenpaar, das zum Betasten der Beute dient und bei der Werbung eine große Rolle spielt. Die Kiefertaster sind 6-gliedrig und im Aufbau ähnlich den Beinen. Das am Körper ansitzende breiteste Glied ist die Hüfte (Coxa), die zu Kauladen (Maxillen) umgewandelt wurde. Ihr folgen Schenkelring (Trochanter), Schenkel (Femur), Knie (Patella), Schiene (Tibia) und Fuß (Tarsus).

Männliches Begattungsorgan von *Araneus angulatus*

Bei den männlichen Spinnen wandeln sich die Kiefertaster bis zur Geschlechtsreife in relativ kompliziert gebaute Paarungsorgane um.
Die folgenden 4 Gliedmaßenpaare, die noch dem Kopfbrustteil ansitzen, sind die 7gliedrigen Beine. Sie bestehen aus einer relativ unbeweglichen Hüfte (Coxa), einem kurzen, ringähnlichen Schenkelring (Trochanter), dem längsten Glied, dem Schenkel (Femur), dem kurzen Knie (Patella), der dünnen Schiene (Tibia), einem noch dünneren Zwischenfuß (Metatarsus) und schließlich dem dünnsten Glied des Beines, dem Fuß (Tarsus).
Der Fuß ist das zarteste Glied des Beines. Er trägt an seinem äußersten Ende 2–3 gebogene Krallen (Tarsalklauen), die meist kammartig gezähnt sind und

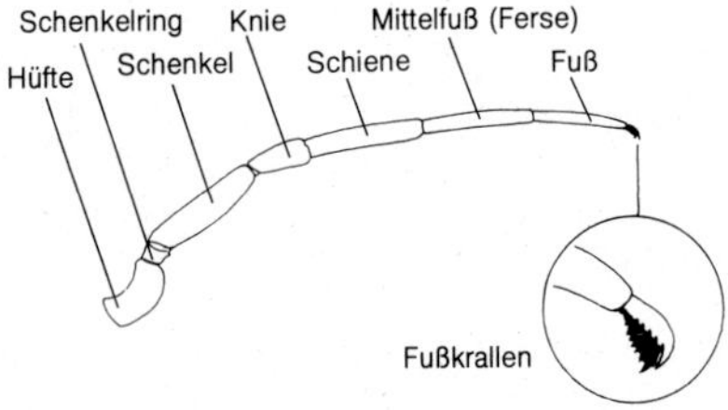

es der Spinne ermöglichen, sich auf ihren eigenen Spinnfäden zu bewegen. Die Beine der Spinnen sind meist mehr oder weniger dicht mit verschiedenen Sinneshaaren (Stacheln, Borsten und feinen Härchen) und Spaltensinnesorganen bedeckt, die entweder auf Berührung, Veränderung der Luftströmung oder chemische Reize reagieren. Diese Sinneshaare stehen mit Nerven in Verbindung, die den empfangenen Reiz bis zum Gehirn weiterleiten.
Viele Spinnen tragen an ihren Zwischenfüßen und Füßen eine dichte „Bürste" aus kurzen Haaren, die sogenannte Scopula.

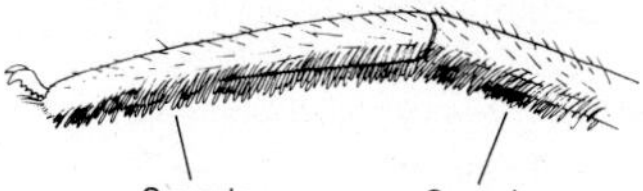

Jedes der feinen Bürstenhaare spaltet sich an seinem Ende in viele tausend kleine Verzweigungen auf, so daß die Spinne die Fähigkeit besitzt, selbst an glatten Oberflächen auf- und abklettern zu können – Adhäsionskräfte zwischen den feinen Endigungen und dem Untergrund sorgen dafür, daß die Spinne nicht abrutscht und einen Halt findet.
Die Beweglichkeit der Spinnenbeine ist zum einen auf sehr gut entwickelte Beuger-Muskeln, zum andern auf die außergewöhnliche Gelenkigkeit der einzelnen Beinglieder zurückzuführen.

Im Innern des Vorderkörpers liegen 1 Paar Giftdrüsen, das Zentralnervensystem (Gehirn und Unterschlundganglion), der vordere Teil des Verdauungssystems mit Speiseröhre, Saugmagen und mehreren blind endenden Schläuchen des Mitteldarmes sowie die gut entwickelte Muskulatur aller Gliedmaßen.

Hinterleib (Abdomen)

Der Hinterleib der Spinnen ist sehr vielgestaltig: kugelig, röhrenförmig, länglich, oval, hoch aufgewölbt oder flach, langgestreckt, dreieckig, glatt oder faltig, behaart oder unbehaart. Bei fast allen Arten jedoch ist er weichhäutig, dehnbar und scheinbar ungegliedert.
Auf der Oberseite des Hinterleibes sind häufig kleine Vertiefungen zu erkennen, hier liegen im Innern die Ansatzstellen für Muskeln. Im vorderen Teil der Mittellinie sitzt oft ein lanzenförmiges Zeichen (Herzmal), unter dem sich das Herz der Spinne befindet. Bei manchen Spinnen-Arten, die ein durchsichtiges Außenskelett besitzen, kann man dieses Herz sogar von außen her erkennen.
Einige Spinnen-Männchen (Tapezierspinnen- und Glattbauchspinnen-Arten) tragen auf dem Hinterleibsrücken eine oder mehrere verhärtete Platten (Scutum).
Das Muster auf dem Hinterleibsrücken setzt sich entweder aus farbigen Härchen zusammen oder rührt von Farbstoffeinlagerungen in der Haut her. Am

Ende des Hinterleibes liegt die einzige Ausscheidungsöffnung, der Anus, der bei einigen Arten auf einer leichten Erhebung, dem Analhügel, sitzen kann. Unterhalb des Anus sitzen bis zu 4 Paar Spinnwarzen.
Die am weitesten bauchseits gelegenen nennt man vordere Spinnwarzen, die am weitesten zum Rücken hin gelegenen hintere Spinnwarzen. Diese beiden Paare sind meist deutlich größer als die mittleren Spinnwarzen und überdekken diese oft völlig. Bei den meisten Spinnen sind nur noch 3 Paar funktionstüchtige Spinnwarzen vorhanden. Die Spinnwarzen sind ein- bis mehrgliedrig und gut beweglich. Vordere und hintere Spinnwarzen sind meist 2gliedrig und bei einigen Arten extrem lang.
Die Spinndrüsen, die in den Spinnwarzen endigen, liegen ausnahmslos im Hinterleib. Jede Spinnen-Art besitzt mehrere verschiedene Spinndrüsen-Typen, von denen jeder eine spezielle Spinnseide ausscheidet. Die flüssige Spinnseide fließt durch dünne Gänge zu den Spinnspulen an den Enden oder Unterseiten der Spinnwarzen; bereits in den Gängen ist die Spinnseide fertig.

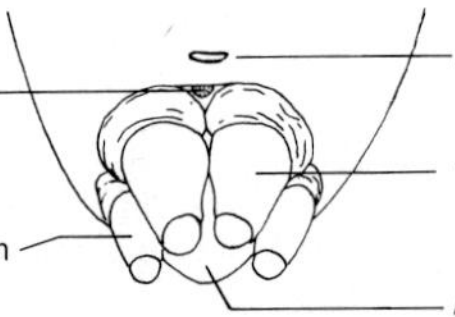

Es gibt eine Spinndrüse, die zur Herstellung der Kokonseide befähigt ist, eine andere stellt den Klebfaden her, wieder eine andere liefert die Seide, die zum Einspinnen gefangener Beute dient, zwei weitere Drüsen liefern die Seide, aus der die Anheftungsscheibe hergestellt wird. Bisher sind 6 verschiedene Spinndrüsen-Typen bekannt.
Bei einigen Spinnen liegt zwischen den vorderen Spinnwarzen ein kleiner Hügel (Colulus), wahrscheinlich ein rückgebildetes Spinnwarzenpaar ohne jegliche Funktion.
Bei den Kräuselfadenweberinnen liegen die vorderen Spinnwarzen auf einer breiten, flachen Spinnplatte (Cribellum), deren Oberfläche dicht mit Spinnspulen besetzt ist. Dazu besitzen die Kräuselfadenweberinnen auf der Oberseite des Zwischenfußes am 4. Beinpaar eine Reihe kleiner, gebogener Borstenhaare (Calamistrum). Mit diesem Bürstenkamm ziehen die Spinnen sehr feine Fäden aus der Spinnplatte, die bläulichen Wollfäden, die zum Beutefang dienen.
Viele Spinnen-Arten besitzen direkt vor den Spinnwarzen auf der Bauchseite eine kurze Querfurche, eine Atemöffnung (Stigma), die zu den Röhrentracheen führt.
Bei den meisten Spinnen liegen diese Atemöffnungen paarweise kurz hinter der Verbindungsröhre (Petiolus) zwischen Vorderkörper und Hinterleib und bilden hier den Eingang zu den beiden Buch- oder Blätterlungen.
Die meisten Spinnen besitzen zwei Atmungssysteme: 1 Paar Blätterlungen und 1–2 Paar Röhrentracheen. Die Blätterlungen liegen direkt hinter der Ver-

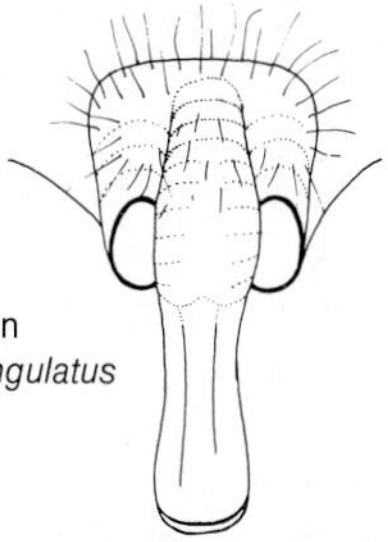

Epigyne von *Araneus angulatus*

bindungsröhre (Petiolus) zwischen Vorderkörper und Hinterleib, die Röhrentracheen durchziehen den ganzen Körper, ihr Eingang liegt kurz vor den Spinnwarzen. Die Blätterlungen sind aus vielen feinen, blätterartigen Strukturen zusammengesetzt, durch die das sauerstoffaufnehmende Blut zirkuliert. Die Röhrentracheen ziehen als einfache Röhren oder als stark verzweigtes Röhrensystem durch den gesamten Körper.

Kurz hinter den Atemöffnungen liegen in einer Bauchfalte die Geschlechtsöffnungen und der Kopulationsapparat (Epigyne) der Weibchen.

Dieses besondere Kopulationsorgan ist von Art zu Art verschieden und dient als sicheres Merkmal bei der Artbestimmung. Im großen und ganzen handelt es sich um einen leicht gewölbten, verhärteten Bereich, der sich ins Körperinnere faltig ausbreitet.

Die männlichen Kopulationsorgane liegen in den Kiefertastern (Pedipalpen) und werden mit zunehmender Geschlechtsreife entwickelt. Auch die männlichen Kopulationsorgane sind ein sicheres Bestimmungsmerkmal der einzelnen Arten.

Im Inneren des Hinterleibes liegen die paarigen Blätter- oder Buchlungen, das schlauchförmige Herz und die davon abgehenden Blutgefäße, der Mitteldarm mit seinen lappigen, reichverzweigten Blindfortsätzen und der kurze Enddarm, die Exkretionsorgane (Malpighische Gefäße), die zusammen mit dem Enddarm in die Kloake münden, die verzweigten Röhrentracheen, die verschiedenen Spinndrüsen und die Geschlechtsorgane (Eierstöcke und Hoden).

Männliche Begattungsorgane von zwei *Zygiella-Arten*

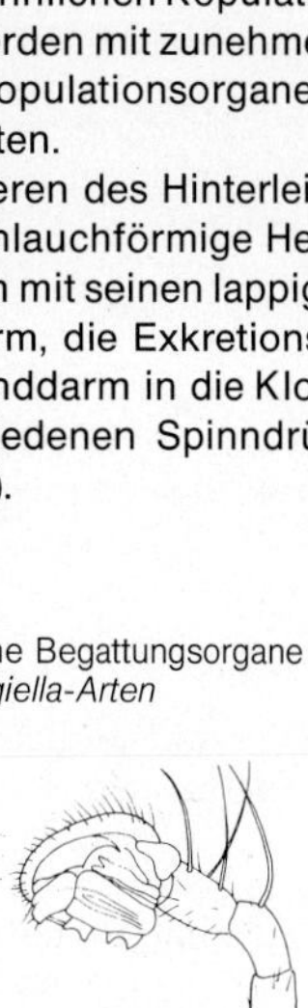

Z. x-notata

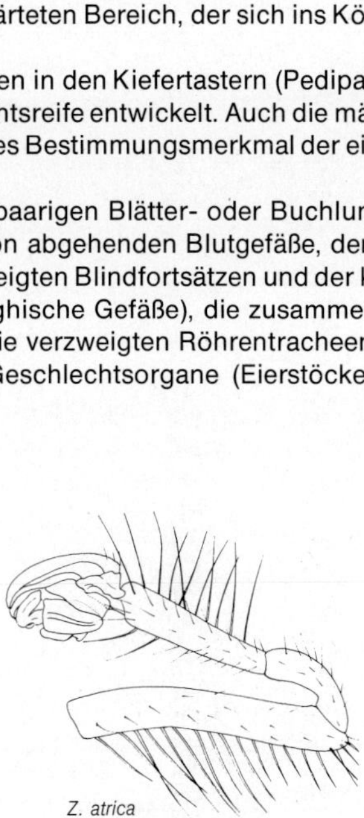

Z. atrica

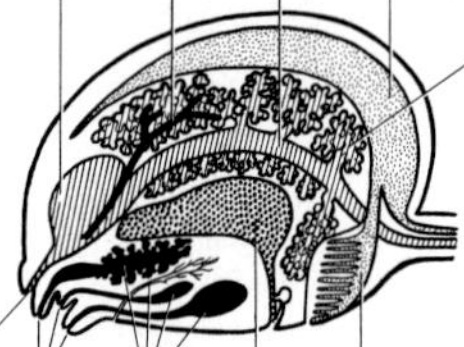

Innere Organe des Hinterleibes

Das Herz liegt am Vorderende des Hinterleibes auf der Rückenseite. Es besteht aus einem stark muskulösen Schlauch, der an den Seiten je 2–3 kurze Spalten besitzt. Dieser Herzmuskelschlauch wird durch Aufhängebänder im Hinterleib befestigt. Durch die spaltenförmigen Öffnungen dringt das Blut (bei den Gliederfüßern als Haemolymphe bezeichnet) in den Herzmuskelschlauch ein, durch Zusammenziehen des Schlauches schließen sich die Öffnungen, die Haemolymphe kann nun hinten und vorne aus dem Schlauch fließen.
In den seitlichen Verzweigungen des Mitteldarmes (Mitteldarmdrüsen) wird die vor dem Mund bereits vorverdaute Nahrung weiterverdaut, die Nährstoffe werden entzogen, die Abfallprodukte durch den Enddarm zur Afteröffnung geleitet. Die wichtigsten Exkretionsorgane sind jedoch die Malpighischen Gefäße. Sie münden als dünne Schläuche in die Kloake und geben hier ihre Abfallprodukte ab.

Der Lebenszyklus der Spinnen

Die weiblichen Spinnen beginnen einige Wochen nach der Paarung – diese Zeit ist von Art zu Art verschieden – mit der Ablage der Eier bzw. dem Bau eines Eikokons. Die Eier werden nämlich nicht einfach ungeschützt abgesetzt, sondern von fast allen Arten immer von einer mehr oder weniger dicken Schicht Spinnseide umgeben bzw. in einem speziell angefertigten Seidenbehälter (Kokon) abgelegt.
Jagdspinnen (Sparassidae) legen ihre Eier in ihrem Schlupfwinkel aus Seidengespinst ab oder auf einem Blatt, das mit einer feinen Seidenschicht abgedeckt wird. Wolfsspinnen (Lycosidae) verpacken ihre Eier in einen dichten Kokon, den sie an ihren Spinnwarzen festheften und bis zum Schlüpfen der Jungen mit sich herumtragen. Auch Raubspinnen (Pisauridae) tragen ihren Eikokon mit sich herum, jedoch nicht an den Spinnwarzen festgeheftet, sondern zwischen den Kieferklauen. Allen Arten ist jedoch gemeinsam, daß die Eier erst kurz vor der Ablage befruchtet werden. Bei der Paarung nehmen die Weibchen den männlichen Samen auf und speichern ihn bis zur Eiablage in speziellen Samenbehältern (Receptacula seminis).
Die Eiablage geht sehr schnell vor sich, selbst bei Arten, die einige tausend Eier ablegen. Die weichen Eier quellen aus der Geschlechtsöffnung hervor und sind bei den meisten Spinnen-Arten von einer eiweißartigen klaren Masse umgeben, die an der Luft bald zu trocknen beginnt und so die Eier zu einem Ballen zusammenhält. Die Spinneneier sind unterschiedlich gefärbt: blaß gelb oder braun, rosa oder hellgrün. Größere Spinnenweibchen legen meist größere und mehr Eier ab als kleinere.
Die zusammengeklumpten Eiballen, die zwischen 2 und 1000 Eier enthalten können, werden nun von der Spinne sorgfältig durch Abdecken und Verpakken in Seide geschützt. Je nach Art werden einer bis mehrere Kokons angelegt. Auch der Bau und das Aussehen eines Eikokons ist von Art zu Art verschieden. Ein typischer Kokon besteht jedoch aus einer Grundplatte aus feinem Seidengespinst, auf der der Eiballen abgelegt wird, und einer Deckplatte, ebenfalls aus feinem Seidengespinst, die fest mit der Grundplatte verbun-

Theridion pallens mit Kokon

den wird. Durch das feine Gespinst bekommen die Eier zwar genügend Luft, sind aber gut vor übermäßiger Austrocknung und vor Freßfeinden geschützt. Sackspinnen (Clubionidae) und einige Springspinnen (Salticidae) legen den Eiklumpen direkt in ihren Schlupfwinkel, ein taschenähnliches Gebilde aus kräftiger Seide, das unter Steinen, Baumstümpfen oder in höheren Pflanzen angebracht wird. Das Weibchen bleibt in dieser Tasche und bewacht die Eier bis zum Schlüpfen der Jungen. Auch die Glattbauchspinnen (Drassodidae) legen ihre Eier in ihrem Schlupfwinkel ab, verpacken sie jedoch noch in einem speziellen Kokon. Spinnen der Gattung *Tegenaria* bewahren den Eikokon innerhalb ihres Netzes auf, tarnen ihn jedoch gut mit Erdteilchen, Pflanzenstückchen und Beuteresten. Je sicherer ein Kokon gebaut, getarnt und untergebracht ist, desto weniger muß das Weibchen sich um ihn kümmern und das Gelege bewachen. Sich selbst überlassene Kokons werden meist aus flauschiger, dicker Seide gebaut oder sind sehr großvolumig, so daß es parasitische Insekten (Schlupfwespen, Raupenfliegen) schwer haben, die darin verborgenen Eier zu erreichen.
Zu den bekanntesten Kokonformen zählt wohl das Feenlämpchen der Sackspinne *Agroeca brunnea* (siehe auch Seite 96/97).

Spinnen, die im Frühjahr reif werden, legen meist im Sommer ihre Eier ab. Innerhalb weniger Tage bis Wochen schlüpfen dann die Jungspinnen, die noch als Jungspinnen überwintern, jedoch bis zum nächsten Frühjahr geschlechtsreif werden.
Im Sommer geschlechtsreif werdende Spinnen legen ihre Kokons erst im Spätsommer an. Die Jungspinnen entwickeln sich bis zu einem bestimmten Grad, überwintern dann, entwickeln sich im nächsten Jahr weiter, müssen jedoch noch einmal überwintern, bevor sie geschlechtsreif sind.
Die Entwicklungszeit ist von Art zu Art verschieden und außerdem auch noch von den verschiedenen klimatischen Verhältnissen abhängig. Spinnen, die in nördlichen Breiten vorkommen, entwickeln sich nicht so schnell wie Tiere südlicherer Breiten.
Die kleinen, meist kugeligen Spinneneier besitzen zwei Hüllen: eine innere, die Dottermembran, und eine äußere, härtere und undurchsichtige Schale (Chorion). Beim Schlüpfen wird die Außenschale mit Hilfe eines Eizahnes, der am Grunde des Kiefertasters sitzt, von der sogenannten Vorlarve durchbrochen. Die winzigen, haarlosen und blinden Vorlarven häuten sich nach einigen Tagen zu einem fortgeschritteneren Stadium, der Larve. Diese ist ebenfalls noch fast blind und besitzt noch kaum entwickelte Augen, trägt jedoch schon einige Härchen auf ihrem Körper. Ihre Gift- und Spinndrüsen sind jedoch noch nicht voll entwickelt. Vorlarve und Larve können sich noch nicht selbständig ernähren, sondern leben noch von dem Dottervorrat. Wieder einige Zeit später häuten sich die Larven zum nächsten Stadium, der Nymphe oder Jungspinne, die jetzt schon fast dem erwachsenen Tier gleicht. In diesem Stadium entwickelt sich im Kokon bei einigen Arten schon eine Art von Kannibalismus, d. h., die kleinen Jungspinnen beginnen, sich voneinander zu ernähren; jetzt ist die Zeit gekommen, daß die Tiere den Kokon verlassen.
Bei vielen Spinnen-Arten kann man eine Brutpflege der Weibchen beobach-

Pirata hygrophilus mit Jungtieren auf dem Rücken

ten. D. h., die Weibchen schützen ihre Eier nicht nur in sicheren Kokons und gut getarnten Schlupfwinkeln, sondern sie versorgen auch die schlüpfenden Jungspinnen noch eine ganze Zeit mit Nahrung und schützen sie mit ihrem eigenen Körper.

Eine Nahrungsfürsorge ist bekannt bei einigen Vertretern der Haubennetzspinnen (Theridiidae), Röhrenspinnen (Eresidae) und Trichterspinnen (Agelenidae). Die Weibchen würgen z. B. eine nahrhafte Flüssigkeit für die Jungen hervor, die sich dicht um den Mund der Mutter drängen, um hier direkt von Mund zu Mund gefüttert zu werden (Regurgitationsfütterung). Mit dem weiteren Heranwachsen der Jungtiere geht das Weibchen dazu über, normale Beute zu fangen und die Jungen zum Fressen aufzufordern. Bei anderen Arten, z. B. *Coelotes*-Arten, betteln die Jungtiere ihrer Mutter die Beute ab. Diese läßt das betäubte und gut eingespeichelte Beutetier dann fallen, so daß sich die Jungspinnen darüber hermachen können.

Bei vielen Arten wird die Mutter, wenn sie gestorben ist, von den Jungtieren aufgefressen.

Eine andere Erscheinung der Brutfürsorge kann man bei den Wolfsspinnen (Lycosidae) antreffen: Das Weibchen trägt bis zum Schlüpfen der Jungspinnen den Eikokon an seinen Spinnwarzen angeheftet mit sich herum. In gewissen Abständen nimmt die Mutter den Kokon von den Spinnwarzen ab und betastet ihn mit ihren Beinen. Zweifellos kann sie die Bewegungen der Larven im Innern des Kokons spüren. Sobald die Jungen zum Ausschlüpfen bereit sind, reißt die Mutter den festen Kokon auf, so daß die Jungtiere herauskommen können. Die kleinen Krabbeltiere klettern sofort an den Beinen und am Hinterleib der Mutter empor und setzen sich auf dem Hinterleibsrücken fest. Hier halten sie sich an den feinen Härchen der Mutter fest und werden von dieser noch ca. 1 Woche mit herumgetragen und geschützt. In dieser Zeit ernähren sich die Jungspinnen noch ausschließlich von dem Dotterrest, den sie noch aus ihrer Larvenzeit zur Verfügung haben.

Man konnte auch beobachten, daß die Arten, die den Kokon an den Spinnwarzen festgeheftet herumtragen, diesen absetzen, bevor sie Ausscheidungen von sich gaben. Der Kokon wird mit den Hinterbeinen von der Afteröffnung weggehalten und erst nach Beendigung des Ausscheidens wieder festgeheftet.

Die Raubspinnen (Pisauridae), die ihre Kokons zwischen den Kieferklauen mit sich herumtragen, fertigen kurz vor dem Ausschlüpfen für ihre Jungen sogenannte „Kinderstuben" zwischen Sträuchern oder Pflanzenstengeln an, in die sie den Kokon hängen. So sind die Jungen auch nach dem Schlüpfen aus dem Kokon noch eine Weile geschützt.
Sobald die Jungspinnen in der Lage sind, selbst zu fressen und für ihre Nahrung zu sorgen, verlassen sie entweder den schützenden Kokon, die Kinderstube oder den Rücken der Mutter, um ihre eigenen Wege zu gehen und um dem Kannibalismus der Geschwister zu entgehen.
Einige Arten legen ganz in der Nähe des verlassenen Kokons neue Schlupfwinkel oder Netze an, andere suchen sich weiter entfernt einen neuen Lebensraum, und einige von ihnen haben eine ganz besondere Art der Verbreitung: Sie fliegen durch die Luft. Spinnen sind natürlich nicht wirklich zum Fliegen fähig, manche Arten jedoch – vor allem aber ihre Jungspinnen – sind so leicht, daß der schwächste Luftzug genügt, sie an einem Seidenfaden, den sie eigens dafür an ihrem Hinterende hängen lassen, emporzuheben und davonzutragen. Man nennt diese Art der Verbreitung „Luftschiffen". Vor allem im Herbst sieht man die silbrigen Spinnfäden mit den kleinen Spinnen zu Tausenden durch die Luft gleiten (Altweibersommer). Die Mehrzahl der herbstlichen Luftschiffer besteht aus erwachsenen Baldachinspinnen (Linyphiidae), die frühsommerlichen Luftschiffer sind meist Jungspinnen.
Die Spinnen, die beabsichtigen, sich vom Wind vertreiben zu lassen, erklimmen meist einen hochgelegenen Punkt und stellen sich mit dem Vorderkörper gegen den Wind und strecken den Hinterleib empor; gleichzeitig werden von den Spinnwarzen einige Seidenfäden produziert, die vom Wind ergriffen werden können. Der „Luftschiffer" stellt sich dann ganz aufrecht hin und löst den Griff der Fußklauen – die Reise kann beginnen.

Ein Luftschiffer *(Pardosa)* beim Start

Beutefang und Nahrungsaufnahme

Bei den Spinnen haben sich die unterschiedlichsten Methoden zum Beutefang entwickelt. Ganz grob lassen sie sich jedoch einteilen in umherwandernde, jagende Spinnen und seßhafte Spinnen mit Fanggewebe.
Bei den umherwandernden Jagdspinnen wiederum kann man unterscheiden zwischen Lauerjägern, die ihrer Beute auflauern und erst aus allernächster Nähe anspringen, und Jagdspinnen, die ihre Beute anfallen, sich auf sie niederfallen lassen oder bespringen. Diese Jäger können es im allgemeinen jedoch nur mit Beute aufnehmen, die kleiner ist als sie selbst. Größere Beute wird meist irgendwo in eine der Gliedmaßen gebissen, dann zieht sich die Spinne in Sicherheit zurück und wartet ab, bis der Giftbiß das Beutetier gelähmt hat, dann erst kommt die Spinne wieder zu ihrem Opfer zurück, befestigt es manchmal erst noch mit einigen Seidenfäden am Boden und beginnt dann, die Beute auszusaugen. Eine besondere Art des Beutefangs haben sich die Speispinnen zu eigen gemacht (siehe Seite 66): Diese Tiere bespukken über eine Entfernung von über 10 mm ihre Beute mit einer Leim-Giftmischung, die sie in Zickzackfäden über dem Tier hin- und herspucken, so daß die Beute nach einiger Zeit völlig bewegungsunfähig ist.
Die seßhaften netzbauenden Spinnen können mit Hilfe ihrer Gewebe auch größere Insekten einfangen und überwältigen, denn hier ist es das Netz, nicht die Spinne, das das Opfer festhält. Auch bei den netzbauenden Spinnen gibt es eine Vielzahl verschiedener Formen: waagrecht und senkrecht angelegte Netze, Deckennetze, Baldachinnetze, Haubennetze, Radnetze, einfache Wohnröhren mit ausgelegten Fangfäden, röhrenartige Wohngespinste, die zum Teil im Boden, zum Teil über dem Boden liegen, wobei der oberirdische Teil als Fanggewebe für am Boden krabbelnde Insekten dient.
Man teilt die seßhaften Netzspinnen ein in die Kräuselfadenweberinnen und die Klebfadenweberinnen. Kräuselfadenweberinnen besitzen eine Spinnplatte am Hinterende ihres Hinterleibes und einen Spinnkamm am Mittelfuß ihres letzten Beinpaares. Mit Hilfe dieser beiden Einrichtungen weben diese Spinnen einen sogenannten „Wollfaden" (siehe Seite 48), der in ihr Fanggewebe eingesponnen wird. In diesem stark strukturierten Faden verfangen sich die Beutetiere und kommen nicht mehr los.
Klebfadenweberinnen weben in ihre Fanggewebe einen mit Leimtröpfchen besetzten Fangfaden ein, auf dem die Beutetiere festkleben.
Die großen Radnetze sind in der Hauptsache darauf eingerichtet, Fluginsekten zu fangen, die dem Untergrund fast aufliegenden Gewebedecken oder Röhrengewebe fangen am Boden laufende Insekten ein. Die gerüstförmigen Netze der Haubennetz- oder Kugelspinnen (Theridiidae) fangen sowohl fliegende Beute mit dem Fadengewirr am Netzrand als auch krabbelnde Insekten mit den klebrigen Fußangeln des Netzes, die sich bei Berührung vom Boden lösen und das daranhaftende Insekt hochziehen.
Baldachin- oder Deckennetzspinnen (Linyphiidae) weben eine horizontale Gewebedecke, unter der sich die Spinne – Bauchseite nach oben – aufhält. Fällt ein Insekt auf die Gewebedecke, so beißt die Spinne durch das Gewebe hindurch die Beute und lähmt sie. Danach beißt die Spinne ihr eigenes Ge-

webe etwas auf, zieht die Beute zu sich herab, saugt sie aus und flickt erst dann das zerbissene Netz wieder zu.
Die meisten Spinnen ernähren sich von den unterschiedlichsten Insekten, einige haben sich jedoch auf spezielle Beute eingestellt. So leben z.B. die Ameisenjäger (Zodariidae) in der Hauptsache von Ameisen, die Spinnenfresser (Mimetidae) in der Hauptsache von Spinnen. Auch Insekten mit starken Warnfarben, wie Wespen oder Marienkäfer, werden von den Spinnen als Beute nicht abgelehnt. Dies geschieht aber nicht etwa, weil die Spinnen erkannt hätten, daß hinter der warnenden Farbe eine schmackhafte Beute versteckt ist, sondern weil das Sehvermögen der Spinnen so schlecht ausgeprägt ist, daß sie die Warnfarben gar nicht erkennen können.
Die Beute wird durch einen Biß, bei dem durch die Klauen der Kieferklauen Gift in die Beute eingespritzt wird, gelähmt. Danach wird das Opfer meist noch mit Seide umsponnen, zum einen, damit die Beute auch ganz und gar unbeweglich wird, zum andern, damit sie besser transportiert werden kann. Spinnen verdauen ihre Nahrung schon außerhalb ihres Körpers, d.h., die Spinne spuckt einen kleinen Tropfen Verdauungssaft auf die Beute oder in die Beute. Dieser Saft löst das Gewebe des Opfers an und auf, so daß die Spinne nun den Verdauungssaft mit den gelösten Gewebeteilchen in sich aufsaugen kann. Dieser Vorgang wird so lange wiederholt, bis die gesamte Beute ausgesaugt oder aufgesaugt wurde – nur harte Chitinteile können von diesem Verdauungssaft nicht angelöst werden, sie bleiben übrig. Nun gibt es Spinnen, die tragen am oberen Rand ihrer Kieferklauen eine Reihe kleiner Zähnchen (siehe Seite 12), die dazu dienen, die gelähmte Beute zu zersägen. Bei der Nahrungsaufnahme dieser Spinnen bleibt meist nur ein kleiner Klumpen aus Hartteilen übrig. Spinnen, die diese Zähnchenreihe nicht besitzen, beißen in ihre Opfer nur ein kleines Loch, durch das sie nach und nach das ganze Tier aussaugen – übrigbleibt dann die vollständig ausgesaugte Hülle. Der Verzehr der Beute geht unterschiedlich schnell vor sich, dauert im allgemeinen aber doch recht lange, so daß die Beute meist nur im geschützten Schlupfwinkel gefressen wird.
So geschickte Beutefänger die Spinnen selbst sind, auch sie haben Feinde. Zu den gefährlichsten Freßfeinden der Spinnen gehören allerdings die Spin-

Gartenkreuzspinne *(Araneus diadematus)* mit Beute

Finsterspinne *Amaurobius fenestralis* mit Schlupfwinkel

nen selbst – nur ganz wenige Arten leben in engeren Gemeinschaften –, meist fressen sie sich jedoch gegenseitig auf: die Weibchen nach der Paarung ihre Männchen, wenn diese sich nicht schnell genug aus dem Staub machen, heranwachsende Jungspinnen ihre Mütter und Geschwister.
Ein weiterer Feind sind parasitäre Schlupfwespen, die ihre Eier in den Hinterleib der Spinnen legen. Die ausschlüpfenden Wespenlarven ernähren sich dann so lange vom Innenleben der Spinne, bis diese stirbt.
Vögel zählen kaum zu den großen Feinden der Spinnen, da sie die meist nachtaktiven und tagsüber sehr versteckt lebenden Tiere kaum sehen und die tagaktiven Spinnen zum Teil sehr gut getarnt sind. So ahmen z. B. einige Spinnen in Aussehen und Verhalten Ameisen nach – und diese Tiere werden von den Vögeln nicht gerne als Beute angenommen.

Die Häutung

Wie schon gesagt, besitzen die Spinnen wie alle Gliederfüßer ein hartes Außenskelett, nur der Hinterleib der Spinnen ist relativ weichhäutig und läßt ein begrenztes Wachstum, d. h. eine Ausdehnung, zu.
Ein Größenwachstum bei Spinnen ist also immer mit einer Häutung verbunden, d. h., sobald die Spinne durch genügende Nahrungsaufnahme an Größe und Dicke zugenommen hat, muß sie ihre alte, zu klein gewordene Außenhaut abwerfen und durch ein neues, größeres Außenskelett ersetzen. Diese neue Haut liegt meist schon gefaltet unter der alten. Sie kann dann so lange gedehnt werden, bis sie vollkommen ausgehärtet ist. Eine Dehnung dieser neuen Haut kann jedoch nur erfolgen, wenn die alte Haut bereits abgestoßen wurde.
Die Anzahl der Häutungen ist abhängig von der Größe der Spinne, ihrem Alter und natürlich der Nahrungsaufnahme. Kleine Spinnen benötigen z. B. weniger Häutungen bis zum geschlechtsreifen Tier als große. Sobald das Tier die Reifehäutung hinter sich hat, d. h. die letzte Häutung vor der Geschlechtsreife, macht es im Normalfall keine Häutung mehr durch, es ist dann vollständig ausgewachsen.
Aus dem Ei geschlüpfte Larven häuten sich im Abstand von wenigen Tagen, ältere Jungspinnen im Abstand von einer bis mehreren Wochen. Der Zeitraum zwischen den einzelnen Häutungen vergrößert sich also mit zunehmendem Alter, ist jedoch immer noch abhängig von der Nahrungsaufnahme. Schlecht ernährte Spinnen häuten sich weniger oft als gut ernährte.
Spinnen, die kurz vor der Häutung stehen, hören auf zu fressen und zeigen keinerlei Interesse mehr am Beutefang oder an gefangener Beute. Manche Arten ziehen sich jetzt in ihren Schlupfwinkel zurück oder legen eine Häutungskammer an. Zu diesen Spinnen gehören z. B. die Plattbauchspinnen (Drassodidae), die Sackspinnen (Clubionidae) und die Springspinnen (Salticidae). Radnetzspinnen ziehen sich meist an das obere Ende ihres Netzes zurück und hängen sich an einem Seidenfaden (Häutungsfaden) befestigt kopfunter ins Netz.
Die Häutung selbst verläuft in drei Schritten:
Zuerst hebt sich der Rückenschild des Vorderkörpers ab, dann reißen die Seiten des Hinterleibes auf, und der gesamte Hinterleib wird frei. Zu dieser Zeit sind die Gliedmaßen und der Brustschild noch fest angeheftet, die Krallen der Beine klammern sich am Häutungsfaden fest, der die Spinne in einer Richtung hält. Sobald sich nun der Brustschild löst, beginnt der schwierigste Teil der Häutung, das Befreien der Gliedmaßen aus der alten Hülle. Manchmal gelingt es der Spinne jedoch nicht, alle Gliedmaßen aus der alten Hülle zu befreien. Sie würden unweigerlich zugrunde gehen, hätte die Natur nicht einen ganz speziellen Mechanismus entwickelt: Die Spinnen können ihre Beine an ganz speziellen Stellen selbst amputieren (Autotomie). Diese Sollbruchstellen liegen zwischen Hüfte und Schenkelring. Durch eine ruckartige Bewegung der Hüfte bricht das Bein einfach ab. Bei noch nicht voll entwickelten Spinnen können die abgetrennten Beine oder Kiefertaster bis zur nächsten Häutung wieder regeneriert werden, wenn auch nicht in voller Größe. Das

Sich häutende *Linyphia triangularis*

neue Glied wird in der Hüfte vorgebildet und erst bei der nächsten Häutung frei. Es ist kürzer und dünner, oft weniger bestachelt und behaart als das abgeworfene Glied, nicht so beweglich und kann daher auch nicht im gleichen Ausmaß wie die anderen Gliedmaßen benützt werden. Bei den weiteren Häutungen jedoch entwickelt es sich wieder zu einer vollständigen Gliedmaße. Bei ausgewachsenen Spinnen, die keine Häutung mehr durchmachen, werden die abgetrennten Glieder nicht mehr nachgebildet.
Eine solche Selbstamputation findet nicht nur bei steckengebliebenen Gliedmaßen bei der Häutung statt, sondern auch bei der Abwehr von Feinden.
Hat die Spinne sich erfolgreich aus ihrer alten Hülle herausgezogen, so bleibt nur noch eine leere Hülle (Exuvie) zurück. Die Spinne selbst hängt noch an ihrem Häutungsfaden. Sie streckt und krümmt ihre Gliedmaßen jetzt in regelmäßigen Abständen, um die Beweglichkeit der Gliedmaßen zu erhalten. Würde man das Tier jetzt in seinem Tun stören, so erhärteten sich die unbewegten Gliedmaßen und blieben auf Dauer unbeweglich.
Die neue Haut ist zu Anfang noch blaß und hell, manchmal trägt sie auch einen leicht bläulichen Schimmer. Nach einigen Stunden hat die frisch gehäutete Spinne jedoch ihre typische Färbung wieder erlangt.
Nach der Reifehäutung, d. h. der Häutung vor der Geschlechtsreife der Tiere, findet normalerweise keine Häutung mehr statt. Die Tiere haben jetzt ihre volle Größe und Ausfärbung erlangt und sind paarungsbereit.
Die Männchen sind meist kleiner und weniger deutlich gezeichnet als die Weibchen. Ihre Kiefertaster haben sich zu kompliziert gebauten Paarungsorganen umgewandelt, die zum einen durch ihre auffallende Größe, ihren komplizierten Bau und ihre dunkle, auffallende Färbung gekennzeichnet sind. Auch die Weibchen haben mit der Reifehäutung ihre volle Größe und Zeichnung erhalten. Die Bauchregion, die vor der Reifehäutung keine oder nur kleine Markierungen zwischen den Blätterlungen zeigte, weist nach der Reifehäutung einen dunklen, rötlich-braunen Fleck aus verhärtetem Gewebe

auf, die äußere Ausstülpung des weiblichen Begattungsorganes, die Epigyne (siehe Seite 17). Sie besteht aus unterschiedlich gestalteten Taschen, Falten, Einbuchtungen und Erhebungen, die es dem männlichen Kiefertaster ermöglichen, sich während der Paarung fest zu verankern, und ist von Art zu Art verschieden gestaltet (siehe Seite 30).
Die Weibchen der Zwergsechsaugen (Oonopidae), der Sechsaugen (Dysderidae), der Speispinnen (Sicariididae) und der Tapezierspinnen (Atypidae) besitzen keine äußeren Begattungsorgane.

Balzverhalten und Begattung

Das Balzverhalten und die eigentliche Begattung sind von Art zu Art sehr verschieden.
Wenn die weiblichen Tiere geschlechtsreif geworden sind, d. h. die Reifehäutung hinter sich gebracht haben, werden sie meist schon nach wenigen Tagen von den Männchen begattet, bei manchen geschlechtsreifen Weibchen ist noch nicht einmal das neue Außenskelett vollständig fest geworden.
Wodurch die Männchen auf ihre Partnerin aufmerksam werden, ist noch nicht bei allen Spinnen-Arten eindeutig bekannt, zum Teil werden sie durch weibliche Lockstoffe (Pheromone) angelockt, zum Teil stimuliert sie schon das weibliche Netz, zum Teil sind es rein optische Reize.
Bevor das Spinnen-Männchen jedoch auf Partnersuche geht und mit seinem Balzverhalten beginnt, muß es eine der seltsamsten Handlungen im Tierreich ausführen: Wie bei den Weibchen, so liegt auch bei den Männchen die Geschlechtsöffnung zwischen den Blätterlungen auf der Hinterleibsunterseite, kurz nach der Verbindungsstelle (Petiolus) zwischen Vorderkörper und Hinterleib. Von dieser Öffnung führt ein Gang zu den paarigen inneren Geschlechtsorganen, den Hoden, in denen die Samen produziert werden. Äußere Geschlechtsorgane fehlen; ihre Aufgabe wird von den umgewandelten

Exuvie von *Tibellus oblongus*

Kiefertastern übernommen. Da es jedoch keine Verbindung zwischen den inneren Geschlechtsorganen und den samenaufnehmenden Kiefertastern gibt, muß die Übertragung auf andere Art und Weise vonstatten gehen. Dazu weben die paarungsbereiten Männchen ein kleines dreieckiges oder rechteckiges Netz, manche Arten nur einen einzigen Seidenfaden, auf das aus der Geschlechtsöffnung der Samen aufgetropft wird. Der im Netz oder auf dem Faden aufgefangene Samen wird nun mit den Kiefertastern aufgenommen. Hierzu sei noch einmal kurz der Bau der männlichen Begattungsorgane be-

Verschiedene männliche Paarungsorgane

Araneus patagiatus

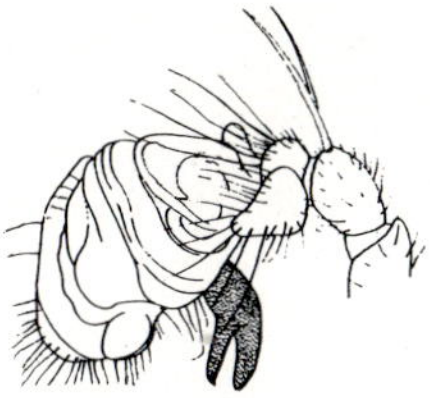

Araneus sclopetarius

Araneus cornutus

schrieben: Am Fußglied (Tarsus) des Kiefertasters sitzt ein meist birnenförmiges Organ (Bulbus), in dem ein spiralförmig aufgerollter, blindgeschlossener Schlauch mit ausgezogener Spitze (Embolus) liegt. Mit Hilfe dieser feinen Schlauchspitze können nun die auf dem Samennetz oder Samenfaden abgelegten Samentropfen in den Schlauch aufgezogen werden. Bis zur Begattung wird der Samen in diesem blindgeschlossenen Schlauch gespeichert. Das männliche Begattungsorgan ist von Art zu Art verschieden (siehe auch Seite 14) und äußerst kompliziert gebaut. Es besteht aus weichen und härteren Teilen, Einkerbungen und Ausbuchtungen, mit denen eine sichere Verankerung mit dem weiblichen Begattungsorgan möglich ist. Männliche und weibliche Begattungsorgane ein und derselben Art passen zusammen wie Schloß und Schlüssel.

Geschlechtsreifes Männchen von *Pardosa monticola* mit zu Begattungsorganen umgewandelten Kiefertastern

Paarung von *Linyphia peltata*

Balzendes *Pardosa nigriceps*-Männchen

Hat das paarungsbereite Männchen seine passende Partnerin gefunden, so muß es sich dieser erst einmal als paarungswilliger Partner zu erkennen geben, damit es nicht aus Versehen vom Weibchen als willkommene Beute angesehen wird. Dieses „Sichzuerkennengeben“ geschieht bei den einzelnen Spinnen-Arten auf die verschiedenste Art und Weise:

Bei netzbauenden Spinnen lockt das Männchen durch rhythmisches Zupfen und Klopfen ans weibliche Netz die Partnerin aus ihrem Schlupfwinkel und umwirbt es durch weiteres Klopfen und Zupfen. Manche Arten weben auch einen Balzfaden an das weibliche Netz, an dem sie dann zupfen und den das paarungswillige Weibchen dann als Wegweiser zum Männchen benützt und entlangläuft. Bei der Balz der netzbauenden Spinnen wird das weibliche Fangnetz oft gänzlich zerstört. Diese Zerstörung hat aber einen Sinn: Zum einen werden andere paarungsbereite Männchen von der erwählten Partnerin abgehalten, zum andern wird ein Beutefang verhindert, da ins Netz fallende Beute das Weibchen von der Paarung abhalten würde.

Die Männchen der Springspinnen (Salticidae) und der Wolfsspinnen (Lycosidae) vollführen vor dem Weibchen einen regelrechten Balztanz, um das Weibchen zur Paarung zu stimulieren. Dazu nehmen die Männchen eine typische Balzstellung ein: Die Vorderbeine werden hochgehoben und rhythmisch geschwenkt, danach folgt ein Trommeln mit den Kiefertastern, danach eine Ruheperiode. Dieses Schauspiel wiederholt sich so lange, bis das Weibchen mit dem Männchen in Berührung kommt. Bei den Raubspinnen (Pisauridae) bringen die Männchen ihrer Auserwählten sogar ein „Brautgeschenk“, d.h., das Männchen fängt ein Beutetier, spinnt es sorgfältig ein und überreicht das wohlverschnürte Paket dem Weibchen. Ist dieses paarungswillig, so nimmt es das Geschenk an und beginnt sofort damit, die Beute zu verspeisen. Während das Weibchen mit Fressen beschäftigt ist, wird es vom Männchen begattet. Andere Spinnen-Männchen bringen zwar kein Brautgeschenk, warten jedoch so lange mit der Begattung, bis das erwählte Weibchen gerade frißt.

Einige Spinnen-Männchen besitzen auch lauterzeugende Organe (Stridulationsorgane), mit denen sie die Weibchen zur Paarung stimulieren. So tragen

die Kugelspinnen (Theridiidae) am Hinterleibsanfang kleine Sporen und am Ende des Vorderkörpers eine gefurchte Zone. Bei der Balz zittert das Männchen mit dem Hinterleib, so daß die Sporen über die gefurchte Zone reiben und einen Klang erzeugen. Bei den Baldachinspinnen (Linyphiidae) besteht der Stridulationsapparat aus einem Sporn an der Innenseite des Kiefertasters und einer Reihe Furchen auf den Kieferklauen.
Ist das Weibchen paarungsbereit, kriecht das Männchen über oder unter das Weibchen und führt seine Kiefertaster entweder einzeln oder paarweise in die weibliche Geschlechtsöffnung ein und überträgt seinen Samen, den das Weibchen dann in eigens dafür vorgesehenen Samentaschen (Receptacula seminis) speichert.
Zur Verdeutlichung auch hier noch einmal kurz eine Beschreibung der weiblichen Geschlechtsteile (siehe auch Seite 17):
Die Eierstöcke (Ovarien) liegen als paarige Gebilde im Hinterleib, kurz hinter

Weibliche Begattungsorgane

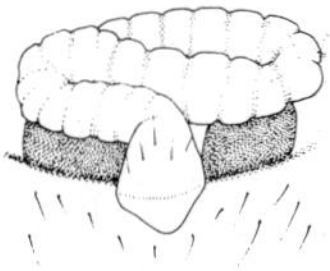

Araneus sturmi

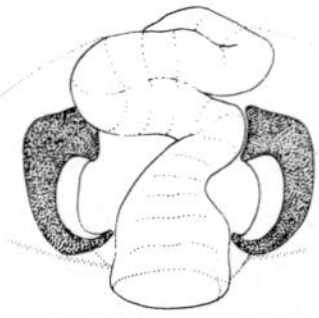

Araneus triguttata

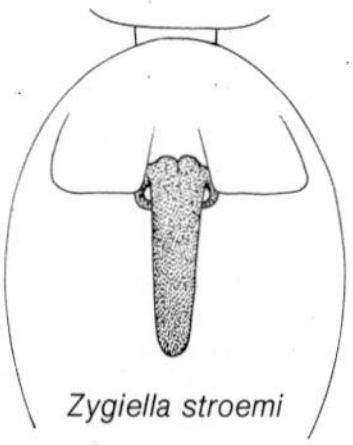

Zygiella stroemi

den Blätterlungen, und sind durch den Eileiter mit der Geschlechtsöffnung verbunden. Vom Endabschnitt des Eileiters geht eine schlauchartige Abzweigung in die Samentaschen (Receptacula seminis).
Sehr viele Spinnen-Weibchen besitzen außerdem vor der Geschlechtsöffnung noch ein besonderes, kompliziert gestaltetes Begattungsorgan, die Epigyne, die aus einem leicht gewölbten und gefalteten Bereich besteht, der als Verankerungsstelle für das männliche Begattungsorgan dient.
Die Paarung dauert von wenigen Sekunden bis zu mehreren Stunden. Bei den meisten Arten verläßt das Männchen nach der Paarung sehr eilig die weiblichen Gefilde, um jetzt nicht noch als Nahrung zu dienen. Manche schaffen das leider nicht so schnell wie notwendig! Es gibt aber auch einige wenige sozial lebende Arten (z.B. *Atypus, Eresus, Dictyna* und einige *Tegenaria*-Arten), bei denen die Partner ungestört zusammen in einem Netz leben, zusammen Beute fangen und auch gemeinschaftlich zerrissene Netzbereiche wieder ausbessern.

Im allgemeinen leben die Spinnen-Männchen nach der Geschlechtsreife nicht mehr sehr lange, entweder sterben sie eines natürlichen Todes, oder aber sie werden vom Weibchen oder „Nebenbuhlern“ aufgefressen.
Die begatteten Weibchen leben jedoch noch eine ganze Weile nach der Begattung. Netzbauende Arten bessern ihr zerstörtes Netz wieder aus oder weben sich ein neues. Erst einige Wochen nach der Begattung beginnen die Weibchen mit der Eiablage und dem Kokonbau (siehe Seite 19). – Eine neue Generation entsteht.

Der Lebensraum der Spinnen

Die meisten Spinnen kommen in einem eng begrenzten Lebensraum vor, der für die einzelnen Arten typisch ist. Es passiert jedoch auch, daß man einzelne Tiere am „falschen" Platz antrifft. So wandern z. B. die Männchen der netzbauenden Spinnen zur Paarungszeit umher, um eine Partnerin zu finden, und auch Jungspinnen benötigen einige Zeit, bis sie den ihnen zusagenden Lebensraum gefunden haben. All diese Tiere wird man hin und wieder auf ihren Wanderungen an einem völlig untypischen Lebensraum antreffen.
Im großen und ganzen kann man jedoch behaupten, daß die einzelnen Arten an einen bestimmten Lebensraum gebunden sind, so wird man im Bodenstreu lebende Arten kaum an Bäumen finden, im Haus lebende Tiere kaum im Wald.
Man kann den Lebensraum der Spinnen grob in vier Zonen unterteilen:

1. eine Bodenzone, in der die Spinnen zwischen Bodenstreu, im Moos und unter Steinen leben.
2. eine Vegetationszone, in der vor allem Spinnen vorkommen, die Fangnetze anlegen und die hier die Möglichkeit haben, ihre mehr oder weniger großen Netze zwischen Pflanzenstengeln und niederem Gesträuch anzulegen. Hier lauern auch viele Jagdspinnen auf Blütenpflanzen ihrer Beute auf.

Pisaura mirabilis mit frisch geschlüpften Jungen in der „Kinderstube"

3. eine Strauchzone, die bis in höhere Höhen (ca. 4,50 m) reicht und in der sich größere Spinnen-Arten mit großen Netzen aufhalten, die auf große Fluginsekten lauern.
4. eine Baumzone, die über 4,50 m hinausreicht und wohl den größten Spinnen-Arten vorbehalten bleibt.

In diese vier grob unterteilten Lebensräume teilen sich sehr viele Spinnen-Arten auf, die sich zum größten Teil gegenseitig überhaupt nicht stören, da es Gruppen gibt, die nur tagsüber aktiv sind, und Gruppen, die nur nächtlich jagen. Einige Arten bevorzugen z. B. feuchten Boden, andere dagegen ziehen trockene, sonnige Orte vor. Manche Arten erscheinen schon im Frühjahr, andere wiederum erst im Spätsommer oder gar Herbst.

Spinnen suchen – finden – beobachten

Wer sich nun näher mit den Spinnen beschäftigen will, der muß die einzelnen Arten nicht lange suchen, er muß nur wissen, wo sie sich bevorzugt aufhalten; denn es ist ein leichtes, mit ein wenig Geduld und guten Augen die gewünschten Arten zu entdecken. Die meisten Spinnen sind zwar nachtaktiv, also am Tage sicher irgendwo in einem Schlupfwinkel versteckt, aber bei einiger Kenntnis des Lebensraumes ist es auch hier nicht schwierig, die Spinnen zu finden. Viele netzbauenden Spinnen legen sich am Rande ihres Fangnetzes einen gewebten Schlupfwinkel an, in den sie sich bei Tage verziehen. Mit etwas Geduld kann man die Tiere auch am Tage aus diesen Schlupfwinkeln locken. Aber vorsichtig zu Werke gehen, damit das kunstvolle Gespinst nicht zerstört wird. Sollte man trotz List und Tücke das Tier nicht hervorlokken können, so muß man es eben in der Dämmerung noch einmal versuchen. Nachtaktive Jagdspinnen verbergen sich tagsüber meist unter Steinen oder im Moos, zwischen Baumrinde und in Mauerspalten. Einige Spinnen-Arten muß man erst gar nicht lange suchen, sie werden einem in Hausgängen und Kellerräumen von selbst über den Weg huschen, und im Herbst ziehen sich viele im Garten lebende Arten in die Häuser zurück. Leider scheinen dies immer die furchterregendsten, dunkelsten und am stärksten behaarten Arten zu sein, die allzu oft aus Angst und Mißtrauen von Menschen getötet werden. Bei einem geruhsamen Spaziergang durch den sommerlichen Wald werden uns sehr viele verschiedene Spinnen-Arten begegnen: im Bodenstreu umherlaufende Platt- oder Glattbauchspinnen, Ameisenjäger, braungefärbte Krabbenspinnen, Käfer und Ameisen nachahmende Springspinnen und kleinere Wolfsspinnen. In der niederen Vegetation werden uns größere und kleinere Netze von Zwergkreuzspinnen und Herbstspinnen auffallen. Bei näherem Hinsehen entdecken wir an Gras- und Schilfstengeln in feuchteren Gebieten vielleicht die eine oder andere Streckerspinne, und im Gebüsch und an niederen Bäumen werden uns immer wieder Radnetze der verschiedensten Arten begegnen. Wir müssen uns also nicht unbedingt auf Spinnensuche machen, sondern einfach nur die Augen offenhalten!

Wenn wir jedoch ganz gezielt die eine oder andere Art suchen wollen, so müssen wir uns auf jeden Fall einprägen, in welchem Lebensraum diese Art vor allem vorkommt, so daß man also nicht eine Art eines trockenen, sonnigen Lebensraumes in einem Feuchtgebiet aufsuchen will und umgekehrt. Ganz wichtig ist es auch, bei der Spinnensuche den Biotop so ungestört wie möglich zu lassen und so wenig wie möglich Pflanzen zu zertreten oder abzuknicken! Umgedrehte Steine, Rindenstücke und Baumstämme sollten auf jeden Fall wieder in ihre ursprüngliche Lage gebracht werden, denn an ihnen befinden sich sehr oft mikroskopisch kleine Tierchen, die nun ans Licht und an die Sonne gebracht, vertrocknen würden! Spinnengewebe auf keinen Fall zerstören oder von ihrer Unterlage ablösen, man kann den alten Zustand nie mehr wieder herstellen! Mit etwas Übung und viel Feingefühl kann man jedoch in Netzen hängende Tiere zur näheren Betrachtung aus dem Netz nehmen und sie dann vorsichtig wieder zurücksetzen.
Zum Beobachten und Bestimmen von Spinnen in freier Natur (wobei das Bestimmen der meisten Spinnen meist nur bis zur Familie oder Gattung möglich ist) sind einige Ausrüstungsgegenstände unerläßlich:

1. eine Handlupe mit 10facher Vergrößerung
2. einige Glas- oder Plastikröhrchen verschiedener Dicke
3. ein Insektenfangnetz
4. für kleinere Arten eventuell einen Ansauger (Exhaustor)

Handlupen, Glas- und Plastikröhrchen, Insektenfangnetze und Exhaustor kann man über Lieferanten für entomologischen Bedarf beziehen, z. B. die Firma Dr. E. Reitter, Kaulbachstraße 1, 8000 München 22, oder aber über Kosmos-Service, Postfach 640, 7000 Stuttgart 1.
Einen Ansauger (Exhaustor) kann man sich aber auch selbst herstellen: Er besteht im einfachsten Falle aus einem spitz ausgezogenen Glasrohr, das auf der dicken Seite mit einem feinen Nylongewebe oder einer Gaze abgedeckt wird, und einem darübergestülpten biegsamen Gummi- oder Plastikschlauch mit Mundstück. Die Spitze des Glasrohres darf nicht zu dünn sein, da man sonst beim Ansaugen kleine Tiere verletzen würde.
Mit dem zugespitzten Ende fährt man nun vorsichtig zwischen das Bodenstreu oder in Rinden- oder Mauerritzen und saugt darin oder darunter befindliche Tiere an. Mit dem Finger oder einem kleinen Gummistopfen verschließt man nun den unteren Teil des Glasröhrchens und kann nun die darin befindlichen Tiere betrachten. Da sich Spinnen auf so engem Raum unweigerlich sofort gegenseitig fressen würden, ist es sinnvoll, stets nur ein Tier im Röhr-

Exhaustor

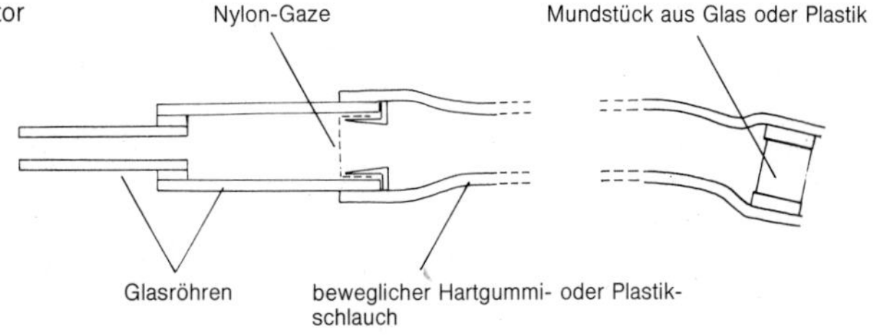

chen zu belassen, andere Spinnen oder Insekten sollte man daher sofort wieder herauskrabbeln lassen.
Mit den Glas- und Plastikröhrchen verschiedener Größe fangen wir jeweils einzeln am Boden krabbelnde Spinnen oder vorsichtig Spinnen aus ihren Netzen (Netz nicht zerstören!). Wem dies zu langsam geht, der kann mit dem Insektenfangnetz vorsichtig in Achterbahnen über die Spitzen der Vegetation streichen. Büsche und Sträucher beklopft man vorsichtig mit einem Stock und hält das Netz auffangbereit darunter. In kurzer Zeit hat man so eine ganze Menge Insekten und auch Spinnen gefangen, die man einzeln in die Röhrchen verstaut und nun in Ruhe mit der Lupe betrachten kann.
Auch wenn man mit dem Insektennetz in relativ kurzer Zeit eine ganze Menge Insekten und Spinnen einfängt, so sollte man diese Art des Spinnenfangs doch weitgehend vermeiden, da durch das Umherstreifen mit dem Netz oft etliche Spinnen und Insekten verletzt und auch die angelegten Gespinste und Netzwerke meist zerstört werden – doch auch diese sind ein wichtiger Bestandteil bei der Bestimmung einzelner Arten.
Die Handlupe sollte eine 10fache Vergrößerung besitzen, so daß man auch noch durch die Glas- oder Plastikröhrchen hindurch ein relativ scharfes Bild von dem darin befindlichen Tier erhält. Wenn Sie sich eine solche Handlupe zulegen, so kaufen Sie keine billige Qualität, das macht sich auf die Dauer nicht bezahlt. Billige Lupen geben kein scharfes Bild und nehmen bald jegliche Freude am Betrachten. Achten Sie ebenso darauf, daß die Fassungen stabil sind und daß die Möglichkeit besteht, die Lupe an einer Schnur um den Hals herum befestigen zu können. Auf diese Weise hat man die Lupe jederzeit griffbereit und muß nicht um ihren Verlust fürchten.
Für längere Beobachtungen bietet es sich an, die eine oder andere Spinne mit nach Hause zu nehmen, um sie hier in Ruhe und über längere Zeit hinweg beobachten zu können. Man setzt hierzu das Tier am besten in einen Glasbehälter, den man luftdurchlässig, aber „spinnenundurchlässig" abdeckt und – wie schon gesagt – immer nur ein Tier in einen Behälter! Wenn man sich aber eine Spinne für längere Zeit mit nach Hause nimmt, sollte man das Tier zumindest bis zur Gattung bestimmen, damit man ihm auch die richtigen Bedingungen anbieten kann! Zur Ausstattung des Glasbehälters nimmt man am besten einige Pflanzenteile mit aus der Umgebung, in der man die Spinne gefangen hat. Damit ist es aber nicht getan, man muß sich auch darüber im klaren sein, daß die Spinne in Gefangenschaft auch Nahrung benötigt. Obwohl Spinnen nicht öfter als ein- bis zweimal pro Woche Nahrung aufnehmen, ist es nicht immer leicht, geeignetes Futter zu beschaffen. Man sollte daher nie mehr Spinnen halten, als man auch mühelos versorgen kann. Am besten ist es jedoch, immer nur eine Spinne nach der anderen zu halten. Die gefangenen Tiere sollten stets dort wieder in Freiheit entlassen werden, wo man sie eingefangen hat.
Da über die Biologie der Spinnen immer noch recht wenig bekannt ist, trägt jeder Naturfreund mit seinen eigenen Beobachtungen dazu bei, das Wissen um diese interessanten Tiere zu erweitern.

Einige typische Spinnennetze

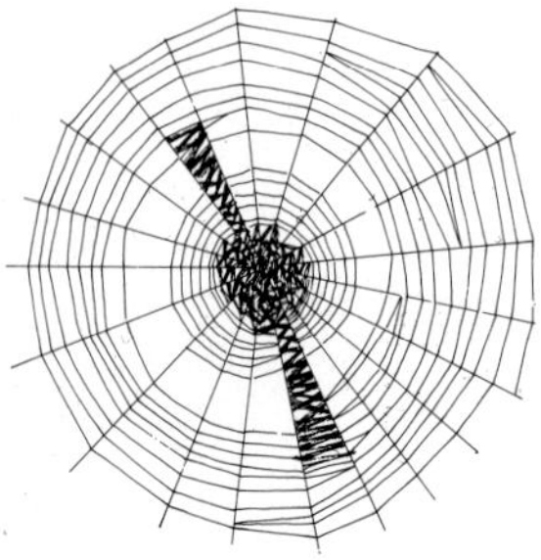

Radnetz mit Stabilimenten
(Argiope)

Haubennetz einer Kugelspinne
(Theridiidae)

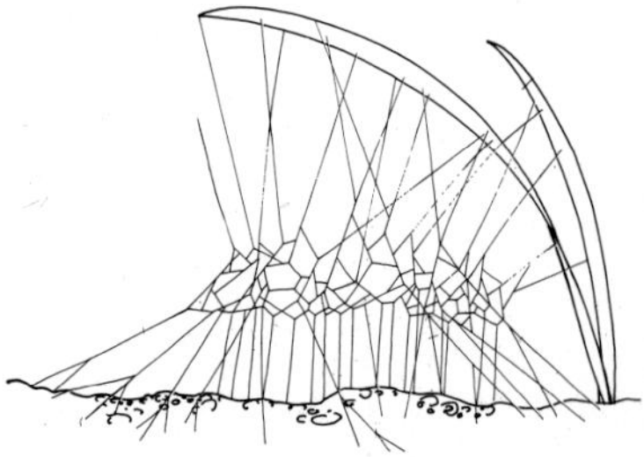

Gewebedecke einer Baldachinspinne
(Linyphiidae)

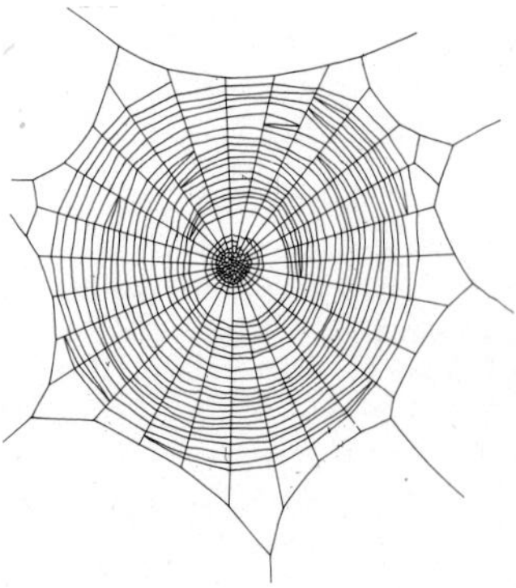

Radnetz einer Kreuzspinne
(Araneus)

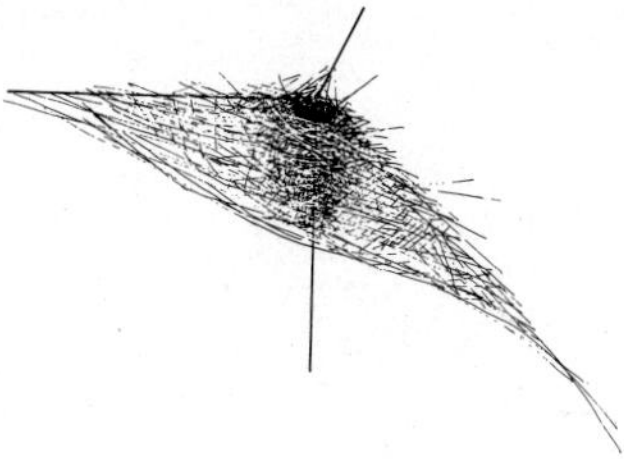

Trichternetz einer Trichterspinne
(Agelenidae)

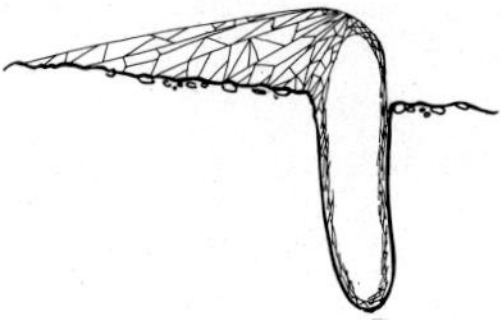

Erdröhre einer Röhrenspinne
(Eresidae)

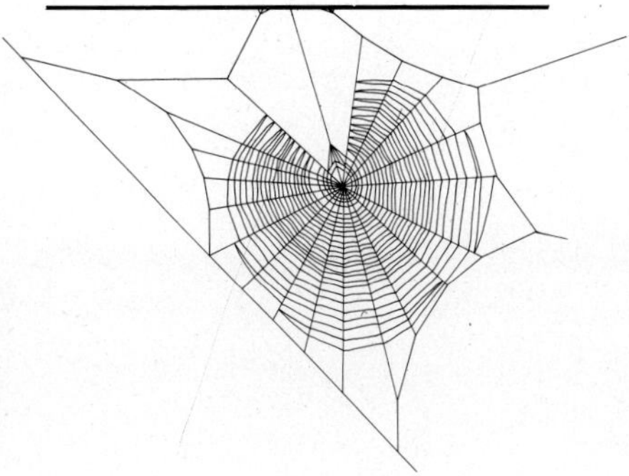

Netz einer Sektorenspinne
(Zygiella)

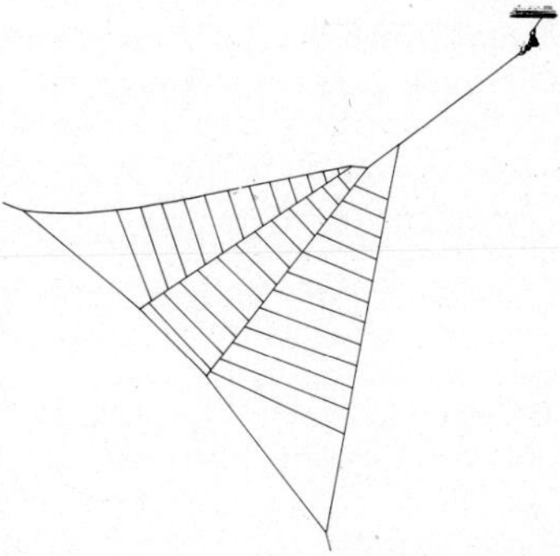

Netz der Dreiecksspinne
(Hypiotes)

Erklärung einiger Fachausdrücke

Abdomen Hinterleib, bei Spinnen Opisthosoma genannt
Bulbus birnenförmiges Gebilde am männlichen Paarungsorgan (Kiefertaster), das als Behälter für den zu übertragenden Samen dient
Calamistrum Kräuselkamm am vorletzten Beinglied der Hinterbeine von Kräuselfadenweberinnen
Caput Kopf
Carapax Rückenschild, das die Oberseite des Vorderkörpers bedeckt
Cephalothorax Vorderkörper, der aus einer Verschmelzung aus Kopf und Brust entstanden ist, Kopfbruststück
Cheliceren Kieferklauen, erstes Gliedmaßenpaar am Vorderkörper der Spinnentiere
Chitin Hauptbestandteil des Außenskelettes von Gliederfüßern
Clypeus Kopfschild bei Gliederfüßern
Colulus kleiner, unpaarer Hügel, Reste des 4. Spinnwarzenpaares
Coxa Hüfte, oberstes Beinglied
Cribellatae Kräuselfadenweberinnen, Spinnen mit Spinnsieb und Kräuselkamm
Cribellum auf der Bauchseite, vor den Spinnwarzen gelegenes Spinnsieb
Cuticula dünne, aus Chitin bestehende Haut
Cymbium Fußglied des Kiefertasters
Ecribellatae Klebfadenweberinnen
Embolus spitz ausgezogenes Ende des im Bulbus liegenden Samenschlauches beim geschlechtsreifen Männchen
Epigyne auf der Bauchseite des Hinterleibes liegendes Paarungsorgan beim Weibchen
Exoskelett Außenskelett
Exuvie abgeworfene, zu klein gewordene Haut von Gliederfüßern
Femur Schenkel, 3. Beinglied
Haemolymphe Körperflüssigkeit (Blut) der Gliederfüßer
haplogyne Spinnen Spinnen mit einfachem Geschlechtsapparat
Herzmal Hinterleibszeichnung, die direkt über dem Herzen liegt
Hoden männliche Keimdrüse, die Samenzellen liefert
Klebfadenweberinnen Spinnen ohne Spinnsieb und Kräuselkamm, die in ihre Netze spezielle, mit perlartig aufgereihten Leimtröpfchen versehene Klebfäden zum Festhalten der Beute einbauen
Kokon seidenartiges Gespinst zum Schutz der Eier
Kräuselfadenweberinnen Spinnen, die auf der Bauchseite vor den Spinnwarzen ein Spinnsieb und am vorletzten Beinglied einen Kräuselkamm besitzen. Mit Hilfe dieser beiden Organe spinnen die Kräuselfadenweberinnen stark strukturierte, bläulich schimmernde Fangfäden in ihre Gewebe
Labium Unterlippe
Malpighische Gefäße spezielle blindgeschlossene Ausscheidungsorgane, die in den Enddarm münden
Maxillen zu Kauladen umgewandelte Teile der Kiefertaster
Metatarsus Mittelfuß, Ferse, 6. Beinglied

Ocellen einfache punktförmige Augen
Opisthosoma Hinterleib der Spinne
Ovar Eierstock, weibliche Keimdrüse, die Eizellen liefert
Patella Knie, 4. Beinglied
Pedipalpen (Palpen) Kiefertaster, zweites Gliedmaßenpaar am Vorderkörper der Spinnen, dienen zum Betasten der Beute
Petiolus röhrenartiges Verbindungsstück zwischen Vorderkörper und Hinterleib bei Spinnen
Pheromone weibliche Sexuallockstoffe zur Anlockung paarungsbereiter Männchen
Prosoma Vorderkörper der Spinne
Receptaculum seminis Samentasche im Hinterleib des Weibchens zur Speicherung der Samenzellen
Scopula dichte Haarbüschel an der Unterseite von Fuß und Mittelfuß, die ein Rauf- und Runterlaufen an glatten Flächen ermöglichen
Serrula sägeartig gezackte Vorderkante der Kauladen, die zum Zerkleinern der Beute verwendet wird
Spinnwarzen ein- bis mehrgliedrige Anhänge am Hinterleib der Spinnen, aus denen Seidenfäden austreten
Sternum Brustschild, Bauchplatte
Stigma Atemöffnung, die entweder zu den Blätterlungen oder den Röhrentracheen führt
Stridulationsorgane lauterzeugende Organe, die hauptsächlich während der Paarungszeit benützt werden
Tarsalklauen gebogene Klauen am Ende des letzten Beingliedes (Fuß)
Tarsus Fuß, letztes (7.) Beinglied
Telson letztes Hinterleibsglied (Endglied) bei Gliederfüßern
Tergit Rückenplatte bei Gliederfüßern
Thorax Brust
Tibia Schiene, 5. Beinglied
Tracheen Atem- oder Luftröhren, röhren- oder sackartige Einstülpungen, die zur Atmung dienen
Trochanter Schenkelring, 2. Beinglied
Wollstränge stark strukturierte, bläulich schimmernde Fangfäden der Kräuselfadenweberinnen

Weiterführende Literatur

BROHMER, P.: Fauna von Deutschland. Quelle & Meyer Verlag, Heidelberg
CROME, W.: Taranteln, Skorpione und Schwarze Witwen. Neue Brehm Bücherei, Ziemsen Verlag, Wittenberg Lutherstadt 1956
FOELIX, R.: Biologie der Spinnen. Thieme Verlag, Stuttgart 1979
KAESTNER, A.: Lehrbuch der Speziellen Zoologie, Bd. I: Wirbellose. Gustav Fischer Verlag, Stuttgart 1969
KULLMANN, E., H. STERN: Leben am seidenen Faden. Bertelsmann Verlag, München 1975
PFLETSCHINGER, H.: Einheimische Spinnen. Kosmos-Verlag, Stuttgart 1983
STRESEMANN, E.: Exkursionsfauna. Wirbellose 1. VEB Verlag, Berlin 1970
WIEHLE, H.: Vom Fanggewebe einheimischer Spinnen. Neue Brehm Bücherei, Akademische Verlagsgesellschaft Geest & Portig, Leipzig 1949

Wer sich noch spezieller mit den Spinnentieren beschäftigen möchte, der sollte sich an eine Landes- oder Universitätsbibliothek wenden, bei der zoologische und andere wissenschaftliche Zeitschriften gehalten werden, in denen immer wieder spezielle Artikel über einzelne Familien, Gattungen oder Arten der Spinnentiere veröffentlicht werden.

Bestimmungsschlüssel der Spinnenfamilien

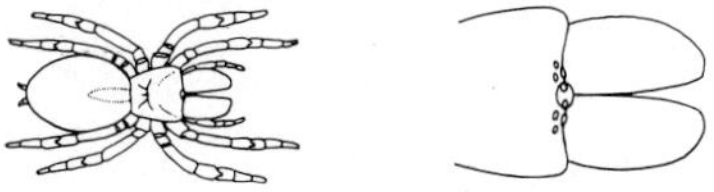

Tapezierspinnen (Atypidae)
Dunkelbraune Spinnen, die zeitlebens in „austapezierten" Erdröhren leben
Seite 45–47

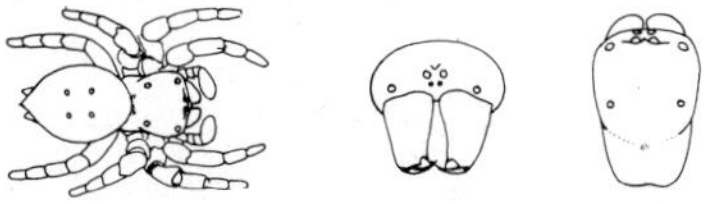

Röhrenspinnen (Eresidae)
Spinnen mit gedrungenem Körperbau, Kräuselfadenweberinnen; leben in einer Erdröhre mit schirmartigem Gespinstdach
Seite 50–51

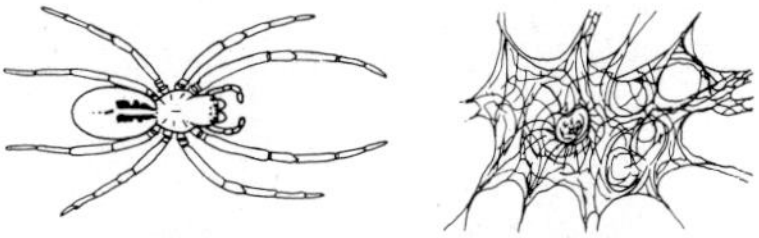

Finsterspinnen (Amaurobiidae)
Große, kräftige Spinnen, Kräuselfadenweberinnen; bauen röhrenförmige Schlupfwinkel
Seite 52–53

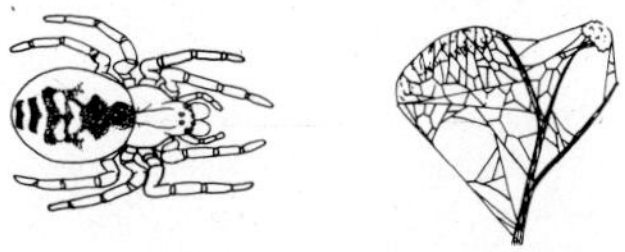

Kräuselspinnen (Dictynidae)
Kleine Spinnen mit breitem Hinterleib, Kräuselfadenweberinnen; leben meist auf gespinstüberdachten Blättern
Seite 54–58

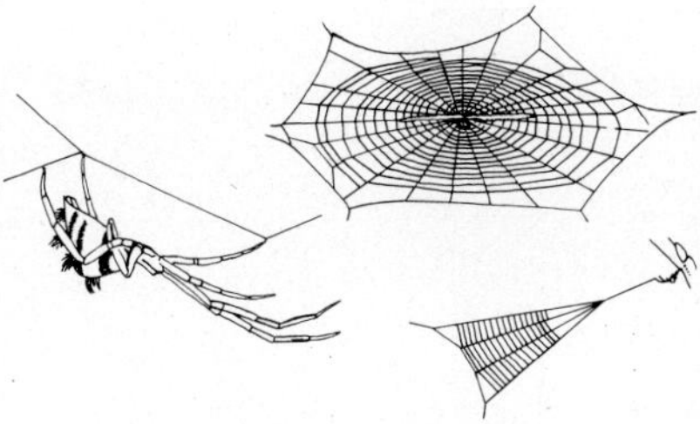

Kräuselradnetzspinnen (Uloboridae)
Kräuselfadenweberinnen mit hochgewölbtem Hinterleib und langen Beinen. Rad- bzw. Dreiecksnetze bauend
Seite 58–62

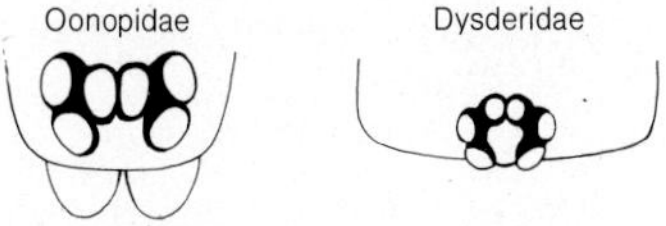

Zwergsechsaugen (Oonopidae)
Sechsaugen (Dysderidae)
Kleine, rötlich gefärbte Spinnen mit 6 Augen, Klebfadenweberinnen, ohne Netz
Seite 62–66

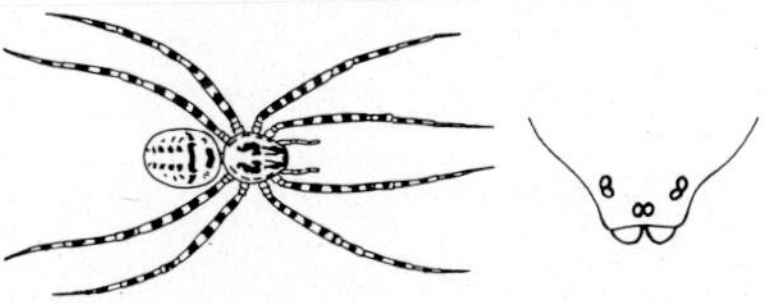

Speispinnen (Sicariidae)
Gelblich-braune Spinnen mit 6 Augen, Klebfadenweberinnen; Beutefang durch Bespucken mit einer Leim-Giftmischung
Seite 66

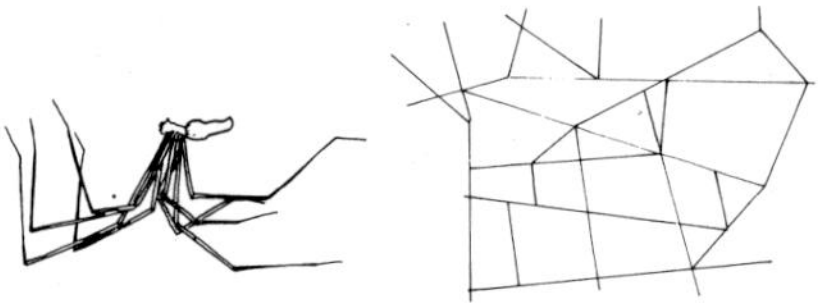

Zitterspinnen (Pholcidae)
Klebfadenweberinnen mit langen, dünnen Beinen; bauen unregelmäßige, kuppelförmige Deckennetze
Seite 68–69

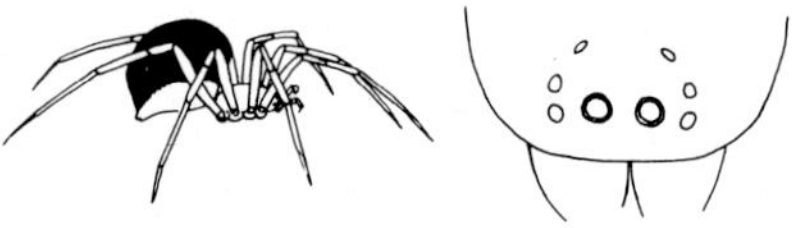

Ameisenjäger (Zodariidae)
Kleine, flinke, nur ameisenfressende Jagdspinnen, Klebfadenweberinnen, ohne Fangnetze
Seite 70

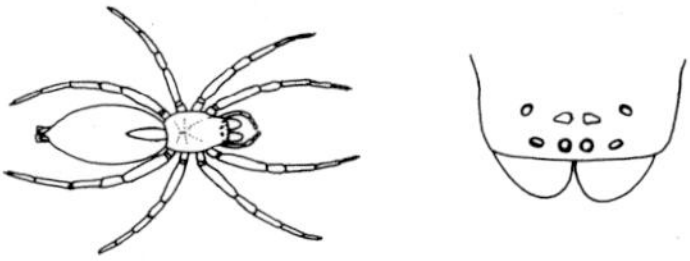

Platt- oder **Glattbauchspinnen** (Gnaphosidae)
Braune bis schwarze, nachtaktive Jagdspinnen mit langen, röhrenförmigen Spinnwarzen, Klebfadenweberinnen; mit röhren- oder sackförmigen Wohngespinsten
Seite 71–85

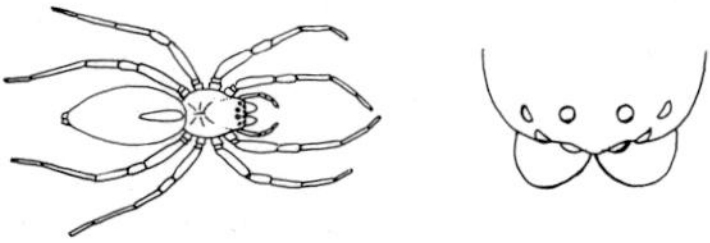

Sackspinnen (Clubionidae)
Mittelgroße bis kleine, bräunliche, nachtaktive Jagdspinnen, Klebfadenweberinnen, ohne Fangnetze, mit sackförmigen Wohngespinsten
Seite 86–104

Jagdspinnen (Sparassidae)
Flinke, tagaktive Jagdspinnen ohne Fangnetze, Klebfadenweberinnen; bei uns nur 1 Art heimisch
Seite 104–107

Krabbenspinnen (Thomisidae)
Tagaktive Lauerjäger ohne Fangnetze, Klebfadenweberinnen, 1. und 2. Beinpaar deutlich länger und kräftiger, Hinterleib fast dreieckig mit 5 Gruben
Seite 108–123

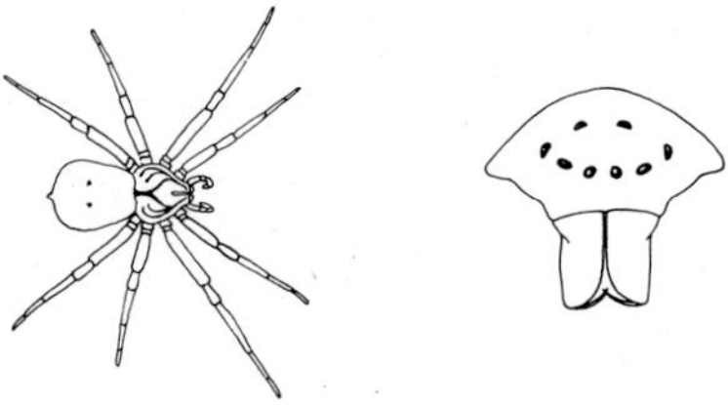

Laufspinnen (Philodromidae)
Flache, schlanke, sehr bewegliche Jagdspinnen ohne Fangnetze, Klebfadenweberinnen, Hinterleib fast dreieckig
Seite 124–134

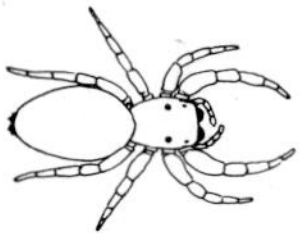

Spring- oder **Hüpfspinnen** (Salticidae)
Kleine bis mittelgroße, tagaktive, lebhafte Spinnen mit gedrungenem Körper und kurzen, kräftigen Beinen, vordere Mittelaugen stark vergrößert, Klebfadenweberinnen, ohne Fangnetze
Seite 134–161

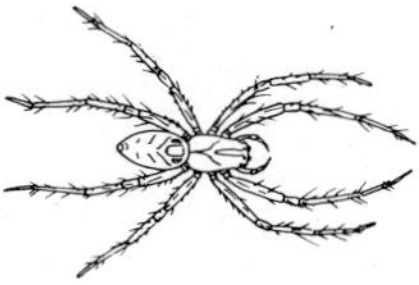

Scharfaugen- oder **Luchsspinnen** (Oxyopidae)
Rotbraune, tagaktive Jagdspinnen ohne Fangnetze, Klebfadenweberinnen, 8 Augen in 4 Querreihen, Beine stark bestachelt
Seite 162–163

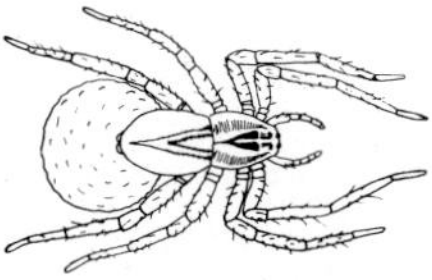

Wolfsspinnen (Lycosidae)
Dunkle, tagaktive, gedrungene Jagdspinnen mit Wohnröhre, Klebfadenweberinnen, 8 Augen in 3 Querreihen, Vorderkörper länglich-oval, stark gewölbt, Weibchen trägt Kokon an den Spinnwarzen angeheftet mit sich herum
Seite 164–189

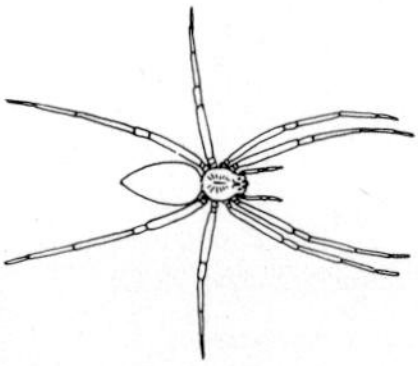
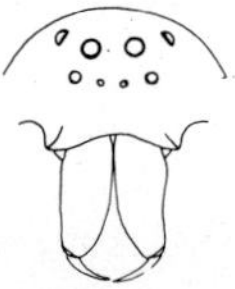

Raubspinnen (Pisauridae)
Dunkle, stark behaarte, langgestreckte Jagdspinnen ohne Fangnetze, Klebfadenweberinnen, 8 Augen in 3 Querreihen, Beine dünn, Weibchen trägt Kokon in den Kieferklauen
Seite 190–192

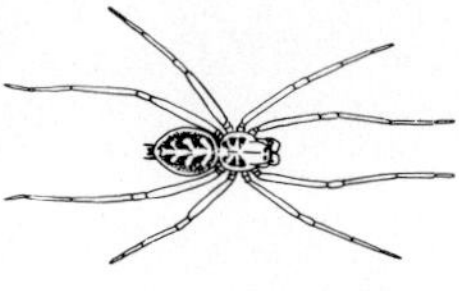
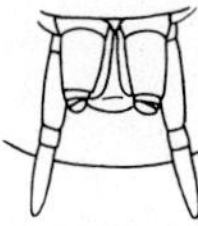
Spinnwarzen von unten

Trichterspinnen (Agelenidae)
Dunkle, flinke Spinnen mit Fangnetzen (flache Gewebedecken), Klebfadenweberinnen, Spinnwarzen lang und deutlich zweigliedrig
Seite 192–203

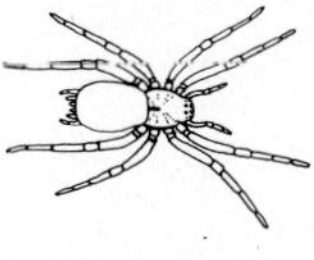
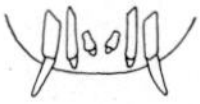
Spinnwarzen von unten

Bodenspinnen (Hahniidae)
Kleine Spinnen mit in Querreihen angeordneten Spinnwarzen, bauen dicht über dem Boden kleine Gewebedecken, Klebfadenweberinnen
Seite 204–207

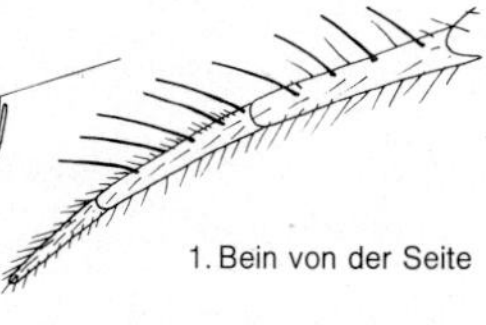
1. Bein von der Seite

Spinnenfresser (Mimetidae)
Kleine Klebfadenweberinnen ohne Fangnetze, Hinterleib stets höher als lang, mit 2–3 Höckerpaaren, fressen ausschließlich Spinnen
Seite 208–209

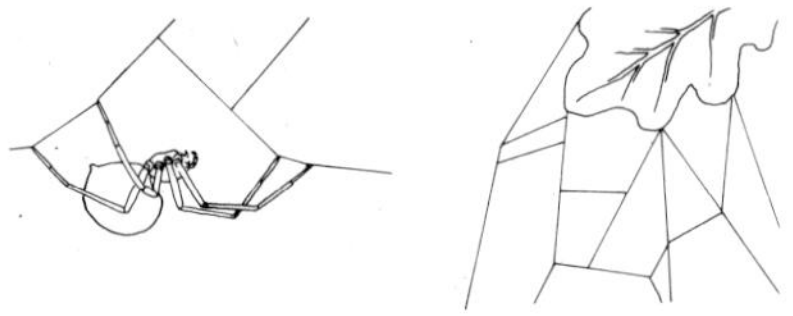

Haubennetz- oder **Kugelspinnen** (Theridiidae)
Mittelgroße bis kleine Klebfadenweberinnen mit kugeligem Hinterleib und dünnen, glänzenden Beinen, weben unregelmäßige Haubennetze
Seite 210–235

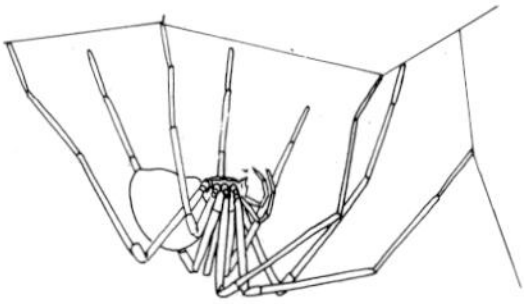

Höhlenspinnen (Nesticidae)
Gelblich- bis grünlichbraune Klebfadenweberinnen mit kugeligem Hinterleib und sehr langen, dünnen Beinen, weben zarte Netze an feuchten, dunklen Stellen
Seite 236

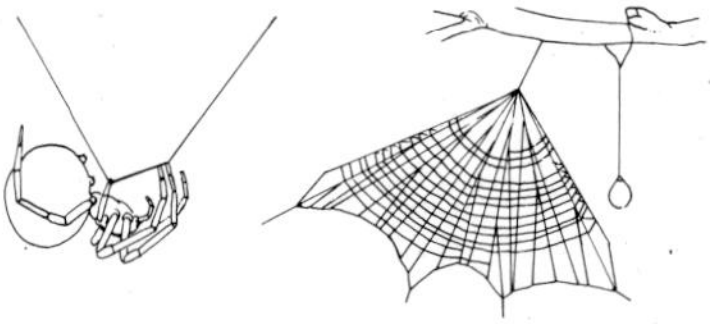

Zwergkreuzspinnen (Theridiosomatidae)
Radnetzbauende Klebfadenweberinnen mit hochaufgewölbtem, kugeligem Hinterleib, Radnetz klein, dreidimensional, ohne Nabe
Seite 239–240

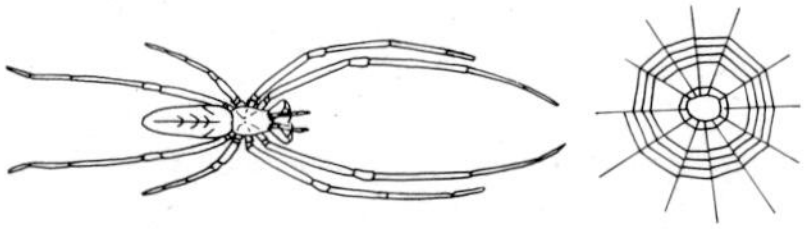

Kiefer- oder **Streckerspinnen** (Tetragnathidae)
Radnetzbauende Klebfadenweberinnen mit langgestrecktem Körper, Radnetz mit offener Nabe und weit auseinanderliegenden Spiralen
Seite 240–245

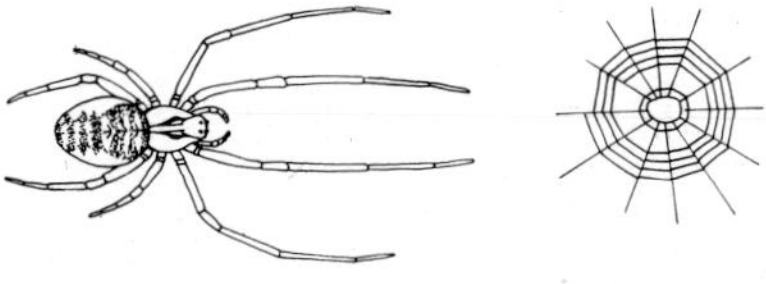

Herbstspinnen (Metidae)
Radnetzbauende Klebfadenweberinnen, deren erste beide Beinpaare länger sind als die anderen beiden, Hinterleib rundlich-oval, Radnetze sehr klein, Nabe offen
Seite 246

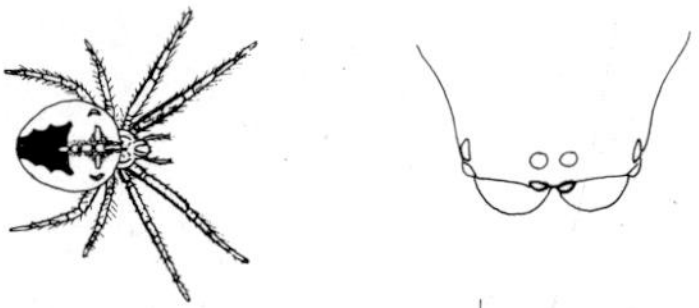

Echte Radnetz- oder **Kreuzspinnen** (Araneidae)
Mittelgroße bis große, träge Klebfadenweberinnen mit rundlich-ovalem, meist stark behaartem Hinterleib und arttypischer Zeichnung, Beine kräftig und stark bestachelt, Radnetz mit geschlossener Nabe
Seite 248–267

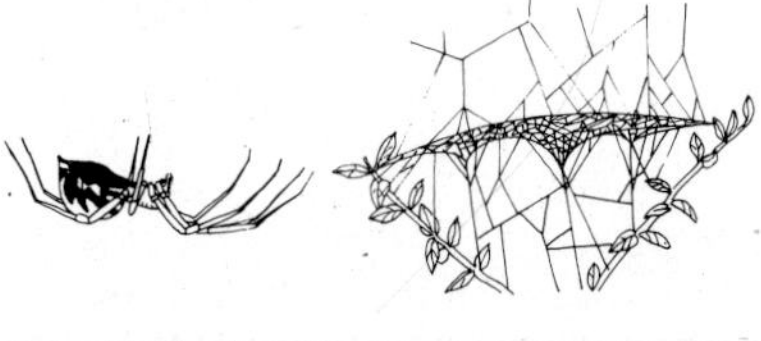

Baldachin- oder **Deckennetzspinnen** (Linyphiidae)
Relativ kleine, dunkle Klebfadenweberinnen mit langen, dünnen, bestachelten Beinen, weben horizontale, baldachinartige Gewebedecken, unter denen sie mit dem Bauch nach oben hängen
Seite 268–298

Spinnen (Araneae)

Vogelspinnen (Mygalomorphae)

Spinnen mit ungegliedertem Hinterleib, 2 Paar Fächerlungen, 4–6 Spinnwarzen und nach vorn gerichteten Kieferklauen. Weibchen leben zeitlebens in austapezierten Erdröhren.

Tapezierspinnen (Atypidae)

Tapezierspinnen sind mittelgroße, kräftige, dunkelbraune Spinnen, die sich im Erscheinungsbild deutlich von anderen Spinnen unterscheiden; selbst junge Tapezierspinnen lassen sich schon leicht zuordnen. Die Hauptunterschiede zu anderen Spinnen liegen in dem Besitz von 2 Paar Blätterlungen und der Stellung der Kieferklauen. Diese sind massiger als bei irgendeiner anderen europäischen Spinnenart, nach vorn gerichtet und drehen sich in einer senkrechten Ebene, während die der übrigen Spinnen sich waagrecht bewegen und meist kleinere Fänge haben. Tapezierspinnen besitzen 6 Spinnwarzen. Die 3 in Mitteleuropa vorkommenden Arten sind die einzigen Vertreter der Vogelspinnen, die im nördlichen Erdteil zu finden sind.

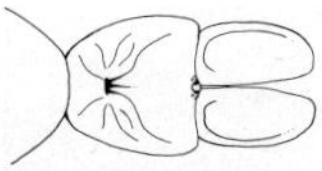

Rückenschild und
Kiefertaster von oben

Augen von vorn

Querschnitt durch
eine Wohnröhre

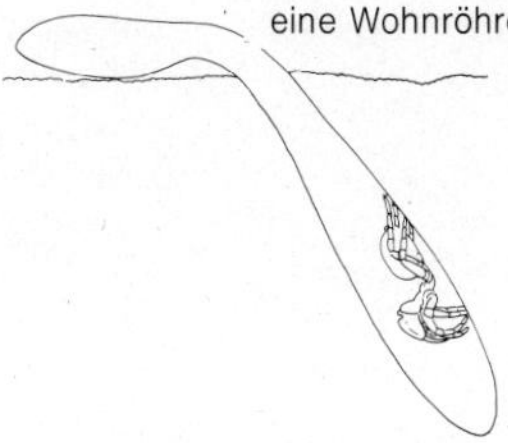

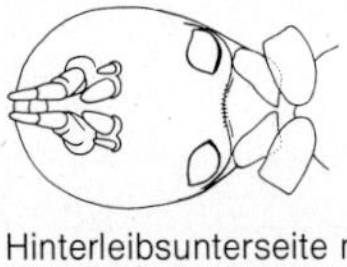

Hinterleibsunterseite mit
3 Paar Spinnwarzen und
1 Paar Atemöffnungen
zu den Blätterlungen

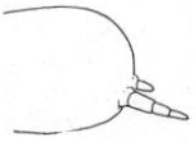

hintere Spinnwarzen

Die Spinnen heben in weicher Erde oder Bodenstreu eine schräg nach unten führende Röhre aus, die sie fest mit Seide auskleiden. Diese Röhre besteht aus einem 15–100 cm tief in der Erde gelegenen unterirdischen Teil und einem ca. 5–15 cm langen oberirdischen Teil, der am Ende verschlossen und mit Bodenteilchen bedeckt wird, so daß er kaum zu erkennen ist. Die Tapezierspinnen ernähren sich von kleineren Insekten. Krabbelt nun so ein Insekt über den oberirdischen Teil der Röhre, so eilt die Spinne nach oben und

schlägt durch die Röhrenwand hindurch mit den langen Fängen ihre Beute. Nach und nach wird dann die Röhrenwand aufgerissen und das Insekt in die Röhre hineingezogen. Am Grund der Röhre befindet sich eine kleine kammerartige Erweiterung, in die die Beute gebracht wird. Hier bleibt sie vorerst liegen, während die Spinne wieder an die Oberfläche zurückkehrt, um die zerrissene Röhre wieder zuzuweben. Erst dann kehrt sie zur Beute zurück, um diese auszusaugen.
Wenn die Männchen der Tapezierspinnen nach 4 Jahren im Herbst geschlechtsreif sind, verlassen sie ihre Röhren und machen sich auf die Suche nach einem Weibchen. Hat das Männchen ein Weibchen gefunden, dann trommelt es mit seinen Vorderbeinen und Kiefertastern an die Wohnröhre des Weibchens. Bekommt es keine Antwort, dann reißt das Männchen die Röhre auf und steigt hinein. Nun leben Männchen und Weibchen bis in den Winter hinein zusammen in dieser Röhre, bis das Männchen stirbt oder vom Weibchen aufgefressen wird. Im Spätsommer schlüpfen aus den ca. 150 Eiern, die in einem Sack hängend am oberen Teil der zu einer Kammer erweiterten Röhre hängen, die Jungspinnen aus. Sie bleiben in der mütterlichen Röhre bis zum kommenden Frühjahr. Von der Paarung bis zum Auswandern der Jungspinnen vergehen 18 Monate. Nach 4 Jahren sind die Spinnen geschlechtsreif – natürlich hat sich in dieser Zeit ihre Zahl durch die verschiedensten Freßfeinde beträchtlich verringert. Die Männchen werden nur einige Monate älter als 4 Jahre, die Weibchen dagegen können bis zu 9 Jahre alt werden und in dieser Zeit noch einige Eisäcke bauen. Die weiblichen Tapezierspinnen gehören zu den langlebigsten Spinnen Nordeuropas.
Tapezierspinnen bevorzugen dichtbewachsene Waldränder und sandigen oder kalkhaltigen Boden zum Anlegen ihrer Röhren. Im Herbst kann man mit etwas Glück die auf Weibchensuche gehenden Männchen zu sehen bekommen. Die Weibchen leben zeitlebens in der Röhre und kommen nur zum Ausbessern der oberen Röhre ans Tageslicht.

Atypus affinis

Weibchen: 10–15 mm Männchen: 7–9 mm

Kopf-Bruststück glänzend braun bis grünlich-braun, Hinterleib dunkelrotbraun mit kleinen grauen Flecken, behaart. Beine braun, behaart. Dreiteilige Spinnwarzen mit unterschiedlich langen Segmenten. Häufigste in Nordeuropa vorkommende *Atypus*-Art. Bevorzugt Kiefernwälder, sonnige Hänge und Böschungen zum Bau der Röhren. Leben meist kolonieweise zusammen. Röhren ca. 50 cm tief im Boden.

Atypus piceus

Weibchen: 10 mm Männchen: 9 mm

Unterscheidet sich von *A. affinis* durch die Spinnwarzen, die auch aus 3 Segmenten bestehen, von denen das äußere aber deutlich länger ist als die beiden Grundsegmente. Erdröhren meist weniger tief als bei *A. affinis*. Bevorzugt trockene Hanglagen.

Atypus affinis
♀

Atypus affinis
♂

Atypus muralis

Weibchen: 12 mm Männchen: 9 mm

Unterscheidet sich von den beiden vorigen Arten durch unterschiedlich lange, viergliedrige Spinnwarzen. Erdröhren 50–80 cm tief, vor allem an steilen, trockenen Hängen.

Webespinnen (Araneimorphae)

Spinnen mit ungegliedertem Hinterleib, meist 1 Paar Fächerlungen und 1 Paar Röhrenlungen oder 2 Paar Röhrenlungen. Kieferklauen nach unten gerichtet, 6 Spinnwarzen.
Die Webespinnen umfassen eine mannigfaltige Gruppe von Spinnen und lassen sich grob einteilen in die Woll- oder Kräuselfadenweberinnen (Cribellatae) und die Klebfadenweberinnen (Ecribellatae).

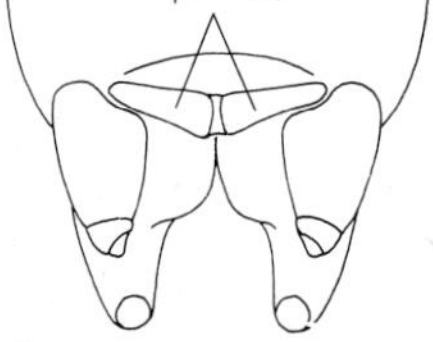

Spinnwarzen von unten

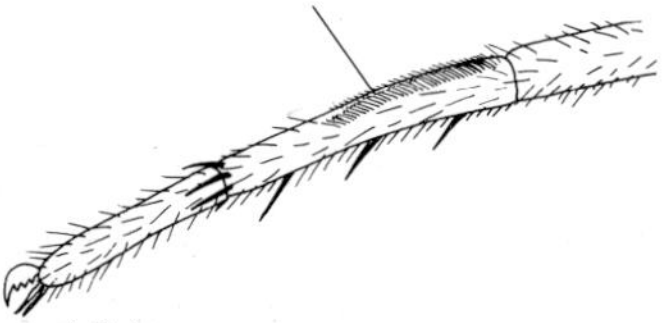

4. Beinpaar

Bei den Woll- oder Kräuselfadenweberinnen liegt auf der Bauchseite vor den Spinnwarzen ein Spinnsieb (Cribellum), und das vorletzte Beinglied der Hinterbeine trägt je einen Kräuselkamm (Calamistrum). Mit Hilfe des Spinnsiebes und des Kräuselkammes bauen die Wollfadenweberinnen in ihre Gewebe bläulich schimmernde Fäden (Wollstränge) ein, mit deren Hilfe die Beute gefangen und festgehalten wird. Der Wollstrang selbst ist nicht gefärbt, aller Wahrscheinlichkeit nach wird die Färbung, die wir sehen, durch die außerordentliche Feinheit (etwa $^1/_{100}$ des Durchmessers der Fäden, die in einem Radnetz verwendet werden) und die Struktur der einzelnen Fäden, aus denen der Wollstrang zusammengesetzt ist, hervorgerufen. Dieser Wollstrang wird von zwei Strängen normaler Spinnseide getragen. Zum Herstellen dieses Wollstranges legt die Spinne die Spitze eines ihrer Hinterbeine auf das Ende des Zwischenfußes (Metatarsus) des anderen Hinterbeines, beugt beide Beine und nähert auf diese Weise den Kräuselkamm dem Spinnsieb. Durch Strekken der Hinterbeine wird die Spinnwolle vom Spinnsieb weggezogen. Dieser Vorgang geschieht sehr schnell und ist als „Bürsten" bekannt. Beim Bürsten des Wollstranges wechselt die Spinne gelegentlich ihre Hinterbeine, so daß wechselweise beide Kräuselkämme benutzt werden. Der frische Wollstrang besitzt aufgrund seines Aufbaus aus einzelnen Fäden ein großes Haftvermögen – auch ohne Klebstoff. Die Beute bleibt an diesem Wollstrang zwar nicht kleben, verheddert sich aber darin und kommt nicht mehr frei. Warum sich die Spinne selbst nicht im Wollstrang verfängt, ist noch unbekannt.

Gewebe von *Amaurobius similis*

Amaurobius similis

Die Klebfadenweberinnen besitzen kein Spinnsieb und keinen Kräuselkamm, in ihren Geweben sind folglich auch keine bläulich schimmernden Fäden zu finden. Sie fangen und halten ihre Beute mit Hilfe von ins Gewebe eingebauten Klebfäden, spezielle Fangfäden, die mit perlartig aufgereihten, klebrigen Tröpfchen versehen sind, an denen die Beute hängenbleibt.

Röhrenspinnen (Eresidae)

8–16 mm große Spinnen mit gedrungenem Körperbau, Spinnsieb und Kräuselkamm, d. h. die Gewebe besitzen den bläulich schimmernden Wollstrang. Weibchen einfarbig schwarz. Die Männchen gleichen bis zur Geschlechtsreife, d. h. ihrer sechsten Häutung, den Weibchen, danach färbt sich ihr Hinterleib zinnoberrot mit schwarzen Flecken. Die Weibchen leben zeitlebens in einer ca. 10 cm tiefen Erdröhre, die mit bräunlicher Spinnseide ausgekleidet ist und über der sich ein schirmartiges Gespinstdach erhebt. Von diesem Gespinstschirm gehen nach allen Seiten bläulich schimmernde Fangfäden aus, die am Boden, an Pflanzenteilen oder an Steinen befestigt sind. Der für den Beutefang bestimmte Gespinstteil kann sehr klein und unauffällig sein und ist oft schwer zu entdecken.
Röhrenspinnen leben meist kolonieweise auf warmen, sandigen Böden und ernähren sich in der Hauptsache von anderen Spinnen und Käfern. Die Männchen werden entweder im Herbst oder Frühjahr geschlechtsreif, färben sich attraktiv um, verlassen ihre Röhre und gehen auf Partnersuche. Sie haben nur ein sehr kurzes Erwachsenendasein nach der Paarung. Die Weibchen erreichen mit ca. 3 Jahren ihre Geschlechtsreife. Sie stellen nur einen kokonartigen Eisack her. Die äußere Hülle dieses Eikokons besteht aus Wollsträngen, an denen Erdklümpchen und Beutereste haften bleiben und so die Eier vorteilhaft tarnen. Um eine gleichmäßige Temperatur zu erhalten, schleppen die Weibchen tagsüber den Eikokon an die Erdoberfläche und nachts wieder in die Röhre. Die ausschlüpfenden Jungspinnen überwintern in der mütterlichen Röhre und bleiben hier bis zu ihrer sechsten Häutung. Zu dieser Zeit etwa stirbt das Weibchen und wird von den Jungen aufgefressen. Der gesamte Lebenskreislauf der Röhrenspinnen beträgt also mindestens 4 Jahre.

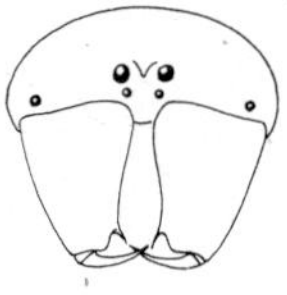

Kopf von vorn

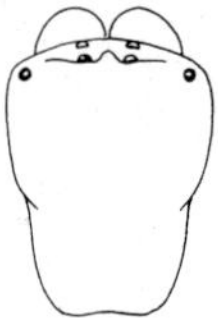

Rückenschild von oben

Querschnitt durch eine Wohnröhre mit äußerem Schirmdach

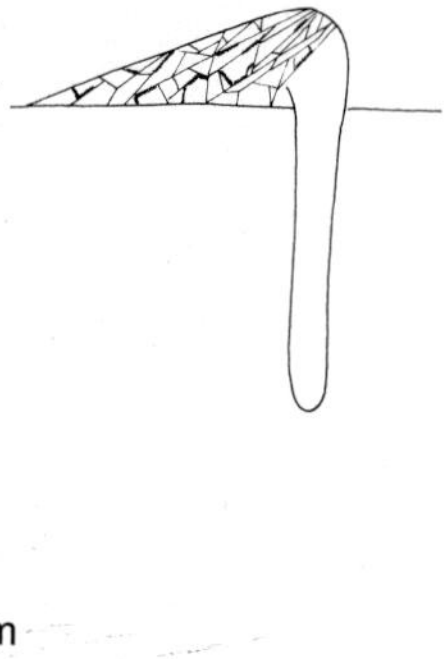

Eresus niger (= cinnaberinus)
Weibchen: 9–16 mm Männchen: 8–11 mm
Einzige Art der Gattung, die in Europa vorkommt. Weibchen mit schwarzem Kopfbrustteil, das mit blassen Haaren besetzt ist. Hinterleib samtig schwarz mit wenigen helleren Haaren am Vorderrand und zwei Reihen kleiner Gruben

auf der Oberseite. Beine schwarz mit hellgrauen Flaumhaaren besetzt (gelegentlich auch mit kleinen Büscheln weißer Haare). Geschlechtsreife Männchen mit schwarzem Kopfbrustteil und orangeroten Haaren an der Brustseite, die manchmal den gesamten Brustteil bedecken. Hinterleib zinnoberrot mit 3 Paar schwarzen Flecken, von denen das letzte Paar viel kleiner als die beiden ersten ist. Manchmal sind diese Flecken von weißen Haaren umsäumt. Seiten, hinterer Rand und Bauchseite des Hinterleibes sind schwarz. Beine schwarz mit weißen Haarringen an den Gelenken, manchmal auch orangefarbenen Haaren am 3. und 4. Beinpaar. Lebt in 10 cm tiefen Erdröhren an warmen, sandigen, windgeschützten Südhängen.

Eresus niger
♀

Eresus niger
♂

Finsterspinnen (Amaurobiidae)

Die zu den Kräuselfadenweberinnen gehörenden Finsterspinnen sind größere, kräftige Spinnen mit dickem Hinterleib. Sie sind vor allem im Herbst zu sehen, sind jedoch nachtaktiv – tagsüber also selten anzutreffen. Finsterspinnen leben vor allem in Mauerlöchern und -ritzen, unter Steinen und loser Baumrinde. Hier bauen sie sich röhrenförmige Gespinste, von denen aus sie zum Beutefang unregelmäßig ihre bläulichen Wollstränge auslegen.
Die Familie umfaßt 2 Gattungen (*Amaurobius* mit zweireihigem Webekamm und *Titanoeca* mit einreihigem Webekamm) mit ca. 200 Arten, von denen jedoch nur 9 bei uns heimisch sind.
Die Finsterspinnen werden im Herbst geschlechtsreif. Im Frühjahr gehen die Männchen dann auf Partnersuche, wobei sich die Männchen der Gattung *Amaurobius* durch Trommeln mit ihren Tastern am Netz des Weibchens bemerkbar machen. Die Männchen der Gattung *Titanoeca* verwenden dagegen ihre Beine, um bei ihrer Frühjahrswerbung am Netz des auserkorenen Weibchens zu zupfen.

Fensterspinne *(Amaurobius fenestralis)*
Weibchen: 7–9 mm Männchen: 5–7 mm
Kopf dunkelbraun, Rückenschild braun, Hinterleib graubraun mit fast schwarzer herzförmiger Zeichnung auf der Oberseite, die gelblichweiß umrandet ist. Seiten und hinteres Ende des Hinterleibes graubraun. Beine hellbraun mit dunkler Ringelung. Hinterleib und Beine mit kurzen Haaren bedeckt. Befestigt zuweilen ihr Gespinst an Keller- und Wohnungsfenstern (daher der deutsche Name). Das Weibchen spinnt sich im Frühsommer ein und wacht bei ihren ca. 100 Eiern. Kurz vor oder kurz nach dem Ausschlüpfen der Jungen stirbt das Weibchen und dient als erste Nahrung für die Jungspinnen.

Amaurobius similis
Weibchen: 9–12 mm Männchen: 6–8 mm
Graubraune Spinne, ähnlich *A. fenestralis,* die herzförmige Zeichnung auf dem Hinterleib besitzt jedoch eine breitere helle Einfassung.

Amaurobius claustrarius
Weibchen: ca. 11 mm Männchen: ca. 8 mm
Ähnlich wie *A. fenestralis,* herzförmiges Mal jedoch deutlich kürzer (etwa 1/3 des Hinterleibes). Kommt vor allem unter Steinen an feuchteren Stellen vor.

Kellerspinne *(Amaurobius ferox)*
Weibchen: 12–16 mm Männchen: 9–12 mm
Größte und am dunkelsten gefärbte europäische Finsterspinne. Weibchen besitzt dunklen Hinterleib und dunkle Beine, die keinerlei Zeichnung erkennen lassen; Männchen ähnelt dem Weibchen, besitzt jedoch rötlichbraune Beine, die sichtbare Ringelung zeigen, und helle Spitzen an den Kiefertastern. Kommt sehr häufig in Häusern, Kellern und Gärten vor.

Titanoeca obscura

Weibchen: 5–7 mm   Männchen: ca. 5 mm

Weibchen: Rückenschild dunkel rötlich-braun, Kopf dunkelbraun, Hinterleib braun, Beine dunkel rötlich-braun bis schwarz, mit lichtem Flaum bedeckt. Männchen in der Färbung ähnlich, der Hinterleib trägt jedoch 2 Paar helle Flecken. Lebt bevorzugt an sonnigen Hängen, vor allem unter Kalksteinen, in niederer Vegetation oder Bodenstreu und ist vor allem im Frühjahr zu sehen.

Amaurobius fenestralis ♀

Titanoeca obscura ♀ mit Kokon

Kräuselspinnen (Dictynidae)

Kleine, bis maximal 5 mm große Spinnen, die ebenfalls der Gruppe der Kräuselfadenweberinnen (cribellate Spinnen) angehören, als Fangfäden für ihre Beute also die bläulich schimmernden Wollstränge verwenden. Die Familie umfaßt 4 Gattungen (*Dictyna, Lathys, Argenna, Altella*) mit über 200 Arten, von denen jedoch nur ca. 15 in Mitteleuropa vorkommen.
Die Spinnen leben vorwiegend an Pflanzen (z. B. in Blüten von Umbelliferen) und legen ihre Netze oft auf der Oberseite größerer Blätter an. Die Spinne selbst lebt dann auf dem gespinstüberdachten Blattgrund.

Die Vertreter der Gattung *Dictyna* sind weit verbreitet und kommen zum Teil recht häufig vor. Die einzelnen Arten unterscheiden sich im wesentlichen durch die Färbung und Zeichnung der Oberseite ihres Hinterleibes (siehe Zeichnung oben). Die Muster sind aus vielen kleinen, leicht zerbrechlichen Härchen zusammengesetzt, so daß eine Bestimmung recht schwierig ist, da die feinen Härchen leicht abgerieben werden, das Muster also verwischt oder gar ganz verschwindet. Nur typisch gefärbte Arten können eindeutig bestimmt werden. Zur genauen Bestimmung der *Dictyna*-Arten sind auf jeden Fall Lupe oder Binokular notwendig.
Spinnen der Gattung *Dictyna* sind vorwiegend im Frühjahr und Frühsommer anzutreffen.
Die Gattung *Lathys* umfaßt nur 2 Arten: *Lathys humilis* und *Lathys stigmatisata.* Bei dieser Gattung sind die vorderen Mittelaugen auffällig klein und punktförmig.
Die Gattung *Argenna* umfaßt ebenfalls nur 2 Arten: *Argenna subnigra* und *Argenna patula.* Die Spinnen sind ca. 2,5–3,5 mm lang und braun bis schwarz gefärbt. Sie sind recht selten zu finden. *A. subnigra* kommt vor allem im Rheintal vor, wo sie am Ufer unter Steinen lebt.
Die Gattung *Altella* besitzt nur eine Art: *Altella lucida.* Diese Spinne ist ca. 1,5 mm lang, blaß hellgelblich gefärbt und besitzt bestachelte Beine. Sie wurde bisher im Rhein- und im Ahrtal gefunden, wo sie unter Steinen lebt.

Hinterleibszeichnungen verschiedener *Dictyna*-Arten

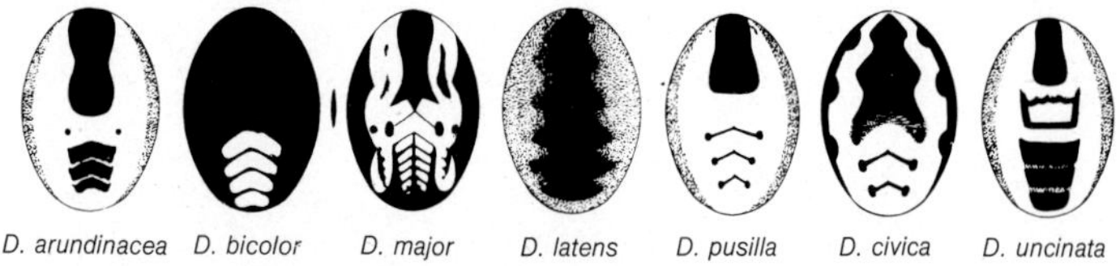

D. arundinacea *D. bicolor* *D. major* *D. latens* *D. pusilla* *D. civica* *D. uncinata*

Dictyna arundinacea

Weibchen: 3 mm Männchen: 2,5 mm
Rückenschild dunkelbraun, Kopf mit rauhen, weißlichen Haaren bedeckt, die 5 Längszeilen bilden. Hinterleib (siehe Zeichnung oben) mit kurzen, rauhen, weißlichen Haaren bedeckt, die jedoch zwei Bereiche (Herzgegend und eine

Region am Ende des Hinterleibes) freilassen. Beine bräunlich mit gelbem Flaum. Kommen vorwiegend an niederen Pflanzen vor, vor allem an trockenem, abgestorbenem Schilf.

Dictyna pusilla
Weibchen: ca. 2 mm Männchen: ca. 2 mm
Gleicht *D. arundinacea,* die hellen Umsäumungen des Mittelbereiches am Hinterleib sind gewöhnlich jedoch schmäler. Beine mit dunklem Ring am vorderen Teil aller Segmente. Leben vor allem auf sandigen Heiden und niederen Fichtenbäumen.

Dictyna major
Weibchen: 3–3,5 mm Männchen: ca. 3 mm
Hinterleib mit deutlicher hell-dunkler Markierung (siehe Zeichnung rechts). Sind häufig an sandigen Küsten zwischen Bodenstreu und an niederen Pflanzen zu finden.

Dictyna uncinata
Weibchen: ca. 2,5 mm Männchen: ca. 2 mm
Gleicht *D. arundinacea* und wird oft auch an den gleichen Verbreitungs- und Ansiedlungsgebieten gefunden. Häufig an Baumstümpfen und niederem Gebüsch.

Dictyna civica
Weibchen: ca. 3 mm Männchen: ca. 2,5 mm
Hinterleibsmuster siehe Zeichnung. Beine: Schenkel dunkel, alle übrigen Teile hellbraun mit undeutlicher Ringelung. Lebt vor allem an Häusern und alten Mauern, ihre Netze sehen recht oft sehr verstaubt und alt aus.

Dictyna ammophila
Weibchen: 2 mm Männchen: 2 mm
Gleicht *D. bicolor,* besitzt jedoch einen gleichmäßig dunklen Hinterleib ohne helle Markierungen. Kommt gerne in Sanddünen und unter Steinen und Moos vor.

Dictyna arundinacea ♀

Dictyna latens

Weibchen: ca. 3 mm Männchen: ca. 2 mm

Rückenschild dunkelbraun bis schwarz, Rücken und Seiten dicht mit weißlichen Haaren bedeckt. Beine dunkelbraun bis schwarz, mit rauhen Haaren besetzt. Lebt vor allem an niederen Pflanzen und Sträuchern, bevorzugt an Heidekraut.

Dictyna bicolor

Weibchen: 3 mm Männchen: 3 mm

Rückenschild dunkel rötlich-braun, Kopf mit weißen Haaren besetzt. Hinterleib schwarz bis dunkelbraun mit wenigen weißen Haaren. Gut erkennbar an den hinteren vier hellen Markierungen (siehe Zeichnung). Beine: Schenkel tief braun, andere Segmente hellbraun mit leichtem Flaum. Leben unter Steinen oder in der Bodenstreu.

Heterodictyna puella

Weibchen: ca. 3 mm Männchen: ca. 2,5 mm

Rückenschild des Weibchens grau-braun mit breiter, heller Umrandung. Kopf mit weißlichen Haaren bedeckt. Hinterleib weiß mit deutlichem rotem, herzförmigem Mal, das manchmal auch nur zu einem Fleck verkleinert sein kann. Beine fahlgelb mit feinem Flaum an den äußeren Segmenten.

Rückenschild des Männchens rotbraun mit schwachen, hellen Bändern. Hinterleib sehr unterschiedlich, manchmal fast einheitlich rosafarben oder aber rosafarben mit dunklerem Mittelstreifen, der sich nach hinten zu verbreitert. Beine blaß-braun mit feinem Flaum. Leben vorwiegend auf Gebüsch und sind vom Frühjahr bis Spätsommer zu sehen.

Dictyna latens ♀

Dictyna bicolor ♀

Heterodictyna puella ♀

Heterodictyna walckenaeri
Weibchen: 4–5 mm Männchen: 3–4 mm
Rückenschild des Weibchens gelb-braun, Brustteil grünlich mit helleren Rändern. Kopf spärlich mit weißlichen Haaren bedeckt. Hinterleib grünlich mit hellen Haaren an den Seiten und am vorderen Teil des Hinterleibes, mit blaß-grünem Mal und dahinter gelegenen blaß-grünen Winkelzeichnungen. Beine gelblich bis grün-gelb.
Rückenschild des Männchens rötlich-braun mit helleren Rändern. Hinterleib ähnlich wie der des Weibchens. Beine orangefarben bis gelb-braun. Von Spätsommer bis Frühherbst in niederem Gebüsch zu finden.

Lathys humilis
Weibchen: ca. 2 mm Männchen: ca. 2 mm
Rückenschild schwarz, Hinterleib netzartig gemustert mit weißen Flecken, im hinteren Teil mit dunklem, zur Mitte hin spitz zulaufendem Mal. Beine blaß mit deutlicher dunkler Ringelung. Lebt auf Gestrüpp und unter Steinen am Meeresstrand.

Lathys stigmatisata
Weibchen: ca. 3 mm Männchen: ca. 3 mm
Dunkelbraun gefärbte Spinnen mit einfarbig braunen Beinen, die nicht geringelt oder gefleckt sind. Recht selten, auf Sandböden, an Flechten und unter Steinen.

Kräuselradnetzspinnen (Uloboridae)

Die Familie der Kräuselradnetzspinnen umfaßt etwa 150 Arten, von denen jedoch nur 2 (*Uloborus walckenaerius* und *Hyptiotes paradoxus*) in Mitteleuropa vorkommen. Diese Spinnenfamilie besitzt ebenfalls ein Spinnsieb und einen Webekamm. Spinnen dieser Familie bauen sich Rad- bzw. Dreiecksnetze, sie fangen ihre Beute aber nicht mit einem klebrigen Fangfaden, wie dies den Radnetzspinnen zu eigen ist, sondern wiederum mit einem bläulich schimmernden Wollstrangfaden, den sie in ihr Netz einbauen. Kräuselradnetzspinnen besitzen keine Giftdrüsen, können ihre Beute also nicht mit Gift lähmen, sondern haben eine andere Art des Festhaltens eingefangener Beute entwickelt: Sie „fesseln" die Beute vor dem Einspeicheln bis zur Bewegungslosigkeit. Das wiederum bedeutet, daß sie vor dem Fressen der Beute die „Fesseln" wieder lösen müssen. Das geschieht, indem sie aus dem Mund ein Sekret absondern, das die Seidenfäden, in denen die Beute eingewickelt ist, auflöst.

Heterodictyna walckenaeri ♀

Lathys humilis ♀

Uloborus walckenaerius
Weibchen: 4–6 mm Männchen: 3–4 mm
Rückenschild dicht mit weißen Haaren besetzt, die jedoch einige dunkle, längslaufende Bänder freilassen. Das Muster des Rückenschildes ist auf dem langgestreckten, gebuckelten Hinterleib fortgesetzt. Der ganze Hinterleib sieht durch die weißen Härchen wie mit Puder bestäubt aus. Die Beine sind dunkel grau-braun mit einer verschwommenen Ringelung aus weißen Haaren. Die vorderen beiden Beinpaare sind länger als die hinteren beiden. Die Spinnen bauen sich ein Radnetz, das dem der Kreuzspinnen sehr ähnlich ist. Dieses Radnetz wird jedoch nicht vertikal gespannt, sondern horizontal. Bevorzugter Lebensraum sind trockene, warme Gebiete. Sehr häufig sieht man diese Art zwischen Heidekraut und Besenginster ihre Netze bauen. Die Spinnen besitzen keine Schlupfwinkel, sondern leben ständig im Netz, wo sie dicht unter der Nabe hängen und auf Beute lauern. Die Eier werden in einem langen, schlanken Kokon abgelegt, der an der Seite des Netzes angebracht ist. Er hängt senkrecht nach unten und ist von einer größeren Anzahl feiner Fäden umgeben.

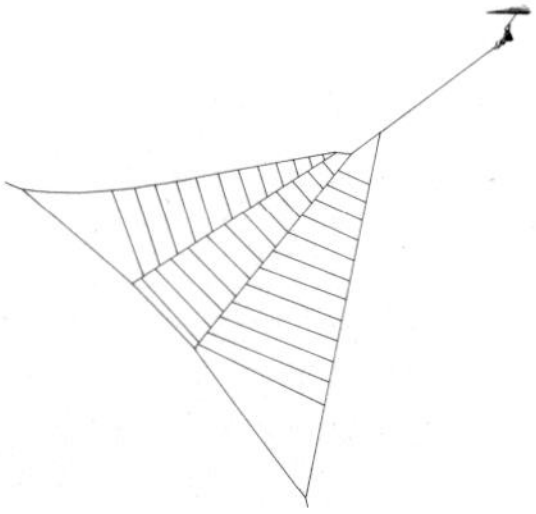

Dreiecksspinne *(Hyptiotes paradoxus)*
Weibchen: ca. 6 mm Männchen: ca. 4 mm
Rückenschild des Weibchens sehr breit und ziemlich hoch, Hinterleib kurz und oval und nach der Mitte nach oben gebuckelt, mit kurzen orange-roten Haaren bedeckt, Beine kurz und gedrungen, ebenfalls mit kurzen braunen oder rötlich-braunen Haaren bedeckt.
Das Männchen ist fast wie das Weibchen gefärbt, gelegentlich etwas heller. Sein Hinterleib ist kurz und eher zylindrisch als oval. Die Kiefertastorgane sind auffällig groß und ungefähr genauso groß wie Kopf und Brustteil zusammen.
Die Dreiecksspinne lebt hauptsächlich in Mittelgebirgen an Fichtenzweigen, in denen sie ungefähr in Mannshöhe ihre dreieckigen Netze spannt. Die Spinne selbst sitzt als Überbrückung zwischen Haltefaden und Signalfaden, den die Spinne mit ihren Vorderbeinen straff festhält (siehe Zeichnung). Gerät nun ein Beutetier in das Netz, so verlängert die Spinne den Signalfaden, was bedeutet, daß das Netz selbst erschlafft und die Beute sich immer mehr in den Wollstrangfäden verfängt. Der Kokon, in dem sich die Eier befinden, hat ein buschiges Aussehen und wird an Fichtenzweigen oder gar dem Stamm des Baumes angeheftet.

Uloborus walckenaerius ♀

Hyptiotes paradoxus ♀

Hyptiotes paradoxus ♂

Die nun folgenden Spinnenfamilien gehören zu den Klebfadenweberinnen, also Spinnen, die kein Spinnsieb und keinen Webkamm besitzen, um als Fangfaden für die Beute einen „Wollstrang" zu bürsten, sondern die einen sog. Klebfaden zum Fangen und Festhalten der Beute herstellen. Die 3 folgenden Spinnenfamilien (Oonopidae, Dysderidae und Scytodidae) besitzen einige typische Merkmale, aufgrund derer sie hintereinander beschrieben werden.

1. Sie besitzen nur 6 Augen, anstelle der bei Spinnen sonst üblichen 8 Augen. Die Anordnung der Augen unterscheidet sich von Gattung zu Gattung und bietet eine wichtige Bestimmungshilfe (siehe Zeichnung oben).
2. Spinnen dieser 3 Familien haben 2 Paar Atemspalten.
3. Der Geschlechtsapparat dieser Spinnen ist nur sehr einfach, sie sind also haplogyn. Die Weibchen besitzen darüber hinaus keine äußerlichen Geschlechtsteile (Epigyne).

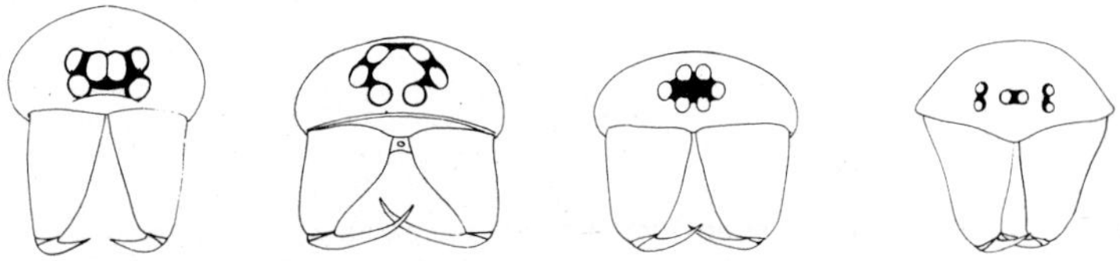

Oonopidae Dysdera Harpactea Segestria

Männliches Begattungsorgan von *Segestria*

Zwergsechsaugen (Oonopidae)

Sehr kleine, maximal 2 mm große Spinnen mit weit voneinander entfernten Atemspalten, einem Augenfeld, das fast die ganze Stirnbreite einnimmt (siehe Zeichnung oben), und Spinnwarzen, die auf einem gemeinsamen Sockel stehen. Auf Bauch- und Rückenseite befinden sich verhärtete Platten (Scutum). Es gibt etwa 200 Arten, von denen jedoch nur 3 bei uns vorkommen. Die kleinen Spinnen leben vorwiegend unter Steinen, Baumrinde oder kommen in alten Sammlungen vor.

Dysderina loricatula
Weibchen: ca. 2 mm Männchen: 1,5–2 mm
Mit „gepanzertem" Hinterleib. Grundfärbung karminrot. Oberseite des Tieres glatt und glänzend. Lebt unter Steinen und in Detritus.

Oonops domesticus
♀

Oonops domesticus
Weibchen: 2 mm Männchen: 1,5 mm
Bleich hellrot gefärbte kleine Spinnen mit einem etwas helleren Hinterleib. Die Schiene des ersten Beinpaares besitzt bauchseits 5 Paar Stacheln (nur unter dem Mikroskop zu sehen). Die kleinen Spinnen leben hauptsächlich in Häusern und kommen in alten Sammlungen und zwischen altem Papier vor. Sie sind nachtaktiv und scheinen Staubläuse zu fressen. Tagsüber leben sie in selbstgefertigten Wohnröhren und sind nur selten anzutreffen.
In einem Kokon aus durchsichtigen Fäden werden 2 rosafarbene Eier abgelegt, wahrscheinlich jedoch werden von einem Weibchen mehrere solcher Gelege abgesetzt.

Oonops pulcher
Weibchen: 2 mm Männchen: 1,5 mm
Ähnelt sehr stark *O. domesticus,* hält sich jedoch nur im Freien auf. Grundfärbung blaß rötlich bis hell ziegelrot. Unterscheidet sich von *O. domesticus* durch 4 Paar Stacheln, die bauchseits an der Schiene des ersten Beinpaares sitzen. Lebt vor allem unter Steinen oder im Bodenstreu.

Sechsaugen (Dysderidae)

Die Familie der Sechsaugen besteht aus 3 Gattungen: *Dysdera, Segestria* und *Harpactea* mit über 250 Arten. In Mitteleuropa sind jedoch nur 7 Arten heimisch. Sechsaugen-Spinnen besitzen ganz charakteristische Mundwerkzeuge: Die Unterlippe ist lang und wird beidseitig von langen, parallel liegenden Kauladen begrenzt, die Kiefertaster sind ebenfalls lang und besitzen kräftige Giftklauen. Man kann diese Familie grob in zwei Gruppen einteilen: in die Arten, die nachtaktiv sind, zu dieser Zeit auf Beutefang gehen, tagsüber jedoch in ihren Wohngespinsten ruhen (Dysderinae), und in die seßhaften Gewebespinnen, die in ihren Gespinsten auf die Beute lauern (Segestriinae).

Dysdera crocata

Weibchen: ca. 12 mm Männchen: ca. 10 mm

Rückenschild rosabraun, fein strukturiert, glatt und glänzend. Hinterleib hellgrau bis rosa-braun, glatt und glänzend, mit zwei Einkerbungen im vorderen Teil. Kieferklauen ziemlich lang (mehr als die Hälfte des Vorderkörpers) und auseinanderlaufend, Fänge ebenfalls sehr lang und kräftig. Beine heller als das Rückenschild, mit zwei kurzen Stacheln an der Oberseite des Schenkels des 4. Beinpaares. Die 6 Augen stehen dicht kreisförmig, 2 Beinpaare nach vorn, 2 nach hinten gerichtet.

Die Geschlechter paaren sich ohne Vorspiel, das Weibchen wickelt seine gelben Eier innerhalb ihres Wohngespinstes in Seide ein. Die Spinnen kommen meist einzeln vor, leben unter Steinen und Baumstämmen in warmen Gebieten, in kühleren hauptsächlich in Kellern und Gewächshäusern und sind das ganze Jahr über zu finden. Die Spinnen sind nachtaktiv und leben tagsüber in kleinen seidenen Gespinsten.

Dysdera erythrina

Weibchen: 9–14 mm Männchen: 6–8 mm

Vorderkörper braunrot, Hinterleib hell gelblich mit kurzen Härchen besetzt, Beine gelb-orange. Unterscheidet sich von *D. crocata* durch das Fehlen der Stacheln am 4. Beinpaar. Leben im Freien, sind nachtaktiv und bevorzugen warme Lagen, in denen sie unter Steinen leben. Die Spinnen sollen erst mit 2 Jahren geschlechtsreif sein und sich wie *D. crocata* von Landasseln ernähren.

Harpactea hombergi

Weibchen: 7 mm Männchen: 6 mm, häufig jedoch auch größer als Weibchen

Rückenschild schwarz und matt glänzend, Kopfteil schwarz, glänzend. Hinterleib grau-braun bis schwarz, glänzend, langgestreckt und deutlich schmaler als Vorderkörper. Beine dünn und lang, deutlich zweifarbig braun-gelb gestreift. (Die Art *H. rubicundus* unterscheidet sich durch ihre einfarbigen Beine!)

Die Spinnen werden im August geschlechtsreif. Die rosafarbenen Eier werden in den Schlupfwinkeln des Weibchens bis zum Schlüpfen der Jungspinnen bewacht, sind jedoch nicht in einen Kokon eingesponnen. Im Vergleich zu den Elterntieren sind diese Eier relativ groß. Leben bevorzugt unter Rinde, in Felsspalten und unter Steinen.

Die 3 Arten der Gattung *Segestria* zeichnen sich durch folgende gemeinsame Merkmale aus: Die 6 Augen sind in 3 getrennten Paaren (siehe Zeichnung Seite 62) angeordnet, der Vorderkörper ist deutlich schmaler als der Hinterleib, der Hinterleib besitzt eine deutliche Fleckenzeichnung, 3 Beinpaare sind nach vorn gerichtet, 1 nach hinten. Die Spinnen dieser Gattung bauen röhrenförmige Netze, die durch ca. ein Dutzend strahlenförmige Fäden gekennzeichnet sind, die von der Röhrenöffnung ausgehen.

Dysdera crocata ♀

Harpactea hombergi ♂

Segestria senoculata ♀

Segestria senoculata
Weibchen: 7–10 mm Männchen: 7–10 mm
Rückenschild glänzend dunkelbraun, glatt, Kopf dunkler, fast schwarz. Hinterleib länglich oval, grau-gelb bis hellbraun mit zusammenhängendem Fleckenmuster aus kurzen, braunen Haaren. Beine hellbraun mit dunkler Ringelung. Lebt unter Steinen, Baumrinde, in Mauerlöchern und Balken.

Segestria bavarica
Weibchen: 10–14 mm Männchen: 8–10 mm
Gleicht sehr stark *S. senoculata,* ist jedoch deutlich größer und dunkler in der Färbung. Mit kurzen, weißlichen Haaren bedeckt. Kommt vor allem in felsigen Gegenden vor, lebt dort unter Steinen und in Felsspalten.

Segestria florentina
Weibchen: bis zu 22 mm Männchen: bis zu 15 mm
Färbung fast einheitlich schwarz, Hinterleib jedoch mit einem weichen Flaum heller Haare bedeckt, die ihn fast grau erscheinen lassen. Lebt vor allem unter Steinen, in Felsspalten und alten Mauern. Bissig und recht giftig!

Speispinnen (Sicariidae)

Die Familie der Speispinnen besitzt ca. 180 Arten, in Mitteleuropa kommt jedoch nur 1 Art vor: *Scytodes thoracica.*

Spei- oder Leimschleuderspinne *(Scytodes thoracica)*
Weibchen: 4–6 mm Männchen: ca. 4 mm
Grundfärbung gelblich mit brauner bis schwarzer Fleckenzeichnung. Vorderkörper breiter als Hinterleib und hinten höher als vorne, jedoch fast gleich groß wie Hinterleib. Beine dünn und gelblich-schwarz geringelt. Lebt vorwiegend in Häusern an Wänden und nahe der Decke und ist nachtaktiv. Bewegungen bedächtig und langsam.
Die Spinne bekam ihren Namen aufgrund ihrer Beutefangmethode: Sie ist in der Lage, auf 1 cm Entfernung eine Mischung aus „Leim“ und Gift auf ihre Beute auszuspritzen und sie auf diese Weise festzuhalten. Die Spinne selbst ist sehr kurzsichtig und ortet ihre Beute nur mit Hilfe bestimmter Sinneshaare (Trichobothrien) am vorderen Beinpaar, die auf jeden noch so kleinen Luftzug reagieren. Hat sie eine Beute geortet, so spuckt sie die Leim-Giftmischung in zähflüssigen Zickzackfäden über das Opfer, das dadurch bewegungsunfähig wird, dann nähert sie sich der Beute, um sie mit einem Biß zu töten.

Segestria bavarica ♀

Segestria florentina ♀

Scytodes thoracica ♀

Zitterspinnen (Pholcidae)

Die Mitglieder dieser Familie besitzen sehr lange, dünne Beine, schwache Kiefertaster, 8 Augen und weben unregelmäßige, kuppelförmige Deckennetze mit klebrigen Fangfäden, in denen sie Bauchseite nach oben hängen. Bei Gefahr oder irgendeiner Beunruhigung beginnen die Spinnen, mit ihrem Körper so zu schwingen, daß sich die Körperumrisse im mitschwingenden Netz verwischen und die Spinne fast unsichtbar wird. Die Augen sitzen in einer dichten Gruppe am Vorderrand des Rückenschildes. Die langen, dünnen Beine besitzen keine Stacheln, sind aber mit langen, regelmäßig verteilten Haaren besetzt. Die äußeren Geschlechtsteile der Weibchen sind sehr einfach. Die Familie umfaßt ca. 240 Arten, von denen bei uns nur 3 Arten in 2 Gattungen (*Pholcus* und *Psilochorus*) heimisch sind. Die Arten können anhand ihrer Größe unterschieden werden, die Gattungen durch Form und Farbe des Hinterleibes: *Pholcus* besitzt einen langen, zylindrischen, grau-braunen Hinterleib, *Psilochorus* einen rundlicheren, blaugrauen.
Bei der Partnersuche macht sich das Männchen beim Eintritt in das Netz des Weibchens durch sachtes Erzittern seines Körpers bemerkbar. Das Weibchen nähert sich ihm, den Kopf nach unten hängend. Die Paarung dieser Spinnen dauert mehrere Stunden.
Der Eikokon des Weibchens ist recht dürftig. Die etwa 20 hellrosa Eier werden nur von wenigen Seidenfäden zusammengehalten und sind deutlich sichtbar. Sie werden vom Weibchen mit den Kieferklauen festgehalten und transportiert. Die Jungspinnen häuten sich aufgrund des wenig schützenden „Kokons“ erst, wenn sie den Kokon verlassen.

Pholcus phalangioides

Weibchen: 8–10 mm Männchen: 8–10 mm
Rückenschild fast kreisförmig, sehr blaß mit dunkelgrauen Flecken im Bereich der Rückengrube. Hinterleib zylindrisch, blaßgrau mit dunkleren Flekken auf der Oberseite und mit feinen, kurzen Härchen besetzt. Beine etwa 5mal so lang wie der gesamte Körper, dünn und mit langen, feinen Haaren besetzt, die Füße sind beweglich. Die Spinnen kommen vorwiegend in Kellern vor und haben eine Lebensdauer von nur 3 Jahren.

Pholcus opilionoides

Weibchen: ca. 5 mm Männchen: ca. 5 mm
Ähnelt sehr *Ph. phalangioides,* ist aber deutlich kleiner. Lebt vor allem in ebenerdigen Gebäuden und ist häufiger anzutreffen als vorige Art.

Psilochorus simoni

Weibchen: ca. 2,5 mm Männchen: ca. 2,5 mm
Rückenschild blaugrau mit dunklem Mittelband, das auch den Kopf bedeckt und sich nach hinten zu verjüngt. Hinterleib rundlich oval, bläulich-grün oder blaugrau, mit feinen Haaren bedeckt und mit zwei feinen, hellen Längsstreifen. Beine schwarzbraun, glänzend, außerordentlich lang, mit feinen Haaren besetzt. Lebt vorwiegend in trockenen Kellern und wird von Laien oft mit einem Weberknecht verwechselt.

Pholcus phalangioides ♀ mit Kokon

Psilochorus simoni ♀

Ameisenjäger (Zodariidae)

Die Familie der Ameisenjäger umfaßt ca. 300 Arten, von denen in unserer Gegend jedoch nur 2 heimisch sind: *Zodarion gallicum* und *Zodarion germanicum.* Die kleinen Spinnen sind sehr schnell und ernähren sich hauptsächlich von Ameisen, die sie nicht in Netzen fangen, sondern im Lauf erbeuten. Die

Spinnen fallen über die Ameise her, beißen sie in eines ihrer Beine und injizieren ihr lähmendes Gift, danach ziehen sie sich so lange in den Hintergrund zurück, bis die Ameise vollständig gelähmt ist. (Außer den Ameisenjägern gibt es aber auch noch andere Spinnenarten, die sich auf Ameisen als Nahrung verlegt haben, so daß man die Nahrung nicht zur Bestimmung heranziehen kann.) Die Spinnen leben in kleinen Wohngespinsten und kommen oft kolonieweise vor. Sie bevorzugen trockene, sonnige Gebiete. Das Weibchen baut einen ovalen Kokon für ihre Eier, der an einem seidenen Faden aufgehängt wird und der mit kleinen Pflanzenteilchen und Steinchen getarnt wird.

Zodarion gallicum
Weibchen: ca. 3,5 mm Männchen: ca. 2,5 mm
Vorderkörper dunkel rotbraun bis schwarz, glänzend, länglich, zylindrisch. Hinterleib schwarzbraun, oft violett glänzend, im hinteren Teil mit feinen Härchen besetzt. Beine ziemlich dünn, ohne Stacheln, aber mit feinen hellen Härchen bedeckt, gelblich-braun mit etwas dunkleren Schenkeln (vcr allem beim Männchen). Lebt bevorzugt an trockenen, sandigen Stellen in der Nähe von Ameisenansiedlungen.

Zodarion germanicum
Weibchen: ca. 5 mm Männchen: 3,5 mm
Ähnelt *Z. gallicum* sehr. Kommt vor allem in Mittel- und Süddeutschland vor. Lebt hier unter Steinen und Flechten an ziemlich trockenen Stellen und kann hauptsächlich im Sommer gefunden werden.

Platt- oder Glattbauchspinnen (Drassodidae)

Diese Familie (in manchen Büchern auch Gnaphosidae genannt) umfaßt etwa 1500 Arten in mehreren Gattungen, von denen jedoch nur ca. 56 bei uns heimisch sind.
Plattbauchspinnen sind bräunliche bis schwarze Spinnen mit ziemlich langen, röhrenförmigen Spinnwarzen und unregelmäßigen hinteren Mittelaugen. Diese können oval, dreieckig oder zu einem Schlitz reduziert sein.
Plattbauchspinnen sind nachtaktive Jagdspinnen, die keine Fangnetze weben und tagsüber meist in ihren Verstecken ruhen. Viele spinnen sich seidene Zellen oder röhren- oder sackartige Wohnsäcke, einige Arten weben sich sogar zur Häutung oder Paarung in ringsum geschlossenen Wohngeweben ein. Sie werden fast alle in der ersten Jahreshälfte geschlechtsreif. Die Männchen bauen ihre Wohnsäcke oder -zellen ganz in der Nähe noch

Zodarion

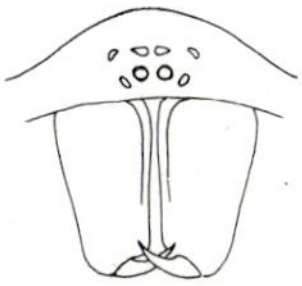
Augenstellung von vorn

Rückenschild

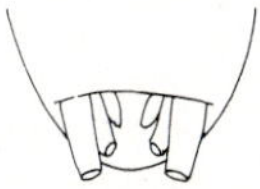
Spinnwarzen

nicht geschlechtsreifer Weibchen, mit denen sie sich sofort nach der Reifehäutung paaren. Meist verläuft eine solche Paarung gänzlich ohne vorherige Werbung, abgesehen von einem kurzen „Beinkitzeln“. Nach der Paarung verschwindet das Männchen eilig. Die Weibchen bauen ihre Eikokons im Sommer, sie sind sehr dickwandig und werden im Schlupfwinkel verborgen gehalten, so daß die Eier ausgezeichnet geschützt sind.
Zu den Plattbauchspinnen gehören die folgenden Gattungen: *Drassodes, Haplodrassus, Herpyllus, Callilepis, Phaeocedus, Zelotes* und *Gnaphosa.* Die Gattung *Micaria* steht hier zwar auch bei der Familie der Plattbauchspinnen, wird heute jedoch zu den Sackspinnen (Clubionidae) gezählt. Im folgenden seien einige typische Vertreter dieser Gattungen beschrieben und abgebildet:

Drassodes

Die Gattung *Drassodes* ist mit 14 Arten am häufigsten bei uns vertreten. Die Spinnen sind meist gelbgrau bis braun, bis 20 mm lang und leben unter Steinen in trockenen Lagen.

Drassodes lapidosus
Weibchen: 10–18 mm Männchen: 10–13 mm
Größte und häufigste Art der Gattung. Vorderkörper gräulich bis rötlichbraun mit schwarzem Randsaum und dicken kurzen Haaren bedeckt. Hinterleib wie Vorderkörper gefärbt, mit Haarflaum, manchmal mit grauem Mal. Hintere Mittelaugen eng beieinanderliegend. Lebt hauptsächlich unter Steinen.

Drassodes pubescens
Weibchen: 6–8 mm Männchen: 5–7 mm
Kleiner als *D. lapidosus* und gewöhnlich etwas heller in der Färbung, vor allem einen helleren Vorderkörper und hellere Beine. Kommt ebenfalls unter Steinen in trockenen Lagen vor.

Haplodrassus
Meist grau- bis schwarzbraune kompakte Spinnen, die unter 10 mm lang sind. Beine und Hinterleib oft dicht mit kupferfarbenen Haaren besetzt. Bei uns ca. 9 Arten heimisch, die fast alle unter Steinen und an trockenen, sandigen Plätzen vorkommen.

Haplodrassus signifer
Weibchen: ca. 8 mm Männchen: 6–8 mm
Vorderkörper dunkelbraun bis schwarz, glänzend. Hinterleib dunkelbraun bis schwarz mit kupferfarbenen Haaren bedeckt, manchmal mit paarigen kupferfarbenen Flecken auf dem Hinterleib (siehe Bild rechts). Beine ebenfalls schwarzbraun mit kupferfarbenen Haaren. Lebt oft an sandigen Stellen in Heide oder Dünen.
Die Art *Haplodrassus umbratilis* gleicht *H. signifer* weitgehend, ist jedoch sichtlich größer.

Drassodes lapidosus ♀ mit Kokon

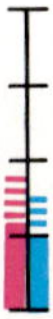

Drassodes pubescens ♀ mit Kokon

Haplodrassus signifer ♀

Haplodrassus dalmatensis

Weibchen: 5 mm Männchen: 4,5 mm

Diese Art ist deutlich kleiner als *H. signifer,* besitzt aber eine deutlichere Zeichnung auf dem Hinterleib. Hinterleib und Vorderkörper sind fast gleich groß, Vorderkörper glänzend dunkelbraun bis schwarz, Hinterleib erscheint durch die dichten Haare fast kupferfarben. 2 Beinpaare nach vorn gerichtet und 2 Beinpaare nach hinten. Kommt vor allem in Heidegebieten unter Steinen und im Bodenstreu vor.

Haplodrassus silvestris

Weibchen: 8–10 mm Männchen: ca. 8 mm

Unterscheidet sich von *H. signifer* deutlich durch einen rötlicheren Vorderkörper und rötlichere Beine. Lebt unter Steinen oder unter Fallaub in trockenen Wäldern.

Haplodrassus minor

Weibchen: 4 mm Männchen: ca. 3,5 mm

Kleinste Art der Gattung, unterscheidet sich im wesentlichen nur durch die Größe von *H. signifer.* Lebt bevorzugt an Kiesstränden.

Herpyllus

Die 3 bei uns heimischen Arten dieser Gattung sind durch das fettig glänzende Aussehen der Haare auf ihrem Hinterleib gekennzeichnet. Die Männchen besitzen eine verhärtete Platte (Scutum) auf der Oberseite ihres Hinterleibes. Mit deutlicher Zeichnung auf dem Rückenschild. 3 Beinpaare nach vorn gerichtet, 1 nach hinten. Die Spinnen sind wollig mit kurzen Haaren bedeckt.

Herpyllus blackwalli

Weibchen: 10 mm Männchen: 8 mm

Rückenschild nach vorne zugespitzt, dunkelbraun mit heller Zeichnung aus kurzen Flaumhaaren. Hinterleib bräunlich-grau mit kurzem, dichtem, fettig glänzendem Haarflaum. Beine eher kurz und gedrungen, ebenfalls mit dichtem Flaum bedeckt. Lebt unter Steinen und Baumstümpfen und ist meist im Herbst häufiger anzutreffen.

Herpyllus scutulatus

Weibchen: 10–16 mm Männchen: ca. 8 mm

Gleicht *H. blackwalli,* ist aber deutlich größer. Die rückseits gelegene Platte ist ungefähr ein Drittel so lang wie der gesamte Hinterleib.

Callilepis

Diese Gattung besitzt bei uns nur 1 heimische Art, *Callilepis nocturna,* die sich auf Ameisen als Nahrung spezialisiert hat. Dabei dringt die Spinne aktiv in Ameisennester ein und greift ihre Beute frontal an. Sie sucht mit ihren Vorderbeinen die Fühler am Kopf der Ameise, beißt dann rasch in die Fühlerbasis

Haplodrassus dalmatensis ♀

Herpyllus blackwalli ♂

und spritzt ihr lähmendes Gift in die Ameise ein. Dann zieht sie sich zurück, um nach kurzer Zeit erneut zuzubeißen. Jetzt wartet sie, bis die Ameise gelähmt umkippt. Die Spinne packt die Beute und zieht sie in ihr Versteck, wo sie die Ameise aussaugt. Auf dem Weg zu ihrem Versteck muß die Spinne sich jedoch immer vor dem Angriff der anderen Ameisen schützen. Die Spinne bewegt sich fast wie eine Ameise, ist in ihrem Aussehen jedoch viel gedrungener.

Callilepis nocturna

Weibchen: 3,5 mm Männchen: ca. 3 mm

Dunkelbraun bis schwarz gefärbte Spinnen mit deutlicher Zeichnung am Hinterleib (5 weißliche Flecken, die sich aus kurzen, dicht gedrängt stehenden Härchen zusammensetzen, die jedoch leicht abgerieben werden können). Vorderkörper, Kopf und Beine glänzend dunkelbraun bis schwarz, Beine mit zahlreichen Stacheln besetzt. Kommt vor allem in Nadelwäldern unter Steinen vor.

Phaeocedus

Diese Gattung enthält nur eine Art *(Phaeocedus braccatus),* die sich ameisengleich bewegt und der Sackspinne *Micaria* (siehe Seite 82) ähnelt.

Phaeocedus braccatus

Weibchen: ca. 6 mm Männchen: 4,5 mm

Rückenschild braun bis schwarz, glänzend, mit weißlichen, flaumhaarigen Flecken. Hinterleib schwarz mit weißem Flaum, einem Paar weißlicher Flekken am Vorderrand und zwei Paar Querflecken gegenüber der Mittellinie. Dieses Muster ist beim Männchen besser ausgeprägt als beim Weibchen. Beine bis auf die Schenkel hellbraun. Lebt unter Steinen, zwischen Moos und Heidekraut.

Zelotes

Große Gattung mit vielen Arten, in Deutschland ca. 19 heimisch, in Frankreich 54. Überwiegend dunkle, fast schwarze Spinnen, die sich in der Hauptsache durch die Färbung ihrer Beine voneinander unterscheiden. Der Vorderkörper läuft nach vorne spitz zu und ist gewöhnlich stark glänzend, Hinterleib und untere Beinsegmente sind mit kurzen hellen Härchen besetzt. Diese Spinnen kommen vorwiegend in trockenen Gegenden unter Steinen vor.

Zelotes rusticus

Weibchen: 8,5 mm Männchen: 6,5 mm

Rückenschild und Beine orange-braun, Hinterleib grau-braun mit schwach ausgeprägter orange-brauner Zeichnung. Kommt unter Steinen vor, hält sich manchmal auch ums Haus herum auf und ist am ehesten im Frühjahr oder Sommer zu sehen.

Callilepis nocturna ♂

Phaeocedus braccatus

Zelotes electus
Weibchen: 4–5 mm Männchen: 3,5–4,5 mm
Rückenschild dunkel- bis mittelbraun, Hinterleib braun-schwarz und mit feinem Flaum besetzt, der ihn fast grau erscheinen läßt. Beine: Schenkel und Füße hellbraun, andere Segmente dunkelbraun. Ist vor allem im Frühjahr und Frühsommer unter Steinen, in niederer Vegetation, unter Flechten oder an sandigen Stellen zu finden.

Zelotes pedestris
Weibchen: 7 mm Männchen: ca. 5 mm
Vorderkörper tiefschwarz glänzend, Hinterleib schwarz, erscheint jedoch durch den kurzen Flaum eher gräulich. Beine: Schenkel fast schwarz, andere Beinteile hellbraun, Krallen schwarz (siehe Zeichnung).

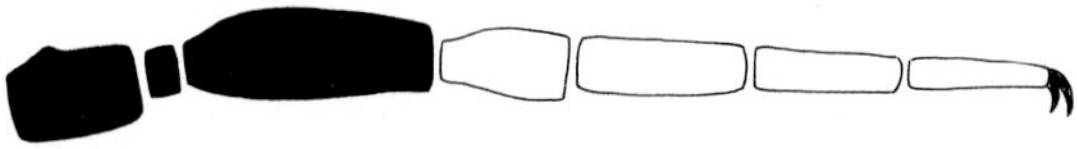

Zelotes lutetianus
Weibchen: ca. 7 mm Männchen: ca. 5 mm
Körper dunkelbraun, Beine dunkelbraun bis auf die beiden letzten Glieder (siehe Zeichnung). Lebt vor allem an trockenen Stellen.

Zelotes pusillus
Weibchen: ca. 4 mm Männchen: 3,5 mm
Körper tief dunkelbraun bis fast schwarz, nur die beiden letzten Beinglieder hellbraun. Vorderkörper und Schenkel schwarz glänzend. Weit verbreitet an trockenen Plätzen.

Zelotes praeficus
Weibchen: ca. 5 mm Männchen: ca. 4,5 mm
Körper sehr dunkel. Nur das letzte Beinglied hellbraun, das vorletzte nicht ganz so dunkel, alle anderen Beinglieder fast schwarz (siehe Zeichnung).

Zelotes electus ♀ mit Kokon

Zelotes pedestris ♀

Zelotes pusillus ♀

Zelotes latreillei
Weibchen: ca. 8 mm Männchen: 5–8 mm
Körper schwarz, glänzend, ebenso die Beine, nur das letzte Beinglied ist etwas heller gefärbt (siehe Zeichnung).

Zelotes apricorum
Weibchen: 7–9 mm Männchen: ca. 6 mm
Körper schwarz, glänzend, nur letztes Beinglied etwas heller gefärbt, ähnelt sehr stark *Z. latreillei,* ist in Mitteleuropa jedoch recht selten, man wird in der Hauptsache *Z. latreillei* antreffen.

Poecilochroa
Attraktiv gezeichnete, leicht zu erkennende Gattung. Beide Geschlechter sind gleich gefärbt. 2 Beinpaare nach vorn und 2 nach hinten gerichtet. Weniger nachtaktiv als die vorigen Arten. In Deutschland sind nur 2 Arten heimisch.

Poecilochroa variana
Weibchen: ca. 8 mm Männchen: ca. 6 mm
Rückenschild dunkel rötlich-braun bis rostrot, mit einem Mittelband aus dichtstehenden weißlichen Haaren und Haarflecken am Rand. Hinterleib fast mattschwarz, mit typischer Zeichnung aus dichtstehenden weißlichen Haaren: ein vorderes Band, zwei Querbalken in der Mitte des Hinterleibs und ein kurzes Band oberhalb der Spinnwarzen. Spinnwarzen recht lang und deutlich sichtbar. Beine: Schenkel schwarz, übrige Glieder rötlich-braun, mit weißlichen kurzen Härchen bedeckt. Kommt vor allem an trockenen, sandigen Stellen im Bodenstreu oder unter Steinen vor.

Poecilochroa conspicua
Weibchen: ca. 8 mm Männchen: ca. 6 mm
Ähnelt sehr stark der vorigen Art, ist jedoch am schwarzen Rückenschild und am fehlenden weißlichen Band oberhalb der Spinnwarzen zu erkennen. Beine: Schenkel schwarz, Schienen braun, übrige Beinglieder hellbraun. Lebt hauptsächlich in Bäumen und Sträuchern.

Zelotes apricorum ♀ mit Kokon

Poecilochroa variana ♀

Echte Plattbauchspinnen *(Gnaphosa)*
Braun bis schwarz gefärbte Spinnen, die mit kurzen grauen Härchen bedeckt sind und gedrungene bräunlich gefärbte Beine besitzen. Die ca. 15 Arten dieser Gattung, die in Mitteleuropa vorkommen (in Deutschland ca. 7), sehen sich recht ähnlich und sind mit bloßem Auge kaum voneinander zu unterscheiden. Zur Bestimmung muß man sie unbedingt mikroskopisch betrachten und untersuchen. *Gnaphosa*-Arten leben bevorzugt in Wäldern unter Steinen und im Moos.

Gnaphosa leporina
Weibchen: 9 mm Männchen: ca. 6 mm
Dunkelbraun bis schwarz gefärbte Spinnen. Hinterleib dicht mit grauen Härchen besetzt, zwischen denen eingestreut lange schwarze Haare wachsen. Beine mit rauhen Haaren und bauchseitigen Stacheln besetzt.

Ameisenspinnen *(Micaria)*
Wie bereits auf Seite 71 erwähnt, werden die Ameisenspinnen (*Micaria*) in der meisten Literatur zur Familie der Sackspinnen (Clubionidae) gezählt. Es handelt sich hier um kleine Spinnen mit einem ameisenähnlichen Aussehen und einer sehr schnellen Gangart. Auffallend ist die Haltung der Spinnen, die ihren Hinterleib senkrecht nach oben tragen. Dieser ist auf charakteristische Weise mit Härchen bedeckt und glänzt metallisch. Bei uns sind ca. 14 Arten heimisch, die sich vor allem in trockenen, sonnigen Gebieten aufhalten.

Micaria fulgens
Weibchen: ca. 6 mm Männchen: ca. 5 mm
Körper und Beine schwarzbraun gefärbt. Kopf und Kieferklauen mit schillernden roten und gelben Härchen besetzt. Auf dem Hinterleib verschwommene Querbänder aus kurzen, weißlich glänzenden Härchen. Lebt zwischen Steinen an trockenen Plätzen.

Micaria pulicaria
Weibchen: 3–4 mm Männchen: ca. 3,5 mm
Rückenschild schwarz, mit von der Rückengrube strahlenförmig ausgehenden Linien weißlicher Härchen, gleichmäßig schillernd. Hinterleib schwarz, stark schillernd, mit 2 weißschuppigen Querbinden und weißlichen Flecken. Beine beim Weibchen braun, beim Männchen rötlich-braun.
Lebt bevorzugt in sonnigen Gärten, auf trockenem, sonnigem Brachland und an Waldrändern.

Gnaphosa leporina ♀

Micaria fulgens ♀

Micaria pulicaria ♂

Micaria formicaria

Weibchen: 7,5 mm Männchen: ca. 5 mm

Größte *Micaria*-Art, die bei uns heimisch ist. Hinterleib mit einer vorderen und einer mittleren weißen Querbinde aus Schuppenhaaren, stark schillernd. Kommt vor allem unter Steinen in trockenen, sonnigen Gegenden vor.

Micaria subopaca

Weibchen: ca. 3 mm Männchen: ca. 2,5 mm

Gehört zu den kleinsten *Micaria*-Arten. Rückenschild dunkelbraun mit nur wenigen weißlichen Härchen bedeckt. Hinterleib stark schillernd, schwärzlich mit einer weißen Querbinde aus Schuppenhaaren. Beine: Schenkel dunkler gefärbt als die übrigen Beinglieder. Lebt vorwiegend an den Stämmen sonnenbeschienener Kiefern und ist vom Frühjahr bis Spätsommer bei Sonnenschein anzutreffen.

Micariolepis dives

Weibchen: 3–4 mm Männchen: 2–3 mm

Rückenschild braun, Kopf etwas dunkler gefärbt und purpurn schillernd. Hinterleib schwärzlich-braun mit dunkleren Zonen und mit metallisch glänzenden Schuppenhaaren bedeckt, mit einer weißlichen Querbinde und weißlichen Flecken. Beine bräunlich, lang und dünn und mit gut sichtbaren Stacheln am ersten Beinpaar.

Lebt vorwiegend auf trockenem, sandigem Gelände im Bodenstreu und ist im Frühsommer häufiger zu sehen.

Micaria subopaca ♀

Micariolepis dives ♀

Sackspinnen (Clubionidae)

Die Familie der Sackspinnen umfaßt ca. 1500 Arten, von denen in Mitteleuropa ca. 67 vorkommen. Bei den Sackspinnen handelt es sich um mittelgroße bis kleine, meist braun gefärbte nachtaktive Jagdspinnen, die keine Fangnetze weben, sondern ihre Beute behutsam anschleichend fangen. Tagsüber ruhen sie in sackförmigen (Name!) Wohngespinsten, einige Arten graben sich auch röhrenförmige Behausungen im Boden, die sie mit Seide auskleiden.

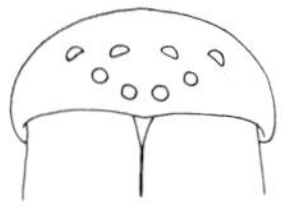

Augenstellung von vorn

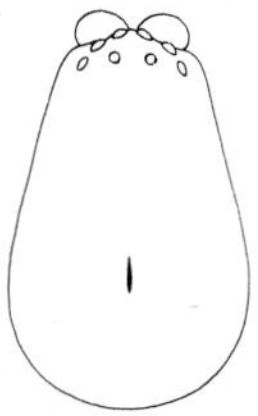

Rückenschild

Spinnwarzen

Bei den meisten Arten ist das Rückenschild oval bis birnenförmig (siehe Zeichnung), der Kopfteil etwas hervorspringend. Die 8 Augen sind klein, perlmuttfarben und meist in zwei Reihen angeordnet. Der Hinterleib ist meist oval bis spitz zulaufend und mit kurzen Härchen besetzt, die ein mehr oder minder deutliches Muster bilden; auf der Bauchseite liegt etwa in der Mitte zwischen den Lungenstigmen und den Spinnwarzen eine kleine Einsenkung (Tracheenstigma). Beine mäßig lang, eher schlank als gedrungen, meist einfarbig, mit 2 Klauen und Hafthaaren an den äußeren Gliedern. Spinnwarzen ziemlich lang und auffallend, sitzen in einer dichten Gruppe zusammen; hintere Spinnwarzen dünner als die vorderen.

Eigentliche Sackspinnen *(Clubiona)*

Bei uns sind von dieser Gattung 24 Arten heimisch, die sich an allen Plätzen mit Vegetation aufhalten, jedoch ohne Mikroskop fast gar nicht unterschieden werden können.

Die Sackspinnen werden im Frühjahr und Frühsommer geschlechtsreif, von einigen Ausnahmen abgesehen. Der Paarung geht kaum eine Werbung voraus, das Männchen benutzt seine längeren, zugespitzten Kieferklauen, um das Weibchen bei der stundenlangen Paarung zu halten. Die Weibchen legen ihre Eier, je nach Art, entweder auf ein Blatt, das sie mit Seide auskleiden, jedoch nicht abdecken, oder sie bauen sich aus einem Gras- oder Schilfhalm mit Hilfe der Spinnseide ein dichtes, verschlossenes Wohngespinst, in dem sie ihre rötlichen Eier ablegen. Dazu perforiert die Spinne den Halm einige Zentimeter unterhalb der Blattspitze, knickt die Blattspitze mit Hilfe von Spannfäden nach unten. Hier perforiert sie mit ihren Giftklauen den Halm

Kokon von
Clubiona

nochmals und kommt so zu einer dreiwandigen Kammer, die dicht mit Spinnseide zusammengewoben wird. Die Weibchen bewachen die Eier so lange, bis die Jungspinnen ausschlüpfen. Die Lebensdauer der Eigentlichen Sackspinnen beträgt ca. 1 Jahr.

Clubiona corticalis

Weibchen: ca. 8 mm   Männchen: 6–10 mm

Deutlich erkennbare Art mit braunem Vorderkörper und Kopf und braunem, zugespitztem Hinterleib, der eine deutliche hellbraune bis gelbliche pfeilförmige Zeichnung zeigt, die einen zugespitzten dunkelbraunen Mittelstreif einschließt und aus dichtstehenden, gelblich-braunen Härchen besteht. Kommt vor allem auf Gebüsch, unter Rinde und Balken vor.

Clubiona corticalis ♀

Clubiona reclusa
Weibchen: 6–8 mm Männchen: ca. 6 mm
Typischer Vertreter der Gattung mit dunkel- bis hellbrauner Färbung. Beine oft heller gefärbt als die übrigen Körperteile. Hinterleib dicht mit hellbraunen Härchen bedeckt, die ihm einen samtigen Eindruck verleihen. Augen und Kieferklauen deutlich erkennbar.
Vorkommen an niederen Pflanzen (Moosen) an feuchten Stellen.

Clubiona stagnatilis
Weibchen: 6–8 mm Männchen: ca. 6 mm
Gleicht *C. reclusa* sehr in Form und Größe, ist jedoch im ganzen heller gefärbt; die Kieferklauen fallen durch ihre dunkle Färbung besonders auf.

Clubiona pallidula
Weibchen: 8–11 mm Männchen: 6–8 mm
Mehr ins Schwarze gehende Grundfärbung, mit glänzendem Rückenschild und seidig grau-braun behaartem Hinterleib. Spinnwarzen deutlich zu erkennen.

Clubiona phragmitis
Weibchen: 8–11 mm Männchen: 5–10 mm
Gelb-braun gefärbte Art mit dunklerem Kopfteil. Hinterleib dicht mit seidig glänzenden, grau-braunen Härchen bedeckt. Beine einfarbig gelb-braun. Kommt vor allem auf Schilf und Uferpflanzen vor. Die Weibchen bauen in ihren Wohngespinsten Eikokons. Die Wohngespinste sind oben und unten offen, werden zur Eiablage, vor der Häutung und zur Überwinterung jedoch fest verschlossen.

Clubiona phragmitis ♀

Clubiona reclusa ♀

Clubiona stagnatilis ♂

Clubiona pallidula ♀

Clubiona terrestris

Weibchen: 6 mm Männchen: 5 mm

Gelblich-braun gefärbte Art mit gewölbtem, fast kugelförmigem Hinterleib, der auf dem Rücken rötlich-braun, an den Seiten und unten gelblich-braun gefärbt ist, ganzer Hinterleib mit kurzen, seidig glänzenden Härchen bedeckt. Beine blaß braun mit dunkleren Endgliedern. Ist zu fast allen Jahreszeiten zwischen niederer Vegetation und unter Steinen zu finden.

Clubiona compta

Weibchen: 4–6 mm Männchen: ca. 4 mm

Mehr grau-grünlich gefärbte Spinne. Vorderkörper fast so groß wie Hinterleib. Hinterleib mit spitz zulaufendem dunklem Mittelstreifen, an den sich dem hinteren Ende zu dunklere Winkelzeichnungen anschließen. Kommt vor allem auf Tannen vor, gelegentlich unter loser Rinde.

Clubiona brevipes

Weibchen: ca. 6 mm Männchen: ca. 5 mm

Rückenschild dunkelbraun bis schwarz, glänzend. Hinterleib spitz zulaufend, rötlich-braun (beim Männchen etwas dunkler), mit kurzen, rötlich-braunen Härchen besetzt, samtig glänzend. Beine hellbraun bis gelblich. Lebt auf Gebüsch und im Laub von Laubbäumen, manchmal auch unter loser Rinde.

Clubiona neglecta

Weibchen: 6–8 mm Männchen: 4,5 mm

Ähnelt sehr stark *C. terrestris,* ist jedoch etwas dunkler in der Körperfärbung. Beine hell bräunlich. Kommt weniger häufig vor als *C. terrestris,* jedoch in den gleichen Lebensräumen.

Clubiona lutescens

Weibchen: 6–8 mm Männchen: ca. 6 mm

Ganze Spinne entweder dunkel rötlich gefärbt oder gelb-braun. Kommt häufig und weit verbreitet vor, lebt vor allem im Gras, wo sie aus den Halmen dreiseitig geschlossene Wohnröhren baut, in denen die Jungspinnen ausschlüpfen.

Clubiona terrestris ♀

Clubiona compta ♀

Clubiona brevipes ♀

Clubiona trivialis
Weibchen: ca. 4 mm Männchen: ca. 3,5 mm
Rückenschild gelblich- bis rötlich-braun, Hinterleib rötlich-braun, dicht mit kurzen bräunlichen Härchen besetzt, so daß er sich in der Farbe deutlich vom Rückenschild abhebt. Beine blaß rötlich-braun, nur wenig behaart. Ist das ganze Jahr über vor allem in Heidegebieten anzutreffen. Baut große, dichte, weiße Eikokons, die das Weibchen zwischen dem Heidekraut befestigt und bewacht.

Clubiona subtilis
Weibchen: 3–4 mm Männchen: ca. 3 mm
Rückenschild braun, beim Männchen fast schwarz, glänzend. Hinterleib gelblich bis ockerfarben mit dunkelbraunem, spitz zulaufendem Mittelstreif, der jedoch schon in der Mitte des Hinterleibes endet. Hinterende des Hinterleibes ebenfalls braun getönt. Spinnwarzen gut zu erkennen. Beine blaß hellbraun, mit längeren, seidigen Härchen besetzt. Kommt das ganze Jahr über auf Gras, Moos, Gebüsch und feuchteren Stellen vor.

Clubiona diversa
Weibchen: ca. 4 mm Männchen: 3–4 mm
Männchen und Weibchen sehen gleich aus, diese Art ähnelt sehr stark der vorigen, besitzt jedoch einen blasseren Mittelstreifen auf dem Hinterleib. Kommt seltener vor als *C. subtilis.*

Dornfinger *(Cheiracanthium)*
Grünlich gefärbte Spinnen mit kräftigerem Körper als *Clubiona*-Arten, jedoch mit dünneren Beinen. Diese Jagdspinnen sind ebenfalls nachtaktiv und halten sich tagsüber in ihren Wohngespinsten auf, die sie vorwiegend unter Steinen und an Gräsern anlegen.
Im Frühjahr sucht das Männchen nach einem Weibchen. Hat es eines gefunden, dann baut sich das Männchen sein Wohngespinst dicht neben dem des Weibchens. Das Männchen trommelt mit seinen Kiefertastern und den Vorderbeinen an das Wohngespinst des Weibchens, sobald dieses geschlechtsreif geworden ist. Nach einem kurzen Zeitraum wiederholt das Männchen sein Trommeln, reißt die Seide des Wohngespinstes auf, steigt in das Versteck des Weibchens und berührt das Weibchen an den Beinen. Vor der Paarung spinnt das Männchen jedoch das Wohngespinst wieder zu und befestigt auch an den Kieferklauen und den Beinen des Weibchens seine Spinnfäden. Im Sommer baut sich das Weibchen dann ein kugelförmiges Wohngespinst, in dessen abgetrennten oberen Teil es seine rosafarbenen Eier ablegt, im unteren Teil lebt es selbst.
Eine Art dieser Gattung *(Cheiracanthium punctorium)* ruft mit ihrem Biß sogar beim Menschen stärkeren Schmerz und Übelkeit hervor. Die Spinne signalisiert aber schon mit ihrer rot-schwarzen Färbung ihre Gefährlichkeit. In Deutschland findet man diese Art vor allem im Gebiet des Kaiserstuhles.

Clubiona trivialis ♀ mit Kokon

Clubiona subtilis ♀

Cheiracanthium erraticum

Weibchen: ca. 7 mm Männchen: ca. 5 mm

Rückenschild deutlich kleiner als der Hinterleib, bräunlich-grau, in der Mitte glänzend. Hinterleib oval zugespitzt, grau-grün mit dunklem Mittelstreif, der beidseitig hellgelb eingerahmt ist. Beine grünlich-braun mit dunkleren Spitzen. Kommt vor allem zwischen Gras und niederen Pflanzen vor, zwischen denen sie ihre sackförmigen Verstecke anlegt. Im Sommer bauen die Weibchen kugelförmige Gespinste, in die sie sich mit ihren rosafarbenen Eiern einschließen. Häufigste Art.

Cheiracanthium virescens

Weibchen: 5–8 mm Männchen: ca. 6 mm

Rückenschild braun mit leicht grünlicher Tönung, mit kurzen Haaren besetzt. Hinterleib grünlich bis rötlich-braun, dicht mit kurzen, seidig glänzenden Härchen bedeckt, eher rundlich als oval. Beine in der Färbung ähnlich der des Rückenschildes. Lebt an trockenen, sandigen Stellen unter Steinen oder niederer Vegetation.

Cheiracanthium punctorium

Weibchen: 10–15 mm Männchen: 8–12 mm

Mit die größte *Cheiracanthium*-Art, wird auch dem Menschen mit ihrem Biß unangenehm. Ist jedoch an ihrer rot- bis gelb-schwarzen Zeichnung gut zu erkennen. Kommt in Deutschland vor allem im Gebiet des Kaiserstuhles vor.

Agroeca

Die 5 Arten dieser Gattung gleichen sich sehr und können mit bloßem Auge nur schwer voneinander unterschieden werden. Die Spinnen sind meist gelb-rot-bräunlich gefärbt und besitzen am vorletzten Fußglied 3 Paar lange Stacheln. Beine und Hinterleib sind dicht mit kurzen Härchen besetzt. Die Spinnen sind nachtaktiv und ruhen tagsüber in ihren Wohngespinsten, die sie im Moos und Bodenlaub oder unter Rinde anlegen.

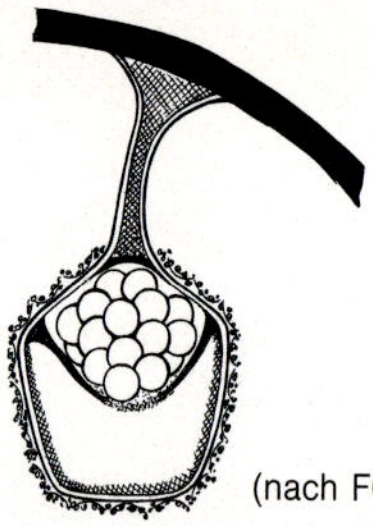

(nach FOELIX, Biologie der Spinnen)

Bekannter als die Spinnen selbst sind ihre Eikokons, die im Volksmund auch „Feenlämpchen" genannt werden. Die Weibchen bauen diese charakteristischen Kokons in der Dämmerung und nachts und befestigen sie an Zweigen, Pflanzenstengeln und Grashalmen. Der Kokon besteht aus einem dünnen Stiel, der mit Hilfe von mehreren Seidenfäden an der Pflanze befestigt wird

Cheiracanthium erraticum ♀

Cheiracanthium virescens ♀

und der sich allmählich laternenförmig erweitert (Volksname!). Diese „Laterne" ist in zwei Kammern untergliedert: die Eikammer, in die das Weibchen ihre 40–60 weißlich-gelben Eier ablegt, und eine etwas größere Häutungskammer, in der die ausschlüpfenden Spinnen bis zum vollständigen Auskrabbeln in die Außenwelt leben. Zur Tarnung wird der Kokon aus Seidengespinst noch mit kleinen Klümpchen feuchter Erde bedeckt. Dazu läßt sich die weibliche Spinne an einem Seidenfaden auf den Boden herab, sammelt mit ihren Kieferklauen die feuchten Erdkrümelchen auf, krabbelt am Faden wieder zum Kokon hinauf und befestigt die tarnenden Erdkrümel, die nach einiger Zeit erstarren und dem Kokon einen zusätzlichen Schutz bieten. Die Jungspinnen schlüpfen etwa 3–4 Wochen nach der Eiablage aus, dringen in

die Häutungskammer ein und leben hier noch weitere 2–3 Wochen im Schutz des Kokons. Nach dieser Zeit beißen sie die Außenwand des Kokons durch und krabbeln ins Freie.
Die Werbung des Männchens besteht aus einem „Winken“ mit den ersten beiden Beinpaaren, dem ein schnelles Zittern folgt. Diese beiden Bewegungsarten der vorderen Beinpaare werden mehrfach vor der Paarung wiederholt.

Agroeca brunnea
Weibchen: ca. 8 mm Männchen: ca. 7 mm
Rückenschild rötlich-braun und etwa sternförmig mit gelblich glänzenden, kurzen Härchen bedeckt. Hinterleib tonnenförmig, gelblich-braun, dicht mit kurzen, golden glänzenden Härchen besetzt, die am hinteren Ende einige winkelförmige Male freilassen. Beine rötlich-braun, ebenfalls mit gelblich glänzenden, kurzen Härchen besetzt. Die beiden letzten Glieder sind etwas dunkler gefärbt. Kommt relativ häufig in Wäldern auf feuchtem Moosboden vor, wird tagsüber jedoch selten zu sehen sein.

Agroeca proxima
Weibchen: ca. 6 mm Männchen: ca. 5 mm
Ähnelt der vorigen Art, besitzt jedoch einen etwas spitzer zulaufenden Hinterleib und eine mehr braun-graue Färbung. Die Winkelzeichnung des Hinterleibs beginnt schon in der vorderen Hälfte des Hinterleibs und ist deutlicher zu erkennen als bei *A. brunnea.* Bevorzugt einen trockeneren Lebensraum und ist häufig an Waldrändern anzutreffen. Der Eikokon besitzt ein spindelförmiges Aussehen, unterscheidet sich also deutlich vom laternenförmigen Kokon von *A. brunnea.*

Agroeca inopina
Weibchen: 5–7 mm Männchen: ca. 4 mm
Am dunkelsten gefärbte Art mit hellbraun und fast schwarz gefärbtem Rükkenschild, dunkelbraunem Hinterleib und dunkel- und hellbraun geringelten Beinen. Vorderkörper fast so groß wie Hinterleib. Hinterleib spitz zulaufend. Kommt vor allem in Wäldern an der Küste und in Dünen vor.

Agroeca brunnea ♀

Agroeca proxima ♀

Agroeca inopina ♂

Agroeca lusatica
Weibchen: 6 mm Männchen: 4,5 mm
Ähnelt sehr stark *A. inopina,* besitzt jedoch weniger deutlich geringelte Beine. Lebt vorwiegend an sandigen Hügeln.

Agroeca cuprea
Weibchen: ca. 6 mm Männchen: ca. 4,5 mm
Gelblich-braun gefärbte Art, gesamter Körper und Beine mit kurzen kupferfarbenen Härchen bedeckt. Beine rötlich-braun, Schenkel etwas dunkler gefärbt. Kommt vorwiegend in Küstennähe vor.

Agroecina striata
Weibchen: ca. 5 mm Männchen: ca. 3,5 mm
Braun-gelb gefärbte Art, Hinterleib auf der Oberseite fast ockergelb mit 2 braunen Punktreihen, die fast zu Streifen verlaufen. Beine schwach braunocker geringelt, das vorletzte Glied des 1. und 2. Beinpaares besitzt unterseits 2 Paar lange Stacheln (die anderen Arten der Gattung *Agroeca* besitzen alle 3 Paar Stacheln, aus diesem Grunde wird *Agroecina striata* bei manchen Autoren auch in eine eigene Gattung gestellt). Lebt vor allem unter Steinen an sumpfigen Stellen, Wald- und Gewässerrändern.

Scotina
Die 3 Arten dieser Gattung kommen nur in Europa vor. Es handelt sich hier um kleine, dunkel gefiederte Spinnen mit gut entwickelten Stacheln auf der Unterseite der ersten beiden Beinpaare. Sie kommen vorwiegend im Moos oder in der Bodenstreu von Nadelwäldern vor.

Scotina celans
Weibchen: ca. 4 mm Männchen: ca. 3 mm
Rückenschild schwarzbraun glänzend, mit schmaler gelber Mittel- und Randbinde. Hinterleib braunrot, mit dunkelgrauen, flaumigen Härchen besetzt. Das Weibchen besitzt am Hinterende ihres Hinterleibs undeutliche helle Flecken, das Männchen hat zwischen diesen Flecken noch helle Winkel. Beine dünn, ebenfalls mit graubraunen, kurzen Härchen besetzt. Beim Weibchen sind die Schenkel braun, die anderen Beinglieder schwarzbraun. Die Beine des Männchens sind etwas blasser gefärbt und undeutlich gezeichnet. Leben vorwiegend in Wäldern und an Hängen, zwischen Moos und Heidekraut.

Scotina gracilipes
Weibchen: ca. 3 mm Männchen: ca. 3 mm
Vorderkörper braun oder gelblich-braun glänzend mit schwarzer Randbinde. Hinterleib schwarzbraun mit feinen rötlichen Winkeln bei beiden Geschlechtern. Beine rötlich-braun bis schwarz, glänzend. Leben vorzugsweise in Nadelwald zwischen Moos, Heidekraut und Flechten an trockenen Stellen.

Scotina celans ♀

Scotina gracilipes ♂

Scotina palliardi

Weibchen: ca. 3 mm Männchen: ca. 3 mm

Diese Art gleicht in Größe und Aussehen *Scotina gracilipes* fast völlig, einige Tiere besitzen jedoch ein undeutliches Fleckenmuster auf dem Hinterleib (ähnlich *Scotina celans*), so daß diese Tiere, die früher zu *Scotina gracilipes* gezählt wurden, nun eine eigene Art bilden.

Apostenus fuscus
Weibchen: 3 mm Männchen: 3–4 mm
Ähnelt im Aussehen den *Scotina*-Arten. Rückenschild bräunlich, mit dünnem schwarzem Rand und spärlichem Flaum. Hinterleib dunkelbraun bis braungrau mit hellen Winkelflecken und langen, blassen Haaren. Beine blaß braun. Sehr schnelle Art, die am Boden lebt und am häufigsten in Waldgebieten unter Laub, Moos und Steinen zu finden ist.

Apostenus bertkaui
Weibchen: ca. 3,5 mm Männchen: ca. 3,5 mm
Diese Art besitzt einen dunkelbraunen bis graubraunen Hinterleib ohne Winkelzeichnung und ähnelt sehr stark der vorigen. Bisher konnte diese Art in Deutschland nur in der Gegend von Bonn gefunden werden.

Liocranum
Von dieser Gattung leben nur 2 Arten in unserer Gegend. Sie unterscheiden sich von den Arten der Gattung *Agroeca* vor allem durch einen breiteren Kopf und eine breitere Augenregion sowie durch ihre Kieferklauen, die denen der *Clubiona*-Arten gleichsehen.
Die Weibchen versehen ihre Eier nur mit einer dünnen Seidendecke, manchmal nicht einmal damit. Meist besitzen die Vertreter dieser Gattung nicht einmal ein Wohngespinst. Sie leben an trockenen Plätzen in Wäldern, unter Baumrinde oder Steinen oder in Gebäuden.

Liocranum rupicola
Weibchen: ca. 7 mm Männchen: ca. 6 mm
Rückenschild braun bis rötlich-braun, mit unregelmäßigen Seitenbändern und zwei dunklen Randstreifen. Hinterleib deutlich rötlich-braun und schwarz gemustert. Beine rötlich-braun und schwarz geringelt. Lebt vor allem unter Steinen, Baumrinde und in Häusern.

Liocranum rutilans
Weibchen: 8–10 mm Männchen: 8 mm
Unterscheidet sich von *Liocranum rupicola* durch die fehlende Zeichnung auf Rückenschild und Hinterleib, der Körper ist dafür mit kupferfarbenen Härchen besetzt. Beine einfarbig braun. Lebt an den gleichen Stellen wie *L. rupicola.*

Phrurolithus (Micariosoma)
Ameisenähnliche, sehr bewegliche kleine Spinnen, die in 2 Arten vorkommen und vor allem bei Sonnenschein beobachtet werden können. Die Männchen besitzen einen Schild, der den ganzen Rücken bedeckt.

Liocranum rupicola ♀

Phrurolithus festivus

Weibchen: ca. 3 mm Männchen: ca. 3 mm

Rückenschild dunkelbraun, glänzend, dünn mit silbrig glänzenden Härchen bedeckt. Hinterleib dunkelbraun bis schwarz mit auffallenden Flecken aus silbrig glänzenden Härchen (die Männchen sind etwas undeutlicher gezeichnet als die Weibchen). Beine: Schenkel dunkelbraun, glänzend, glatt, übrige Beinglieder heller braun gefärbt und mit feinen weißlichen Härchen besetzt. Leben bevorzugt unter Moos und Steinen und kommen gemeinsam mit Ameisen vor, ob sie diese als Nahrung benützen, ist nicht bekannt.

Phrurolithus festivus ♀

Phrurolithus minimus

Weibchen: ca. 3 mm Männchen: ca. 2,5 mm

Rückenschild und Hinterleib rötlich-braun. Hinterleib mit kleinen Flecken weißlicher Haare, Beine gleichmäßig rötlich-braun. Lebensraum wie *Phrurolithus festivus.*

Zora

Die zu dieser Gattung gehörenden Spinnen sind zum einen durch den nach vorne spitz zulaufenden Rückenschild, zum andern durch die typische Stellung der Augen (diese liegen in zwei gebogenen Reihen und sind schon mit bloßem Auge deutlich zu erkennen) charakterisiert. 1. und 2. Beinpaar besitzen auf der Unterseite Stacheln, die in zwei Reihen angeordnet sind.
Die Werbung des Männchens ähnelt sehr stark der Werbung eines *Agroeca*-Männchens und besteht aus den zwei Bewegungstypen der ersten beiden Beinpaare: Winken und Erzittern, ist jedoch nicht so stark ausgeprägt wie bei *Agroeca.* Der Werbung folgt eine nur wenige Minuten dauernde Paarung. Das Weibchen legt im Sommer seine Eier am Boden unter Steinen oder in trockene Blätter ab. Dazu webt es ein Gespinst, das jedoch auf der Oberseite nicht dicht geschlossen ist. Aus diesem Grund bewacht das Weibchen seine Eier bis zum Schlüpfen der Jungspinnen.
In Mitteleuropa sind 4 Arten der Gattung *Zora* bekannt.

Augenstellung von oben

Zora spinimana

Weibchen: ca. 6 mm Männchen: ca. 4,5 mm

Rückenschild hellbraun, nach vorne stark zugespitzt, mit einem Paar dunkelbrauner Mittelbänder, die eine helle Zone aus weißlichen, kurzen Haaren einschließen. Hinterleib fast genauso groß wie Vorderkörper, blaßbraun, mit kurzen weißen Härchen besetzt, die eine Streifenzeichnung bilden. Beine: Schenkel der ersten beiden Beinpaare blaß braun und dunkelbraun gestreift, übrige Beinglieder dunkelbraun, mit hellen Härchen besetzt. Kommen vorwiegend in Bodenstreu, Moos und niederer Vegetation vor.

Zora nemoralis

Weibchen: 3,5–5 mm Männchen: 3,5 mm

Rückenschild hellbraun mit dunklen Bändern, die breiter sind als das von ihnen eingeschlossene helle Mittelfeld aus weißlichen Haaren. Hinterleib ähnelt sehr stark *Z. spinimana,* ist aber dunkler in der Färbung. Kommt vorwiegend unter trockenem Bodenlaub vor, in das auch die Eier abgelegt werden.

Phrurolithus minimus ♂

Zora spinimana ♀ mit Kokon

Zora armillata

Weibchen: 3,5–5 mm   Männchen: ca. 3,5 mm

Ähnelt *Z. spinimana,* Hinterleib jedoch deutlich heller mit kleineren, dunkleren Flecken. Beine hellbraun, nur die äußeren Enden der mittleren Fußglieder sind dunkler gefärbt. Tritt vor allem häufiger im Herbst im Bodenstreu und Fallaub auf.

Zora silvestris

Weibchen: ca. 4 mm   Männchen: ca. 4 mm

Unterscheidet sich von *Z. spinimana* nur durch die deutlich dunkel gefleckten Schenkel. Kommt bevorzugt in Heidegebieten vor und ist dort im Frühjahr und Sommer anzutreffen.

Anyphaena
Diese Gattung hat ihr Hauptverbreitungsgebiet in Amerika, in Europa sind nur 6 Arten vertreten. Die einzige in Deutschland vorkommende Art ist sehr leicht an ihrer Färbung und der Zeichnung auf dem Hinterleib zu erkennen. Oberflächlich gleicht diese Art sehr einer *Clubiona,* unter dem Mikroskop erkennt man jedoch, daß sich die Tracheenöffnungen, die für gewöhnlich nahe bei den Spinnwarzen liegen, mitten auf der Bauchseite des Hinterleibes befinden.
Die Arten dieser Gattung werden auch oft in eine eigene Familie (Anyphaenidae) gestellt.

Anyphaena accentuata
Weibchen: 5–7 mm Männchen: 4–6,5 mm
Gelblich-grün gefärbte Spinne. Rückenschild mit zwei schwarzen, deutlich gezackten Seitenbändern. Die hellere Mittelzone besitzt 2–3 deutliche schwarze Flecken. Hinterleib blaßgelb bis rosa-braun mit 2 Paar schwarzen Flecken, deren Form sehr verschieden sein kann – von tropfenförmig bis kugelrund. Der übrige Hinterleib ist mit kleinen schwarzen Pünktchen gesprenkelt. Beine blaß gelb und schwarz geringelt, mit kurzen gelblichen Härchen besetzt. *A. accentuata* lebt vorwiegend auf Büschen und Gesträuch.

Jagdspinnen (Sparassidae, Eusparassidae)

Die Familie der Jagdspinnen umfaßt ca. 700 Arten, von denen jedoch nur eine einzige in Mitteleuropa vorkommt, die Grüne Huschspinne *(Micrommata virescens).*
Die Jagdspinnen sind äußerst flinke Spinnen, die ihre Beute nicht in Fanggeweben fangen, sondern die vorbeilaufenden Insekten mit einer blitzschnellen Bewegung ihrer langen Vorderbeine packen und sofort zwischen die Kieferklauen schieben. Die Jagdspinnen sind sehr angriffslustig, entkommene Beutetiere werden rasch verfolgt und durch einen blitzschnellen Sprung überwältigt. Jagdspinnen sind tagsüber aktiv, vor allem bei Sonnenschein und Wärme.
Die Grüne Huschspinne kommt in verschiedenen Farbvarianten vor: hellgrün mit einfarbigem Hinterleib das Weibchen, hellgrün mit leuchtend rotem Mittelstreif auf dem Hinterleib das Männchen, hellgrün mit rot gepunktetem Hinterleib die Unterart *Micrommata virescens* var. *ornata.* Die Jungspinnen sind zuerst blaßgelb oder bräunlich und werden erst allmählich grün; die Männchen erreichen ihre prachtvolle Färbung erst mit der Geschlechtsreife.
Jagdspinnen sind äußerst wärme- und sonneliebend und kommen vor allem auf Sträuchern und niederen Laubbäumen vor, in deren Laub sie ausgezeichnet getarnt sind.
Die Grüne Huschspinne paart sich ohne vorhergehende Werbung. Die Paarung beginnt damit, daß das Männchen die Beine oder den ganzen Hinterleib des Weibchens mit seinen Kieferklauen packt. Während der Paarung, die bis

Anyphaena accentuata ♀

Micrommata virescens Jungtier

zu 7 Stunden dauern kann, verharrt das Weibchen fast regungslos. Die Männchen leben meist nicht sehr lange. Die Weibchen legen im Hochsommer ihre hellgrünen Eier, die in einem beutelförmigen Eikokon geschützt zwischen Blättern aufgehoben und gut vom Weibchen bewacht werden. Das Blätternest besteht aus mehreren meist großflächigen Blättern, die durch einige Seidenfäden zusammengesponnen werden, so daß ein relativ großes „Nest" entsteht. Das Weibchen verläßt das Blätternest erst, wenn die Jungspinnen beginnen, sich selbständig zu machen, also nach einigen Wochen. Die Entwicklung scheint sehr langsam vor sich zu gehen. Die noch nicht ganz erwachsenen Jungspinnen überwintern, geschützt in einem weißen Gespinst, unter Moos und Laub. In Nordeuropa rechnet man mit einer Lebensdauer von ca. 18 Monaten.

Grüne Huschspinne *(Micrommata virescens,* syn. *M. rosea,* syn. *M. viridissima)*
Weibchen: 12–15 mm Männchen: 8–10 mm
Bei der Grünen Huschspinne (oft auch Grasgrüne Huschspinne genannt) sind Jung- und Altspinnen, Männchen und Weibchen deutlich anhand ihrer Zeichnung und Färbung zu unterscheiden.
Weibchen: Rückenschild dunkelgrün, Augen deutlich sichtbar und von weißen Härchen umrahmt. Hinterleib oval, nach hinten spitz zulaufend, hell gelbgrün mit dunkelgrünem Herzmal. Frisch gehäutete Weibchen und Weibchen, die ihren Eikokon bewachen und während dieser Zeit keine Nahrung zu sich nehmen, sind blasser ausgefärbt und besitzen einen gelblichen Rand um das dunkelgrüne Mal auf dem Hinterleib; Hinterleib mit kurzen, seidigen Härchen bedeckt. Beine dunkelgrün wie Vorderkörper, mit festen Sinneshaaren an den Mittelfüßen und Füßen.
Männchen: Rückenschild und Beine mattgrün bis dunkelgrün und dicht mit feinen, silbrig glänzenden Härchen besetzt. Hinterleib röhrenförmig, mit leuchtend rotem oder rot-braunem Mittelband, das um das Herzmal herum dunkler gefärbt ist und das von breiten gelben Streifen begrenzt wird. Hinterleibsseiten rot, ganzer Hinterleib mit kurzen, silbrig glänzenden Härchen besetzt.
Jungspinnen: Rückenschild blaß gelb-braun mit zwei dunkleren Mittelstreifen, dunklen Randstreifen und dazwischen mit strahlenförmig verlaufenden, kurzen dunklen Streifen. Augen deutlich sichtbar, von weißen Härchen umringt. Hinterleib blaß braun, mit zwei hellen, fast weißen Mittelstreifen, mit vielen leuchtend roten Punkten und Flecken bedeckt. Beine blaß gelb-braun mit vielen kleinen roten Flecken und kurzen borstigen Haaren bedeckt; vor allem die beiden letzten Beinglieder sind stark behaart.
Die Grüne Huschspinne lebt vor allem auf niederen Pflanzen an geschützten Plätzen und legt ihre Verstecke zwischen dem Laub von Sträuchern und niederen Laubbäumen an, sie ist sehr wärme- und sonneliebend und hauptsächlich tagsüber aktiv. In Gefangenschaft gehaltene Spinnen jagen jedoch auch nächtlich.

Micrommata virescens var. *ornata*
Unterart von *M. virescens,* die sich von dieser nur durch das Vorhandensein von roten Flecken bei allen Tieren – Jungspinnen, erwachsene Männchen und Weibchen – unterscheidet.

Micrommata virescens ♀

Micrommata virescens ♂

Krabbenspinnen (Thomisidae)

Zur Familie der Krabbenspinnen gehören über 1600 Arten, von denen jedoch nur ca. 40 bei uns heimisch sind. Es sind dies Vertreter der beiden größten Gattungen *Xysticus* und *Oxyptila* und je eine Art der Gattungen *Thomisus, Pistius, Tmarus, Misumena, Misumenops, Runcinia, Synaema, Diaea, Heriaeus* und *Coriarachne.*

Die Krabbenspinnen sind recht leicht einzuordnen, da sie ein ganz charakteristisches Aussehen besitzen: Die beiden ersten Beinpaare sind deutlich verlängert und viel kräftiger als die folgenden beiden; der Hinterleib besitzt 5 deutliche Rückenlöcher und ist – vor allem beim Weibchen – von fast dreieckiger Form und klar und kräftig gefärbt. (Die Männchen dieser Familie sind meist deutlich kleiner und schwächer ausgefärbt.) Die Körperform und die Eigenschaft der Krabbenspinnen, mit ihren zur Seite gerichteten Vorderbeinen auch seitwärts und rückwärts zu laufen, ganz in Krabbenmanier, haben dieser Spinnenfamilie den deutschen Namen gegeben.

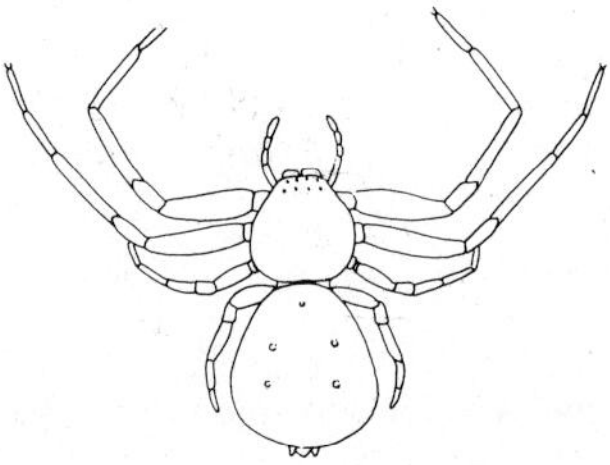

Weibchen

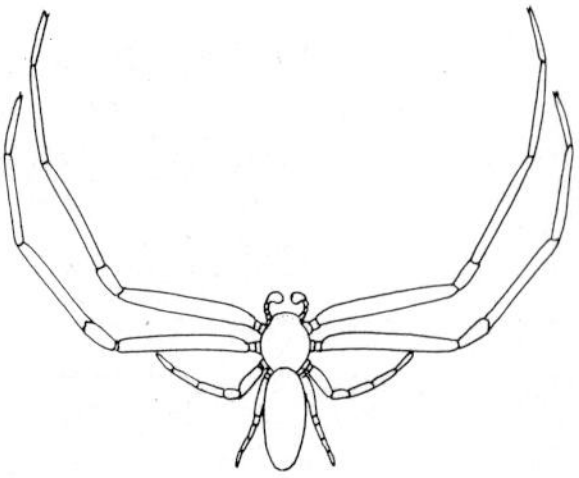

Männchen

Krabbenspinnen bauen keine Fanggewebe, ja meist sogar nicht einmal ein Wohngespinst oder ein Versteck, in dem sie sich ungestört und geschützt häuten können – sie sind Lauerjäger, das heißt, die Spinnen verharren regungslos in Lauerstellung, die beiden Vorderbeinpaare fangbereit zur Seite gestreckt. Auf Grund ihrer Färbung, die dem Untergrund oft perfekt angepaßt ist (einige Arten können sich sogar aktiv umfärben), sind sie auch tadellos getarnt. Die meisten Arten lauern auf Blättern und Blüten auf ihre Beute, die in der Hauptsache aus Fluginsekten besteht, die die Blüten zur Nektar- und Pollensuche anfliegen. Die geringe Größe der Kieferklauen der Krabbenspinnen weist auf die Tatsache hin, daß ihr Gift sehr wirksam sein muß. Krabbenspinnen sind sogar in der Lage, viel größere Insekten, als sie selbst sind, zu lähmen; einige Arten fressen sogar Bienen und Wespen, die sie mit einem Biß in den Nacken lähmen – wobei sie sich geschickt vom Giftstachel ihres Opfers fernhalten.

Wenn sich nun ein Insekt der Blüte nähert, so streckt die Krabbenspinne ihre langen Vorderbeine starr zur Seite und wendet sich der Beute zu. In dieser Haltung wartet sie regungslos, bis die Beute in Reichweite kommt. Die

Spinne wirkt so starr und teilnahmslos, daß das nahende Insekt oft völlig harmlos in die ausgebreiteten Vorderbeine läuft. Mit einer blitzschnellen Bewegung wird es dann gepackt, mit einem Biß gelähmt und dann angebissen und ausgesaugt – zurück bleibt nur die leere Hülle. Die Spinnen lauern oft tage- und wochenlang am selben Platz auf ihre Beute.
Die Spinnen selbst sind an ihrem exponierten Lauerplatz vielen Freßfeinden ausgesetzt, besitzen jedoch einen guten Gesichtssinn, so daß sie sich bei Annäherung eines Feindes im „Rückwärts- oder Seitwärtsgang" rasch unter der Blüte oder dem Blatt in Sicherheit bringen können.
Anhand ihrer Grundfärbung kann man bei den Krabbenspinnen meist auf ihre Lebensweise schließen: Braun gefärbte Arten halten sich vorwiegend am Boden, zwischen Steinen und Erde auf oder sind häufig an Baumrinde zu finden, grün gefärbte Arten sitzen meist auf Sträuchern und niederen Laubbäumen, und bunte Arten werden vorwiegend auf Blüten zu finden sein.
Die Paarung der Krabbenspinnen dauert je nach Art zwischen 5 und 45 Minuten. Bei der vorangehenden Werbung spielt der Tastsinn eine große Rolle. Meist seilt sich das Weibchen von seinem Lauerplatz ab und verfällt in eine Hängestarre. Das viel kleinere Männchen läuft dann vor der Paarung den gesamten Körper des Weibchens ab. Bei einigen Arten wird sogar die Paarung immer wieder durch solche „Erkundungsgänge" unterbrochen. Bei diesen Wanderungen hinterläßt das Männchen feine Seidenfäden auf dem Körper des Weibchens. Nach der Paarung macht sich das Männchen davon, während sich das Weibchen noch von diesen Fäden befreit.
Das Weibchen legt sandfarbene Eier, die in einen linsenförmigen, aus einer dicken Lage weißer Seide bestehenden Eikokon abgelegt werden. Den Rest seines Lebens verbringt das Weibchen mit der Bewachung seiner Eier. Sobald die Spinne merkt, daß die Jungen ausschlüpfen, beißt sie den dichten Kokon durch, um dem Nachwuchs das Ausschlüpfen zu erleichtern. Die ganze Zeit hindurch nimmt das Weibchen keine Nahrung zu sich und läßt sich auch durch Störungen nicht von der Bewachung des Kokons abhalten. Wahrscheinlich sind die Jungspinnen nicht in der Lage, allein und ohne mütterliche Hilfe aus dem Kokon zu schlüpfen.
Die verschiedenen Gattungen der Krabbenspinnen lassen sich anhand ihrer Färbung, sicherer jedoch noch durch die Stellung ihrer Augen voneinander unterscheiden.

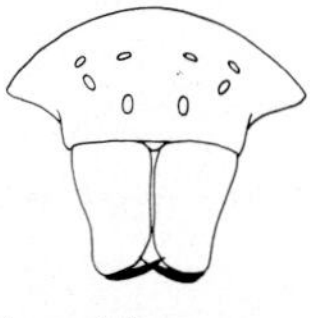

Augenstellung von vorn

Augenstellung von oben

Thomisus onustus
Weibchen: 7 mm Männchen: 3 mm
Die Gattung *Thomisus* ist bei uns mit nur einer Art vertreten. Die vorderen und hinteren Seitenaugen sitzen auf einer gemeinsamen Erhebung, der Zwischenraum zwischen vorderen und hinteren Mittelaugen ist breiter als lang. Der Hinterleib ist fast dreieckig und am Ende stark faltig erweitert; die Weibchen sind rosa, gelblich oder weiß gefärbt, die viel kleineren Männchen mattgelb oder gelb-grün. Bei beiden Geschlechtern ist der Hinterleib beidseitig winklig ausgezogen. Rückenschild und Beine sind rosa-bräunlich gefärbt, der Rückenschild besitzt ein helleres Mittelband und ist nach vorne beidseitig spitz ausgezogen, glänzend. *Thomisus onustus* lebt auf Blüten und wird besonders häufig auf Heidekraut angetroffen.

Pistius truncatus
Weibchen: 9 mm Männchen: 5 mm
Vordere und hintere Seitenaugen sitzen ebenfalls auf gemeinsamen Erhebungen, der Raum zwischen vorderen und hinteren Mittelaugen ist jedoch deutlich länger als breit (im Gegensatz zur vorigen Art). Die Grundfärbung beider Geschlechter ist braun. Der Hinterleib ist fast dreieckig und am hinteren Ende beidseitig winklig ausgezogen. Das Männchen ist deutlich kleiner und dunkler gefärbt als das Weibchen. Der Rückenschild ist gleichförmig braun mit hellen Flecken. Diese Art kommt vorwiegend auf Gebüsch an Waldrändern vor, ist weit verbreitet, aber nicht häufig.

Tmarus piger
Weibchen: 6 mm Männchen: 4 mm
Vordere und hintere Seitenaugen sitzen auf getrennten Erhebungen, wobei die hinteren Erhebungen höher als die vorderen sind. Der Hinterleib ist hoch und keilförmig zusammengedrückt. Beide Geschlechter sind in der Färbung sehr ähnlich. Der Rückenschild ist bräunlich mit breiten grauen Seitenbändern und mit kleinen Stacheln besetzt. Der etwas birnenförmige Hinterleib ist braun-grau gefärbt, die Beine zeigen eine undeutliche braun-schwarze Ringelung und sind mit kurzen Stacheln besetzt, die sich aus schwarzen Flecken erheben. Die Spinne kommt vorwiegend an Waldrändern und im Gebüsch vor, wo sie auf Zweigen und Baumrinde sitzend vorzüglich getarnt ist, sowohl in Farbe als auch in Form (siehe nebenstehendes Bild).

Thomisus onustus bei der Paarung

Pistius truncatus ♂

Tmarus piger ♀

Veränderliche Krabbenspinne *(Misumena vatia = Misumena calycina)*

Weibchen: 10 mm Männchen: 4 mm

Seitenaugen sitzen auf kleinen rundlichen Erhebungen, Augen der hinteren Reihe haben gleichen Abstand voneinander. Hinterleib rundlich. Die Weibchen dieser Art unterscheiden sich deutlich von den Männchen: Zum einen sind sie viel größer, zum andern zeigen sie eine ganz andere Färbung, die sie auch noch verändern können. Je nach aufgenommener Nahrung variiert die Farbe des ganzen Körpers von Weiß über Blaßgrün nach Gelb. Diese Umfärbung geht jedoch nicht schnell vor sich, sondern dauert ca. 3 Tage. Je nach vorhandener Färbung sucht das Weibchen sich den passenden Untergrund aus. Bei dottergelber Färbung hält es sich vorwiegend auf Löwenzahnblüten auf. *Misumena vatia* und die folgende Art *Misumenops tricuspidata* ernähren sich vorwiegend von Bienen und Wespen, die sie durch einen Biß in den Nakken lähmen und dann aussaugen, so daß nur noch die leere Hülle übrigbleibt. Da sich gerade auf Löwenzahnblüten oft sehr viele Bienen tummeln, ist das Nahrungsangebot für die Veränderliche Krabbenspinne sehr reichlich, so daß sie sich einen Vorrat anlegt, indem sie die getöteten Bienen mit einem Seidenfaden unter der Blüte befestigt und dann nach Bedarf aussaugt.

Die viel heller gefärbten, großen Weibchen sind fast einheitlich in der Farbe, besitzen jedoch manchmal rote Seitenlinien auf dem hellen Hinterleib. Bei weiß gefärbten Tieren sind die Füße und der Kopf gelblich gefärbt.

Das kleine, dunkel gefärbte Männchen besitzt deutlich hell- und dunkelbraun geringelte Beine, einen dunkelbraunen Rückenschild mit hellem Mittelband und einen blaß braunen Hinterleib mit dunklen Rändern und zwei dunkelbraunen Mittellinien.

Misumenops tricuspidata

Weibchen: 6 mm Männchen: 3 mm

Diese Art unterscheidet sich von der vorigen hauptsächlich durch die Stellung der Augen: Bei *Misumena* ist der Abstand der vorderen und hinteren Mittelaugen gleich, bei *Misumenops* stehen die vorderen Mittelaugen dichter beisammen als die hinteren.

Das Weibchen besitzt grünlich gefärbte Beine, einen grünlichen Rückenschild und eine dunklere, flaschenförmige Zeichnung auf dem Hinterleib. Das Männchen hat einen braunen Rückenschild mit hellerem Mittelband, einen braunen Hinterleib mit dunkleren Seiten. Das oberseitige Muster ist undeutlicher als beim Weibchen. *Misumenops* ernährt sich ebenfalls in der Hauptsache von Bienen und Wespen und kommt an den gleichen Stellen wie *Misumena* vor.

Runcinia lateralis

Weibchen: 6 mm Männchen: 3 mm

Weibchen mit deutlich gezeichnetem Rückenschild und Hinterleib. Rückenschild grau-braun mit weißem, hellgrau gerändertem Mittelstreif und dunklen Seitenbändern. Hinterleib fast quadratisch, weiß mit rötlichen Seitenbändern und rötlichen Mittellinien, die vorne zusammenlaufen. Beine grau-

Misumena vatia bei der Paarung

Runcinia lateralis bei der Paarung

braun. Beim Männchen ist der Rückenschild blaßbraun mit dunklen Seitenrändern, der Hinterleib ebenfalls blaß braun mit kaum wahrnehmbarer dunklerer Zeichnung. Beine ebenfalls blaßbraun, die unteren Beinglieder der beiden ersten Beinpaare sind deutlich braun und schwarz geringelt. Diese Art lebt vorwiegend auf Gras und im Gebüsch und ist sehr selten in Mitteleuropa.

Synaema globosum

Weibchen: 8 mm Männchen: 4 mm

Die hinteren Seitenaugen dieser Art sitzen auf kleineren Erhebungen als die vorderen. Beide Geschlechter mit gleicher, auffälliger schwarz-gelber oder schwarz-orangefarbener Zeichnung. Rückenschild schwarz, glänzend und dünn mit kurzen Borsten besetzt. Hinterleib fast kreisrund und linsenförmig gewölbt, auf der Oberseite hellgelb bis orangefarben gefärbt mit einer breiten schwarzen, blattartigen Zeichnung. Beine schwarz und braun geringelt, glänzend. Kommen vorwiegend auf gelblich-roten Blüten und Blättern vor.

Grüne Krabbenspinne *(Diaea dorsata)*

Weibchen: 6 mm Männchen: 4 mm

Erhebungen der hinteren Seitenaugen sind kleiner als die der vorderen. Die Kombination von grünem Vorderkörper und grünen Beinen mit einem braunen Hinterleib (siehe nebenstehendes Bild) ist typisch für die Weibchen dieser Art und noch nicht geschlechtsreife Jungspinnen. Männchen mit hellbraunem Rückenschild, der mit langen Borstenhaaren besetzt ist. Hinterleib wie beim Weibchen: Oberseite dunkelbraun, mit kurzen hellbraunen Härchen besetzt, Seiten ockerfarben bis gelblich. Beine braun bis oliv. Ab Mai sind die geschlechtsreifen Tiere vor allem auf den Ästen von Tannen und auf Eichenlaub anzutreffen.

Heriaeus hirtus

Weibchen: 9 mm Männchen: 5 mm

Erhebungen der hinteren Seitenaugen kleiner als die der vorderen Seitenaugen. Grundfärbung olivgrün, Hinterleib auf der Oberseite gelb bis weißgrau, mit rotem Herzmal. Der ganze Körper ist dicht mit langen, feinen, weißen Stacheln, Borsten und Härchen besetzt. Diese Art ist recht selten und kommt vorwiegend auf niedrigen, ebenfalls behaarten Pflanzen vor, auf denen sie gut getarnt ist.

Wanzenspinne *(Coriarachne depressa)*

Weibchen: ca. 5 mm Männchen: ca. 5 mm

Vordere und hintere Seitenaugen sitzen auf getrennten Hügeln. Der außerordentlich flache, wanzenartige Körper unterscheidet diese Art deutlich von allen anderen Krabbenspinnen-Arten.

Rückenschild dunkelbraun und stark abgeflacht. Hinterleib kaum dicker als der Rückenschild, ebenfalls dunkelbraun, lediglich an den Seiten mit einigen helleren Strichen, die sich zur Mitte hin vereinigen. Die beiden vorderen Beinpaare sind kräftig, jedoch nicht ganz so lang, wie das sonst bei den Krabbenspinnen üblich ist. Die beiden letzten Glieder der 4 Beinpaare sind dicht mit stacheligen Härchen besetzt. Wanzenspinnen kommen vorwiegend unter Fichtenrinde, Steinen und Bodenstreu vor.

Synaema globosum ♀

Diaea dorsata ♀

Heriaeus hirtus ♂

Die folgenden beiden Gattungen, *Xysticus* und *Oxyptila,* gehören zu den artenreichsten der Familie der Krabbenspinnen, von der Gattung *Xysticus* kommen allein in Mitteleuropa 19 Arten, von *Oxyptila* 12 Arten vor. Auf den ersten Blick ähneln sich die Arten beider Gattungen sehr stark, eindeutig können sie nur mit Hilfe des Binokulars oder des Mikroskopes unterschieden werden, da das unterscheidende Merkmal in der Form der Stacheln (siehe Zeichnung) liegt: Bei *Xysticus* sind diese Stacheln zugespitzt, bei *Oxyptila* sind sie stumpf abgerundet oder keulenförmig.

Xysticus *Oxyptila* *Oxyptila*

Xysticus

Alle *Xysticus*-Arten sind hell- bis dunkelbraun gefärbt. Der Rückenschild besitzt gewöhnlich breite, dunkle Seitenbänder, ein zum Ende spitz zulaufendes dunkles Mittelband, das hell eingefaßt ist, und ist dünn mit spitzen Stacheln bedeckt. Die Seitenaugen liegen auf flachen Erhebungen. Der birnenförmige Hinterleib trägt eine dunkler gefärbte Blattzeichnung, in der wiederum sich überschneidende helle Dreiecke liegen, die bei einigen Arten manchmal bis auf seitliche Querbinden zurückgebildet sind. Auch der Hinterleib ist mit spitz zulaufenden Stacheln besetzt. Die Beine sind meist so gefärbt wie der Rückenschild und ebenfalls mit zugespitzten Stacheln besetzt. *Xysticus*-Arten halten sich vorwiegend auf niederen Pflanzen und im Gebüsch auf und sind seltener auf Blüten zu finden. Allein in Deutschland sind 9 Arten bekannt.

Oxyptila

Hier handelt es sich ebenfalls um hell- bis dunkelbraun gefärbte Krabbenspinnen. Die Arten dieser Gattung besitzen jedoch abgerundete oder keulenförmige Stacheln und einen gedrungeneren, rundlicheren Hinterleib. Das bei *Xysticus* spitz zulaufende dunkle Dreieck auf dem Rückenschild ist bei dieser Gattung stark zurückgebildet oder fehlt ganz. Der Hinterleib besitzt ein nur verschwommenes Muster aus dunklen Querbinden und Flecken, die ihn bedeckenden Stacheln sind sehr kurz, stumpf oder keulenförmig. Die Beine sind kürzer und kräftiger. *Oxyptila*-Arten, von denen in Deutschland 5 bekannt sind, leben dicht am Boden, im Bodenstreu und unter Steinen. Da die Tiere jedoch nachtaktiv sind, werden sie nicht leicht zu finden sein.
Begegnen sich ein geschlechtsreifes Männchen und ein geschlechtsreifes Weibchen, so nimmt das Weibchen eine unterwürfige Haltung an, indem es seine Vorderbeine vor dem Kopf übereinanderlegt. Das Männchen klettert vor der Paarung erkundend auf dem Weibchen herum und spinnt eine dünne Seidendecke über ihm aus (bekannt unter dem volkstümlichen Namen

„Brautschleier"), die das Weibchen scheinbar auf dem Untergrund festhält und bewegungslos macht. Dann kriecht das Männchen unter das Weibchen, hebt es leicht an und paart sich mit ihm. Nach der Paarung läuft das Männchen davon, das Weibchen aber befreit sich spielend leicht von den symbolischen „Fesseln", die ihm das Männchen vor der Paarung angelegt hatte. Die *Xysticus*-Weibchen legen im Juni oder Juli ihre Eier in einen dichten, sackförmigen Kokon, den sie an niederen Pflanzen befestigen und bis zum Schlupf der Jungspinnen ständig bewachen. Da der Kokon eine sehr dicht gewebte Außenwand besitzt, muß das Weibchen den Jungspinnen beim Ausschlüpfen helfen, indem es von außen her den Kokon aufbeißt. Im Unterschied dazu befestigen die *Oxyptila*-Weibchen den Kokon an Steinen oder anderen bodennahen Gegenständen.

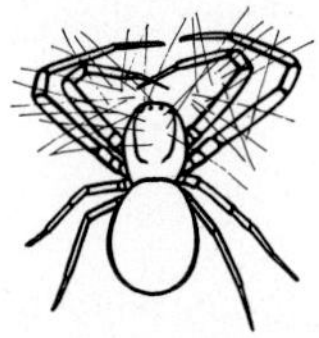

Die einzelnen Arten der Gattungen *Xysticus* und *Oxyptila* sind in freier Natur nicht leicht zu unterscheiden, da sie sich sehr gleichen und einige der Arten zudem sehr veränderlich sind. Aus diesem Grund stellen wir nachfolgend nur eine Auswahl der häufiger zu findenden und anhand der Färbung und Form leichter zu bestimmenden Arten vor.

Xysticus cristatus

Weibchen: 7 mm Männchen: 5 mm

Die Weibchen dieser Art können die unterschiedlichsten Brauntöne zeigen, so daß sie anhand der Färbung nicht eindeutig bestimmt werden können. Rückenschild mit breiten schwarzen Seitenbändern. Das mittlere Dreieck des Rückenschildes nimmt etwa 2/3 des gesamten Rückenschildes ein, endet in einem scharf umrissenen dunklen Punkt und wird beidseitig von hellen Streifen bogenförmig eingerahmt. Der Hinterleib ist deutlich gemustert: sich überlappende hellbraune bis ockerfarbene Dreiecke auf dunklem Blattmuster. Die Beine sind meist so gefärbt wie der Hinterleib. Die Männchen dieser Art sind kleiner und dunkler gefärbt. *Xysticus cristatus* lebt am liebsten in Bodennähe oder an niederen Pflanzen, man kann diese Art am ehesten im Frühjahr oder Frühsommer antreffen.

Im gleichen Verbreitungsgebiet wie *X. cristatus* kommt noch eine weniger häufig zu findende Art vor: *Xysticus kochi*. Sie unterscheidet sich von *X. cristatus* durch eine mehr graubraune Ausfärbung.

Xysticus audax

Weibchen: 8 mm Männchen: 4 mm

Diese Art wird von manchen Autoren auch nur als eine Unterart von *X. cristatus* angesehen, da sich die Geschlechtsteile von *X. cristatus* und *X. audax* sehr ähnlich sind. Lebensraum und Körperzeichnung sind jedoch verschieden. *X. audax* lebt vorwiegend auf Ginster und Heidekraut und hält sich in höherliegenden Regionen auf als *X. cristatus*. Die dunklen Seitenbänder sind nach hinten zu geteilt. Die Männchen sind im ganzen dunkler und etwas undeutlicher gezeichnet.

Xysticus erraticus

Weibchen: 7 mm Männchen: 5 mm

Bei dieser Art unterscheiden sich die Geschlechter nicht nur anhand ihrer Größe, sondern auch ganz deutlich an ihrer Färbung. Das Weibchen ist im ganzen viel heller gefärbt. Rückenschild und Beine sind sandfarben, der Hinterleib fast weiß mit vereinzelten dunkelbraunen bis schwarzen Flecken. Der Rückenschild besitzt ein schwaches dunkles Mittelband, zwei kräftig braun gefärbte Seitenbänder und einen dunklen Rand. Der Körper und die Beine sind mit dunklen Stacheln besetzt. Das Männchen ist dunkelbraun und schwarz gefärbt. Der Hinterleib zeigt eine deutliche helle Blattzeichnung mit dunklem Herzmal. Bei den beiden Vorderbeinpaaren sind Schenkel und Knie dunkelbraun gefärbt, die übrigen Beinglieder hellbraun, die beiden hinteren Beinpaare sind ganz hellbraun.

Xysticus cristatus ♂ und ♀

Xysticus erraticus ♀

Xysticus erraticus ♂

Xysticus lanio
Weibchen: 7 mm Männchen: 5 mm
Die Weibchen dieser Art sind charakterisiert und leicht zu erkennen durch ihre rötlich gefärbten Hinterleibsseiten. Rückenschild und Beine besitzen eine hellbraune Grundfärbung und viele dunkelbraune größere und kleinere Flecken. Der Hinterleib besitzt eine braune Blattzeichnung fast ohne Innenmuster, aber mit dunkelbraunen Pünktchen. Beine und Hinterleib sind mit kurzen hellen Borsten besetzt. Der Rückenschild des Männchens ist schwarz, die Augenregion hellbraun. Auf dem Rückenschild befindet sich in der Mitte ein hellbraunes, Y-förmiges Zeichen. Der Hinterleib besitzt eine schwarze Blattzeichnung, die von weißen Querlinien und weißen Seitenlinien unterbrochen wird. Diese Art „geht am höchsten hinaus", sie lebt in Büschen und an den unteren Zweigen von Laubbäumen, von denen Eichen bevorzugt werden.

Xysticus ulmi
Weibchen: 6 mm Männchen: 4 mm
Ihre charakteristische Färbung und der bevorzugte feuchte Lebensraum lassen diese Art leicht erkennen. Die Grundfärbung des Weibchens ist hellbraun bis ockerfarben, manchmal auch blaßgelb. Der Rückenschild trägt ein nach hinten zugespitztes hellbraunes Dreieck, das von hellbeigen Streifen eingefaßt wird, dem sich dunkelbraune, fast schwarze Seitenbänder anschließen. Die hellbeigen Streifen bilden auf dem Hinterleib ein Blattmuster, dem 3 deutliche Querlinien folgen. Hinterleib und Beine sind deutlich dunkel gepunktet. Das Männchen ähnelt in der Zeichnung dem Weibchen, ist nur dunkler gefärbt, so daß die Muster nicht ganz deutlich zu erkennen sind. Diese Art kommt nur in feuchten Lebensräumen, an Fluß- und Bachufern auf niederen Pflanzen vor.

Xysticus bifasciatus
Weibchen: 10 mm Männchen: 7 mm
Diese Art zählt zu den größten der Gattung, ist anhand der Größe, ihrer Robustheit und der sandfarbenen Ausfärbung leicht zu erkennen. Der Rückenschild des Weibchens zeigt die gleiche Zeichnung wie der von *X. ulmi*, ist jedoch viel dichter behaart. Der sand- bis rosafarbene Hinterleib ist dicht mit hellen Haaren bedeckt, so daß die bräunliche Blattzeichnung mit den ineinanderliegenden Dreiecken kaum erkannt werden kann. Die kräftigen Beine sind ebenfalls sand- bis rosafarben und tragen verstreut dunkelbraune Linien und Flecken. Die beiden unteren Beinglieder der beiden Vorderbeinpaare sind zusätzlich zu den hellen Härchen mit dunklen, längeren Borstenhaaren besetzt. Das Männchen ist wieder dunkler in der Färbung. *X. bifasciatus* bevorzugt warme Grasheiden und niederwüchsige Pflanzen.

Xysticus lanio
♀

Xysticus ulmi
♀

Xysticus bifasciatus
♀

Xysticus sabulosus

Weibchen: 8 mm Männchen: 6 mm

Bei dieser Art werden beide Geschlechter im Frühherbst geschlechtsreif. Jung- und Altspinnen sind deutlich an ihrer Färbung zu erkennen: Junge Weibchen sind ganz hell gefärbt mit dunkleren Mustern, ältere Weibchen sind fast schwarz, mit nur noch undeutlich zu erkennender Musterung. Beim Weibchen sind Rückenschild und Beine weiß bis rosafarben in ihrer Grundfärbung. Der Rückenschild besitzt breite dunkle Seitenbänder, die Beine tragen verstreut dunkle Flecken und sind, vor allem an den beiden unteren Beingliedern der zwei ersten Beinpaare, mit dunklen Härchen besetzt. Der Hinterleib trägt eine rosafarbene Blattzeichnung, die am hinteren Ende dunkel eingerahmt ist. Das Männchen ist im ganzen wieder dunkler und undeutlicher ausgefärbt. *X. sabulosus* lebt unter Steinen an sandigen Plätzen und auf niederen Pflanzen in warmen Grasheiden.

Oxyptila atomaria

Weibchen: ca. 6 mm Männchen: ca. 4 mm

Hellbraun gefärbte Art, bei der das Männchen nicht deutlich dunkler gefärbt ist. Rückenschild fast so groß wie Hinterleib, dem er auch in der Form gleicht (birnenförmig). Mit glänzendem breitem Mittelstreif, der dunkelbraun begrenzt wird, mit dunkelbraunen Rändern. Hinterleib weißlich-braun, ohne deutliche Blattzeichnung, nur mit einigen dunkelbraunen Punkten. Beine kräftig, hellbraun mit dunkelbraunen Flecken und dunkelbraunen Stacheln besetzt. Stacheln keulenförmig. Diese Art ist das ganze Jahr über an feuchten Stellen unter Moos und Steinen anzutreffen.

Oxyptila praticola

Weibchen: ca. 3 mm Männchen: ca. 2 mm

Kräftig dunkelbraun gefärbte Art, die dicht mit dunklen, abgerundeten Härchen besetzt ist. Die Weibchen fertigen für ihre Eier einen ganz typischen, dicht gewebten, kissenförmigen Kokon (siehe nebenstehendes Bild). Häufig unter Moos und Steinen.

Von dieser Gattung sind bei uns noch folgende Arten bekannt, die jedoch nur unter dem Mikroskop voneinander unterschieden werden können: *O. scabricula, O. nigrita, O. trux, O. simplex, O. brevipes, O. blackwalli.*

Xysticus sabulosus ♀

Oxyptila atomaria ♀

Oxyptila praticola ♀ mit Kokon

Laufspinnen (Philodromidae)

Laufspinnen sind flache, eher schlanke, sehr bewegliche Spinnen. Bei manchen Autoren werden die Vertreter dieser Familie noch zu den Krabbenspinnen gestellt. Im Unterschied zu diesen besitzen die Laufspinnen jedoch ungefähr gleich lange und gleich starke Beine. Laufspinnen weben keine Fangnetze und oft nicht einmal Häutungs-, Wohn- oder Überwinterungsgespinste; sie erjagen ihre Beute in raschem Lauf, sitzen also nicht wie die meisten Krabbenspinnen regungslos auf Lauer. Von den über 400 Arten sind bei uns ca. 25 heimisch, die in 3 Gattungen vorkommen: *Philodromus, Thanatus* und *Tibellus.* Diese 3 Gattungen unterscheiden sich zum einen durch die Stellung ihrer Augen, zum andern durch Größe und Form des Hinterleibes (siehe Zeichnung).

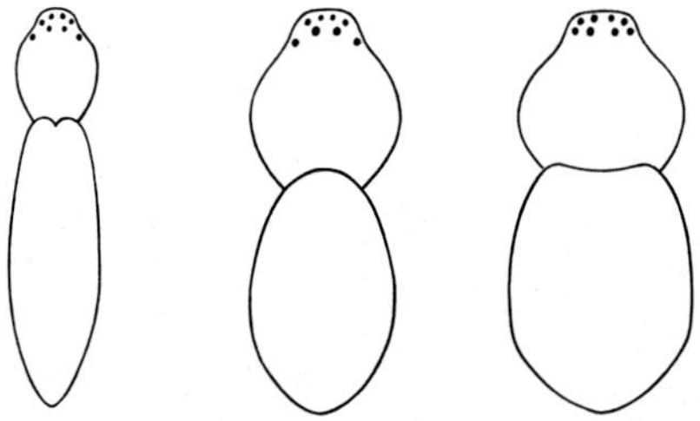

Flachstrecker *(Philodromus)*

Bei dieser Gattung, von der bei uns etwa 18 Arten vorkommen, sind die hinteren Mittelaugen mindestens so weit voneinander entfernt wie von den hinteren Seitenaugen; die vorderen Mittelaugen sind entweder so weit voneinander entfernt wie die hinteren oder stehen dichter beisammen. Der Hinterleib ist breit oval und mit Flecken und/oder Querbinden gemustert. Durch ihre Färbung sind die *Philodromus*-Arten oft sehr gut an ihre Umgebung angepaßt.

Die Arten dieser Gattung sind eher etwas seßhaft; gut getarnt lauern sie im Blattwerk von Büschen und Bäumen ihrer Beute auf. Bei Störungen huschen die Spinnen mit großer Geschwindigkeit davon. Mit Hilfe der Sinneshaare an ihren Beinen können sie blitzartige Lageänderungen durchführen, ohne daß sie sich an einem Sicherheitsfaden fallen lassen müssen – obwohl ihnen diese Möglichkeit auch offen steht. *Philodromus*-Arten können auch in Krabbenmanier seitwärts laufen – aber anscheinend tun sie das nur, um zu entfliehen.

Bei dieser Gattung gibt es kaum eine Werbung, die Paarung dauert nur etwa eine halbe Minute. Das Weibchen bewacht den Eikokon, der je nach Art verschieden aussieht, bis zu seinem Tode.

Philodromus dispar

Weibchen: 5 mm Männchen: 4 mm

Bei dieser Art haben Männchen und Weibchen ein ganz unterschiedliches Aussehen.

Weibchen: Grundfärbung braun bis hellbraun. Der Rückenschild besitzt breite dunkle Seitenbänder und einen weißen Rand. Der birnenförmige Hinterleib ist streifig hell- und dunkelbraun gemustert. Die Beine sind blaßgrau.

Männchen: Grundfärbung grau bis schwarz. Rückenschild und Hinterleib schwarz mit blau schillerndem Schimmer und weißen Seiten. Beine blaßgrau mit kleinen schwarzen Flecken.

Diese Art lebt vorwiegend an Nadelbäumen und ist im Frühjahr und Frühsommer anzutreffen.

Philodromus dispar ♀

Philodromus dispar ♂

Philodromus aureolus ♀ mit Kokon

Philodromus aureolus

Weibchen: 6 mm Männchen: 4 mm

Weibchen: Rückenschild mit hellem Mittelband und dunklen Rändern, Hinterleib blaßgelb bis hellbraun mit dunkleren Seiten. Beine hellbraun mit dunkleren Flecken. Der Kokon wird in einem Blattwinkel untergebracht und nur mit einer dicken Lage aus weißer Seide bedeckt, das Weibchen baut sich zusätzlich noch eine dünne, dachförmige Seidendecke, die sie bei ihrer Wache schützt.

Männchen: grau-braun und überall purpur-grün schimmernd.

Diese Art lebt häufig in Gebüsch und niederen Bäumen.

Philodromus cespitum

Weibchen: 6 mm Männchen: 4 mm

Diese Art wurde bis vor kurzem noch als Unterart von *P. aureolus* betrachtet. Im Unterschied zu dieser Art besitzen die Weibchen von *P. cespitum* ein deutliches, dunkles Herzmal auf dem Hinterleibsrücken, dem eine dunkle Winkelzeichnung folgt. Die Männchen von *P. aureolus* und *P. cespitum* sind kaum voneinander zu unterscheiden.

Philodromus collinus

Weibchen: 6 mm Männchen: 5 mm

Weibchen: Rückenschild hellbraun mit hellem Mittelband, dunkleren Rändern und Flecken aus weißen, flaumigen Haaren. Hinterleib rötlich-braun, mit einem unterbrochenen Mittelband aus weißlichen, flaumigen Härchen, das zu den Spinnwarzen hin spitz ausläuft, mit weißen Flecken und einigen zarten dunklen Winkeln am Hinterleibsende. Beine grau-braun mit schwarzen Flekken. Der Eikokon wird an Zweigenden angelegt.

Männchen: Nicht von Männchen der Arten *P. aureolus* und *P. cespitum* zu unterscheiden.

Philodromus aureolus ♂

Philodromus cespitum ♀ mit Kokon

Philodromus collinus ♀

Philodromus fallax
Weibchen: 6 mm Männchen: 5 mm
Diese küstenbewohnenden Laufspinnen sind anhand ihrer Färbung im Sand hervorragend getarnt (siehe nebenstehendes Bild), beide Geschlechter sind ähnlich gefärbt und gemustert. Rückenschild blaßbraun mit dunkleren, weißgepunkteten Seitenbändern. Hinterleib sandfarben mit dunkelbraunem Herzmal, dunklen Seitenrändern und vielen weißen Punkten. Beine blaßbraun, mit dunklen Flecken. Die Weibchen dieser Art tarnen ihre Eikokons mit kleinen Steinchen und Sand, so daß die weißseidenen Gespinste ebenfalls gut getarnt sind.

Philodromus histrio
Weibchen: 7 mm Männchen: 6 mm
Diese *Philodromus*-Art ist am schönsten gemustert und daher auch leicht zu bestimmen. Beide Geschlechter sind in der Färbung und Zeichnung sehr ähnlich. Rückenschild dunkelbraun, mit breitem hellem Mittelstreif aus weißlichen Härchen und weißen Rändern. Der helle Mittelstreif wird nach hinten zu von einer dunkelbraunen Linie durchbrochen. Hinterleib braun, mit dunkelbraunem, weiß umrandetem Herzmal, das rechts und links von je zwei weißen Flecken flankiert wird. Beine grau-braun mit braunen Flecken und kurzen weißlichen Härchen besetzt. Diese Art kommt vorwiegend auf Heidekraut vor; der Eikokon wird mit Bodenstreu etc. getarnt.
P. histrio unterscheidet sich aber nicht nur durch ihre Färbung deutlich von den anderen *Philodromus*-Arten, sie hat auch einen anderen Lebenszyklus: Im Gegensatz zu den anderen Arten benötigt *P. histrio* nur ein Jahr, um geschlechtsreif zu werden (die anderen *Philodromus*-Arten sind meist erst nach 2 Jahren geschlechtsreif).

Philodromus emarginatus
Weibchen: 6 mm Männchen: 5 mm
Charakteristisch für diese Art ist die rosa-braune Grundfärbung beider Geschlechter und eine nur undeutliche Fleckenzeichnung. Das Weibchen besitzt einen grau-braunen Rückenschild mit einem rosafarbenen Feld am Kopf. Der rosa-braune Hinterleib besitzt eine ganz undeutliche Zeichnung, die nur am hinteren Ende deutlich wird: Der Hinterleibsrand ist abwechselnd hell und dunkel gefleckt. Die Beine sind grau-braun mit dunklen Flecken und Strichen. Der ganze Körper ist mit kurzen grau-rosafarbenen Härchen besetzt. Beim Männchen ist die Fleckenzeichnung noch undeutlicher und verschwommener. Diese Art lebt an niederen Nadelbäumen und auf Heidekraut und ist im Frühsommer häufiger zu sehen.

Philodromus fallax ♀

Philodromus histrio ♀

Philodromus emarginatus ♀

Philodromus rufus
Weibchen: 5 mm Männchen: 4 mm
Diese Art gleicht in beiden Geschlechtern *P. dispar*, die Grundfärbung ist jedoch blasser und geht mehr ins Hellgelbe über. Das dunkle Muster auf dem Hinterleib setzt sich aus lauter winzigen braunen Pünktchen zusammen, die mit der Lupe deutlich zu erkennen sind. Die Beine sind blaß gelb-grün. Diese Art lebt vorwiegend auf Gebüsch und den unteren Ästen von Bäumen und ist im Frühsommer zu sehen.

Philodromus margaritatus
Weibchen: 6 mm Männchen: 5 mm
Diese Art besitzt wieder ein ganz typisches Aussehen, wobei Männchen und Weibchen sich in der Zeichnung deutlich unterscheiden.
Weibchen: Grundfärbung weißlich-braun bis ockerfarben, schwarz und grau. Der Rückenschild ist weißlich-braun gefärbt und mit feinen weißen Flecken und dunkleren Seitenbändern gemustert. Über den Seitenaugen und an den hinteren Seiten des Rückenschildes liegen große dunkelbraune bis schwarze Flecken. Der Hinterleib ist ebenfalls weißlich-braun, der vordere Teil ist rechts und links von dunklen Bändern eingerahmt, nach der Mitte liegen auf einer Ebene mehrere dunkle Flecken, denen undeutliche Winkel folgen. Die Beine sind weißlich-braun und dunkelbraun bis schwarz geringelt. Beine und Vorderkörper sind mit kurzen, weißlich-rosafarbenen Härchen besetzt. Das Männchen ist mehr weißlich-grün gefärbt und besitzt einen graugrünen, gezackten Mittelstreif auf dem Hinterleib, durch die kurzen, weißlich-grünen Härchen wird die Zeichnung jedoch sehr undeutlich.
Von beiden Geschlechtern kann man zwei Formen, die sich in der Zeichnung des Hinterleibes unterscheiden, finden. *P. margaritatus* lebt vorwiegend auf der Rinde von mit Flechten bewachsenen Bäumen, zwischen denen sie vorzüglich getarnt ist.

Philodromus rufus ♀

Philodromus margaritatus ♀

Philodromus margaritatus ♂

Thanatus

Diese Gattung zeichnet sich dadurch aus, daß ihr Vorderkörper nicht oder nur kaum länger als breit ist; der Hinterleib besitzt ein sehr deutliches Herzmal, er ist etwas länglicher als der der Gattung *Philodromus,* jedoch nicht ganz so lang wie bei der Gattung *Tibellus,* und nach hinten zugespitzt, blaßgelb bis hellbraun. Die hinteren Mittelaugen sind von den hinteren Seitenaugen nicht viel weiter entfernt als voneinander. Von dieser Gattung kommen bei uns ca. 5 Arten vor. Die Spinnen leben auf dem Boden, kommen recht häufig in sandigen Gebieten oder an offenen Plätzen vor, können gelegentlich aber auch in dichter Vegetation gefunden werden.

Thanatus striatus

Weibchen: 5 mm Männchen: 4 mm

Bei *T. striatus* handelt es sich um die kleinste *Thanatus*-Art, die in Europa vorkommt. Beide Geschlechter sind ähnlich gefärbt und gezeichnet, beim Männchen ist das Muster jedoch nur undeutlich zu erkennen.

Grundfärbung braun-grau. Rückenschild mit dunklen Seitenbändern und einem hellen Mittelstreifen, der durch einen dunklen Streifen zweigeteilt wird. Rückenschild mit vielen aufrecht stehenden, langen hellen Haaren besetzt. Der blaßbraune Hinterleib besitzt ein deutliches dunkelbraunes, spitz zulaufendes Herzmal, das am hinteren Ende von zwei Wellenlinien flankiert wird, die über den Spinnwarzen zusammenlaufen. Hinterleib ebenfalls mit vielen langen Haaren besetzt. Die grau-braunen Beine sind mit blassen, flaumigen Haaren bedeckt, zwischen denen viele dunkle Stacheln stehen.

T. striatus lebt vor allem zwischen niederen Pflanzen an feuchten Stellen und ist im Frühsommer anzutreffen.

Thanatus formicinus

Weibchen: 8–12 mm Männchen: 7 mm

Diese Art ist viel weniger behaart als die vorige und ganz hell gefärbt; der Hinterleib trägt ein deutliches schwarzbraunes, nach hinten zugespitztes Herzmal, das weiß umrandet ist. Die Beine sind grau-braun bis blaßrot und ungezeichnet.

T. formicinus lebt zwischen Moos und niederen Pflanzen auf Waldboden.

Zu erwähnen wären noch die ziemlich ähnlich aussehenden Arten: *Thanatus sabulosus* und *Thanatus arenarius,* die zwischen Heidekraut in sandigen Wäldern leben.

Tibellus

Diese Gattung, von der bei uns 2 Arten heimisch sind, zeichnet sich durch folgende Merkmale aus:

Langgestreckter Hinterleib und lange Beine. (Aus diesem Grund und wegen der Angewohnheit, sich entlang dünner Pflanzenteile auszustrecken, wird diese Gattung oft mit den Streckerspinnen [*Tetragnatha*] verwechselt.) Vorderkörper länger als breit, hintere Mittelaugen von den hinteren Seitenaugen weiter entfernt als voneinander.

Thanatus striatus ♀

Thanatus formicinus ♀

Tibellus-Arten halten sich vornehmlich an sandigen Stellen auf und lauern lang ausgestreckt an Grashalmen auf ihre Beute.
Die Paarung dauert ca. 30 Minuten, eine Werbung findet kaum statt. Das Weibchen baut seinen Eikokon an der Spitze geeigneter Pflanzen und bewacht ihn so lange, bis die Jungspinnen ausgeschlüpft sind. Bis zur Geschlechtsreife vergehen meist 2 Jahre. Junge *Tibellus*-Spinnen besitzen noch keinen ausgeprägt langen Hinterleib, diese Körperform entwickelt sich erst mit zunehmender Reife.

Tibellus maritimus

Weibchen: 10 mm   Männchen: 8 mm

Beide Geschlechter ähneln sich sehr stark, das Männchen unterscheidet sich nur durch einen noch dünneren Hinterleib. Rückenschild und Hinterleib sind blaßbraun gefärbt, mit feinen, weißlichen Härchen besetzt und tragen einen dunkelbraunen Mittelstreifen, der sich vom Kopf bis zum Hinterende des Hinterleibes zieht. An den Seiten des Rückenschildes und des Hinterleibes befinden sich dunkelbraune bis schwarze Punkte. Die Beine sind ebenfalls blaßbraun, tragen jedoch keine dunklen Flecken. Diese Art lebt vorwiegend in den Dünen unserer Küsten, kommt aber auch im Inland an rauhen Gräsern vor.

Tibellus oblongus

Weibchen: 10 mm   Männchen: 8 mm

Diese Art ähnelt sehr der vorigen, die Grundfärbung ist jedoch etwas dunkler, die dunklen Flecken am Rande des Hinterleibes sind bis auf 2 reduziert und weniger deutlich sichtbar; am Rückenschild fehlen diese Flecken ganz. Manchmal mit 2 Paar dunkler Flecken am hinteren Ende des Hinterleibes, seltener mit vielen (bis zu 30) sehr kleinen dunklen Punkten, die sich über den ganzen Hinterleib verteilen. Das Männchen ist deutlich dunkler gefärbt als das Weibchen.
Kommt vor allem auf Gras an feuchten Stellen vor.

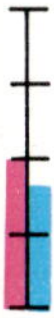

Tibellus maritimus ♀

Tibellus oblongus ♀

Tibellus oblongus ♂

Spring- oder Hüpfspinnen (Salticidae)

Die Springspinnen bilden mit ihren über 4000 Arten – von denen allein ca. 70 bei uns heimisch sind – die größte Familie der Spinnen. Springspinnen sind kleine bis mittelgroße Spinnen mit gedrungenem Körper, kurzen, kräftigen Beinen und in 3 Reihen angeordneten schwarzen Augen, von denen die vorderen Mittelaugen außergewöhnlich vergrößert sind. Die Augen der Spinnen werden oft als „einfach" bezeichnet – im Gegensatz zu den zusammengesetzten Augen der Insekten (Facettenaugen), dies bedeutet aber nicht, daß die Spinnenaugen schlecht entwickelt sind. Die vorderen Mittelaugen der Springspinnen können z. B. mehr Bewegungen durchführen als ein menschliches Auge. Sie können sich vorwärts und rückwärts, nach oben und unten bewegen, um ein scharfes Bild zu erlangen; seltsame Kreisbewegungen wurden ebenfalls schon beobachtet. Springspinnen können nicht nur Formen außerordentlich gut erkennen, sondern auch Farben sehen und wahrscheinlich auch polarisiertes Licht wahrnehmen. Wird eine Bewegung wahrgenommen, so dreht sich die Spinne so, daß die vorderen Mittelaugen die Bewegung bis in alle Einzelheiten prüfen können.

Augenstellung von vorn

Rückenschild

Die Grundfärbung ist dunkelbraun, dunkelgrau oder schwarz, bei manchen Arten sind die Männchen weitaus prächtiger gefärbt als die Weibchen.
Die Vertreter dieser Familie sind äußerst vielfältig und verschieden, einige von ihnen ahmen z. B. Käfer oder Ameisen nach. Eine Bestimmung der einzelnen Arten ist jedoch nicht leicht und kann in den meisten Fällen ohnehin nur mit Hilfe eines Mikroskopes durchgeführt werden.
Springspinnen sind sehr lebhaft und schnell; sie sind tagaktiv und sehr wärme- und sonneliebend. Zum Beutefang weben sie keine Netze, sondern erkennen als ausgesprochene Augentiere ihre Opfer recht bald, verfolgen und beschleichen sie, um sie dann im geeigneten Moment anzuspringen und mit einem Biß zu lähmen. Vor dem Sprung befestigt die Spinne jedoch einen „Sicherheitsfaden" am Boden, zum einen, um nicht von einem größeren Beutetier mitgenommen zu werden, zum andern, um sich blitzschnell zurückziehen zu können. Zum Wohnen, Überwintern und als Schutz beim Häuten und bei der Eiablage weben sich die Springspinnen feine, sackartige Wohngespinste.
Die wichtigsten Gattungen dieser großen Familie sind: *Salticus, Heliophanus, Marpissa, Dendryphantes, Ballus, Bianor, Neon, Euophrys, Sitticus, Evarcha, Synageles, Leptorchestes* und *Myrmarachne.*

Wie bei allen anderen Spinnen auch, werden die Männchen vor den Weibchen geschlechtsreif und machen sich auf die Suche nach einer geeigneten Partnerin. Trifft ein Männchen auf ein vor der letzten Häutung stehendes Weibchen, so bleibt es bei ihm und paart sich mit ihm, sobald sich das Weibchen gehäutet hat. Vor der Paarung wird das Weibchen mit charakteristischen Tänzen umworben. Diese Tänze unterscheiden sich in Einzelheiten je nach Art, gehen aber im allgemeinen folgendermaßen vor sich: Das Männchen richtet sich hoch auf, streckt seine Vorderbeine hoch (die bei den geschlechtsreifen Männchen meist eine Signalfarbe tragen) und winkt mit diesem ersten Beinpaar, indem es sich vor dem Weibchen hin und her bewegt, bis beide Tiere sich Kopf an Kopf gegenüberstehen. Nimmt das Weibchen diese Werbung an, d. h., bleibt es still stehen, dann kommt es zur Paarung. Das Weibchen baut eine übergroße Seidenzelle, in die es seine Eier legt und sie darin bewacht, bis die Jungspinnen schlüpfen, was meist bis zur zweiten Häutung dauert, da die Jungspinnen zuerst fast blind sind und erst nach der zweiten Häutung voll entwickelte Augen haben.

Salticus

Von dieser Gattung sind bei uns 4 Arten bekannt, die alle durch ihre schwarz-weiße, zebraartige Zeichnung auffallen und nicht leicht voneinander zu unterscheiden sind.

Zebraspinne, Harlekinspringspinne, Mauer-Hüpfspinne *(Salticus scenius)*
Weibchen: 6 mm Männchen: 5 mm
Eine der bekanntesten und am leichtesten zu bestimmenden Spinnen der Familie. Die beiden Geschlechter ähneln sich sehr, das Männchen besitzt jedoch ausgeprägt lange Kieferklauen. Grundfärbung schwarz-weiß, wobei die weiße Zeichnung auf dichtstehende, kurze weiße Härchen zurückzuführen ist. Rückenschild schwarz mit einem Fleck aus weißen Schuppenhaaren hinter den vorderen Augen und einem Paar weißer Punkte hinter den hinteren Augen, die sich auch zu einem Fleck ausweiten können. Hinterleib schwarz mit weißem vorderem Rand und 2 Paar schräg zur Mitte hin laufenden weißen Streifen. Manchmal liegen über den Spinnwarzen auch noch weiße Flecken. Beine schwarz, jedoch dicht mit weißen Härchen besetzt, vor allem die Schenkel.
Zebraspinnen halten sich vornehmlich an sonnenbeschienenen Hauswänden, Zäunen, Steinen und Felsen auf und lauern hier auf Fluginsekten, die zum Sonnenbaden hier landen. An nassen, kühlen Tagen ziehen sich die Spinnen in ihren „Wohnsack" zurück.

Salticus cingulatus
Weibchen: 6 mm Männchen: 5 mm
Rückenschild schwarz mit weißen Flecken aus kurzen Schuppenhaaren. Hinterleib ebenfalls schwarz, jedoch so stark mit weißen Härchen besetzt, daß nur eine Reihe dunkler Winkel, die nach hinten zu immer schmäler werden, auffallen. Beine schwarz-weiß geringelt. Beim Männchen ist das Hinterleibsmuster meist nur undeutlich oder gar nicht zu erkennen, seine Kieferklauen sind beinahe so lang wie der gesamte Rückenschild. Diese Art, die leicht mit der vorigen verwechselt werden kann, lebt jedoch vorwiegend unter Baumrinde.

Salticus zebraneus
Weibchen: 4 mm Männchen: 3 mm
Die Männchen und Weibchen dieser Art ähneln sehr stark *S. scenicus,* sind jedoch noch kleiner und in freier Natur nur schwer auszumachen.

Salticus scenicus ♀

Salticus scenicus ♂

Salticus cingulatus ♀

Heliophanus

Von dieser Gattung kann man bei uns 9 Arten finden, die sich jedoch nur schwer unterscheiden lassen. Es handelt sich um dunkle Spinnen, die mit schwarzen Schuppenhaaren besetzt sind, welche einen metallischen Glanz zeigen. Die weißen Schuppenhaare sind nur spärlich auf dem Körper verteilt und bilden einen dünnen Rand um den Hinterleib und ein punktförmiges Muster auf dessen Oberseite. *Heliophanus*-Arten halten sich meist an niederen Pflanzen im Unterholz auf.

Heliophanus cupreus

Weibchen: 6 mm Männchen: 4 mm

Rückenschild schwarz glänzend, mit nur wenigen weißen Schuppenhaaren besetzt. Hinterleib schwarz, metallisch glänzend, mit einem dünnen Rand aus weißlichen Härchen und einem oder zwei Paar weißer Flecken in der hinteren Hälfte. Beine schwarz, manchmal aber auch gelb-braun mit dunklen Streifen. Das Männchen besitzt normalerweise gar keine weißlichen Schuppenhaare und glänzt stärker metallisch.

Heliophanus tribulosus

Weibchen: 6 mm Männchen: 4 mm

Diese Art gleicht auf den ersten Blick *H. cupreus* und unterscheidet sich eigentlich nur durch die Form und die Färbung des Hinterleibes. Dieser ist bei *H. tribulosus* kürzer und breiter und trägt im hinteren Teil zwei helle, aus weißlichen Schuppenhaaren bestehende Flecken, die auch miteinander verschmolzen sein können; oberhalb der Spinnwarzen liegt noch eine kurze helle Linie.

H. tribulosus hält sich bevorzugt auf niederen Pflanzen an sonnigen Stellen auf.

Marpissa

Zu dieser Gattung gehören relativ große, dunkel gefärbte Spinnen mit länglich ovalem Hinterleib. Sie sind stark behaart und fallen durch die kräftige Ausbildung ihres ersten Beinpaares auf.

Marpissa muscosa

Weibchen: 8 mm Männchen: 8 mm

Bei dieser Art gleichen sich die beiden Geschlechter sehr. Die Grundfärbung des Körpers ist dunkelbraun. Der große, breite Rückenschild ist dicht mit hellen, kurzen Härchen besetzt. Der Hinterleib trägt ein helles Mittelband, das in dunklere Flecken oder unterbrochene Linien ausläuft. Die Beine sind dunkelbraun und verschwommen weißlich geringelt. Das ganze Tier ist dicht mit hellen Härchen besetzt, die auch die Muster auf Rückenschild und Hinterleib bilden.

M. muscosa (manchmal auch unter dem Namen *M. rumpfii* bekannt) lebt vor allem an Kiefern. Der Eikokon wird geschützt unter loser Rinde angelegt.

Heliophanus cupreus ♀

Heliophanus tribulosus ♂

Marpissa muscosa ♀

Marpissa radiata

Weibchen: 8–10 mm Männchen: 7 mm

Die Geschlechter ähneln sich in Farbe und Form, abgesehen von dem Größenunterschied. Grundfärbung braun bis hellbraun. Rückenschild dunkelbraun, dicht mit hellen Härchen besetzt. Hinterleib hellbraun mit zwei breiteren dunkelbraunen Seitenstreifen und einem schmalen orangefarbenen Mittelstreifen, ebenfalls mit kurzen hellen Härchen bedeckt. Beine hell- bis blaßbraun, mit langen hellen Haaren. Kommt vorwiegend an feuchten Stellen und an Wasserpflanzen vor.

Marpissa nivoyi

Weibchen: ca. 5 mm Männchen: ca. 4 mm

Kleinste Art der Gattung *Marpissa.* Wurde früher auch *Hyctia nivoyi* genannt. Beide Geschlechter recht ähnlich. Grundfärbung braun bis schwarz. Rükkenschild braun mit zwei Reihen weißlicher, dicht stehender Härchen, zwischen denen fein verteilt weitere helle Härchen stehen, so daß durch die helle Behaarung der Rückenschild auf den ersten Blick schmäler erscheint, als er in Wirklichkeit ist. Hinterleib länglich, braun mit schwarz gestrichelten Seitenlinien, einer teilweise unterbrochenen dunkelbraunen bis schwarzen, feinen Mittellinie, zwischen diesen Linien mit hellen Härchen besetzt. Bei dieser Art fällt besonders das erste vergrößerte Beinpaar auf, da es im Unterschied zu den übrigen drei Beinpaaren dunkelbraun glänzt, während die anderen Beine hellbraun gefärbt sind und eine leichte dunkle Ringelung zeigen. Diese Art kommt vor allem auf Sandboden, auf Dünen und im Marschland vor.

Von den folgenden 6 Gattungen ist nur jeweils eine Art bei uns häufiger und weit verbreitet. Arten dieser Gattungen besitzen kein deutlich kräftigeres 1. Beinpaar, die Beine sind alle fast gleich lang und gleich kräftig. Die Gesamtgestalt ist gedrungen und mehr oder weniger dicht behaart. Eine Bestimmung der einzelnen Arten ist nur unter dem Mikroskop und mit Hilfe spezieller Bestimmungsliteratur möglich.

Dendryphantes rudis

Weibchen: ca. 6 mm Männchen: ca. 5 mm

Geschlechter ähneln sich. Rückenschild schwarz, jedoch dicht mit braunen Schuppenhaaren bedeckt, die einen metallischen Schimmer hervorrufen. Hinterleib ebenfalls metallisch glänzend, im hinteren Teil mit 2 Paar deutlichen weißen Punkten aus weißen Schuppenhaaren. Beine schwarz-braun geringelt, mit vielen kurzen weißen Schuppenhaaren besetzt. Kommt vorwiegend an Zweigen und Stämmen von Nadelbäumen vor. Das Weibchen baut seinen Eikokon zwischen den Nadeln am Zweigende und bewacht ihn, bis die Jungen schlüpfen.

Marpissa radiata ♀ mit Kokon

Marpissa nivoyi ♀

Dendryphantes rudis ♀

Pellenes tripunctatus

Weibchen: 6 mm Männchen: 4–5 mm

Männchen und Weibchen ähnlich, unterscheiden sich auch in der Größe kaum. Grundfärbung schwarz mit hellen Härchen. Rückenschild und Hinterleib fast gleich lang und von gleicher Färbung. Hinterleib mit hellem Mittelstreifen, der im hinteren Teil durch eine weiße Querbinde unterbrochen wird. Beine ebenfalls schwarz und mit vielen kurzen weißen Härchen besetzt. Kommt vorwiegend auf dem Boden oder in niedrigem Gebüsch vor.

Pseudicius encarpatus

Weibchen: 5,5 mm Männchen: 4–5 mm

Männchen und Weibchen etwa gleich groß, jedoch unterschiedlich in der Färbung. Grundfärbung dunkelbraun.

Weibchen: Rückenschild dunkelbraun mit weißlichen Seitenbändern und einem verschwommenen Mittelstreifen. Hinterleib dunkelbraun, an den Seiten und in der Mitte dicht mit weißlichen Härchen besetzt. Die helle Mittelzone auf dem Hinterleibsrücken schließt verschwommene Winkel ein. Beine braun mit dunkler Ringelung und wenigen hellen Härchen.

Männchen: Rückenschild dunkelbraun mit Mittel- und Seitenbändern aus weißlichen Härchen. Hinterleib dunkelbraun mit weiträumigen Seitenbändern aus weißlichen Härchen, Seiten braun (nicht weiß wie beim Weibchen). Diese Art lebt auf niederen Pflanzen, im Moos und unter Baumrinde in Waldgebieten.

Rüßlerspinne *(Ballus depressus)*

Weibchen: 4 mm Männchen: 3 mm

Beide Geschlechter ähnlich, versuchen in Größe, Form und Färbung einen Rüsselkäfer nachzuahmen. Grundfarbe dunkelbraun. Gedrungener Körperbau, Rückenschild fast genauso groß und breit wie Hinterleib. Beine fast gleich lang und gleich kräftig, heller gefärbt als Körper. Rückenschild dunkelbraun, dicht mit blaßbraunen Härchen besetzt. Hinterleib heller braun mit dunklem Mittelband, das im hinteren Teil von einem dunklen Querband gekreuzt wird. Mittelband und Querband werden von dichtstehenden hellen Härchen umsäumt. Beine blaßbraun bis ockerfarben, einige Beinglieder sind dunkel „eingerahmt". Die einzelnen Segmente sind nicht sehr unterschiedlich in ihrer Länge. Lebt in Büschen und auf breitblättrigen Bäumen.

Pellenes tripunctatus
♀

Pseudicius encarpatus
♀

Ballus depressus
♀

Bianor aenescens

Weibchen: 4 mm   Männchen: 3,5 mm

Charakteristisch für diese Art sind das dunkel-metallische Glänzen, das verlängerte und kräftigere erste Beinpaar und die gedrungene Körperform.

Weibchen: Rückenschild fast schwarz mit metallischem Glanz. Leicht mit kurzen hellen Härchen besetzt. Hinterleib gleichmäßig braun oder schwarz, dicht mit seidigen Schuppenhaaren bedeckt. Rückenschild und Hinterleib fast gleich groß. Beim ersten Beinpaar sind die beiden oberen Glieder (Schenkel und Schiene) stark verlängert und verbreitert und auf der Unterseite dicht mit Haaren besetzt.

Männchen: Rückenschild schwarz bis dunkelbraun, metallisch glänzend. Hinterleib sehr dunkel mit Flecken und zwei Querlinien nahe der Mitte aus goldgelben Schuppenhaaren. Beine in den oberen zwei Gliedern dunkel, dann heller werdend. Zweites Glied des ersten Beinpaares dicht mit Härchen besetzt.

Leben zwischen Steinen, im Moos oder zwischen sehr niedrigen Pflanzen, sind jedoch recht selten zu finden.

Neon reticulatus

Weibchen: ca. 3 mm   Männchen: ca. 2,5 mm

Diese Art unterscheidet sich von den anderen Springspinnen-Arten dadurch, daß sie ihre Beute nicht anspringt und daß bei ihr die hinteren Augen deutlich vergrößert sind. Beide Geschlechter ähneln sich. Das Weibchen ist das ganze Jahr über anzutreffen, das Männchen jedoch nur zur Zeit der Paarung im Frühsommer. Die Grundfärbung ist grau bis schwarz, der gedrungene Körper flaumig hell behaart.

Rückenschild braun, im Gesichtsfeld etwas dunkler, wirkt aber eher grau durch die flaumige Behaarung. Hinterleib dunkelgrau bis schwarz, jedoch flaumig mit hellbraunen bis gelben Härchen bedeckt, die eine hell-dunkle Winkelzeichnung erkennen lassen. (Manchmal findet man auch grünlich aussehende Tiere.) Beine blaßbraun, nicht so stark behaart. Beim Männchen ist das erste Beinpaar mit großen dunklen Flecken gezeichnet, die beim Weibchen fehlen.

Diese Art ist in der Bodenstreu zu finden und recht häufig und weit verbreitet.

Bianor aenescens ♂

Neon reticulatus ♀

Euophrys

Diese Gattung ist mit 8 Arten in Europa vertreten. Es handelt sich um mittelgroße bis kleine Spinnen, die vorwiegend unter Steinen oder in niederer Vegetation vorkommen. Bei manchen Arten unterscheiden sich Männchen und Weibchen recht deutlich, bei anderen wiederum ist auf den ersten Blick kein großer Unterschied zu erkennen. Besonders auffällig sind die Männchen von *E. frontalis* und *E. petrensis,* die sehr leicht an ihren orangerot umrandeten Augen und den weiß behaarten Kiefertastern zu erkennen sind (siehe nebenstehende Bilder).

Euophrys frontalis

Weibchen: 3–5 mm Männchen: ca. 3 mm

Bei dieser Art unterscheiden sich die Geschlechter deutlich.

Weibchen: Rückenschild braun mit dunklerer Randlinie, Kopf dunkelbraun oder schwarz, dicht mit hellen Härchen besetzt. Hinterleib länglich, blaßbraun mit schwarzer Fleckzeichnung, in der Mitte der hinteren Körperhälfte sind deutlich vier schwarze Dreiecke zu erkennen. Beine blaßbraun, ohne Zeichnung, spärlich mit dunklen Haaren besetzt.

Männchen: Rückenschild dunkelbraun mit schwarzem Kopf, dünn mit kurzen goldgelben Härchen besetzt. Augen sehr deutlich mit orangeroten Härchen umrandet. Kiefertaster bräunlich mit weißen Haaren besetzt. Beine schwarz mit metallischem Glanz, das letzte Beinglied (Fuß) mit weißen Härchen besetzt.

Euophrys petrensis

Weibchen: 3 mm Männchen: ca. 3 mm

Beide Geschlechter ähneln sich in Farbe und Form sehr, die Männchen sind jedoch an den orangerot umrandeten Augen und den weiß behaarten Kiefertastern deutlich zu erkennen. Rückenschild und Hinterleib bei beiden Geschlechtern dunkelbraun bis schwarz und mit hellen und orangefarbenen Härchen mehr oder weniger dicht besetzt. Auf dem Hinterleib ist undeutlich ein Winkelmuster zu erkennen. Beine schwarz und hellbraun bis orangefarben geringelt. Beim Männchen sind die ersten Beinpaare glänzend schwarz.

Euophrys petrensis ♀

Euophrys frontalis ♀ mit Kokon

Euophrys frontalis ♂

Euophrys petrensis ♂

Euophrys erratica
Weibchen: ca. 4 mm Männchen: ca. 4 mm
Bei dieser Art sind Männchen und Weibchen ganz ähnlich und zudem noch fast gleich groß. Rückenschild schwarz, jedoch dicht mit hellen Härchen besetzt, die nach hinten zu spitz auslaufen. Hinterleib ebenfalls schwarz und mit hellbraunen oder orangefarbenen Haaren besetzt, die nur am hinteren Ende einige undeutliche schwarze Winkel freilassen. Beine dunkelbraun und so mit hellbraunen Härchen besetzt, daß eine hell- und dunkelbraune Ringelung entsteht. Kommt vorwiegend an trockenen Mauern und auf Steinen vor.

Euophrys aequipes
Weibchen: 2–3 mm Männchen: 2 mm
Männchen und Weibchen fast gleich. Rückenschild und Hinterleib von gleicher Größe und gleicher Färbung: Grundfarbe schwarz, jedoch dicht mit hellen, fast gelben, kurzen, dicken Haaren bedeckt, die den Körper sehr hell erscheinen lassen. Beine schwarz und blaßgelb geringelt, weniger behaart als der Körper. Diese Art lebt vorwiegend an sonnigen, steinigen Stellen am Boden und ist vor allem an sonnigen Tagen auf der Jagd zu sehen.

Euophrys lanigera
Weibchen: 4,5 mm Männchen: ca. 4 mm
Diese Art gleicht sehr *E. erratica,* ist jedoch mehr grau-rötlich im Erscheinungsbild, und der Hinterleib ist deutlich runder. Rückenschild und Hinterleib zeigen ein klar erkennbares Muster der hellbraunen Behaarung auf schwarzem Grund. Männchen und Weibchen unterscheiden sich lediglich durch die „Haarfarbe": Beim Männchen sind die kurzen Härchen, die den ganzen Körper bedecken, mehr bräunlich, beim Weibchen eher weißlich. Diese Art kommt häufig in Gebäuden vor, ist aber auch in der näheren Umgebung von Gebäuden zu finden. Das Weibchen ist das ganze Jahr über anzutreffen, die Männchen hauptsächlich im Sommer zur Paarungszeit.

Euophrys erratica ♀

Euophrys aequipes ♂

Euophrys lanigera ♀

Sitticus
Zu dieser Gattung gehören relativ kleine Spinnen mit gedrungenem Körper, einem herzförmigen Hinterleib, der schwarz oder dunkelbraun und weiß gezeichnet ist, und orangefarben umrandeten Augen.
Bei uns sind 4 Arten heimisch, die vor allem anhand ihres Vorkommens, d. h. ihres Lebensraumes, unterschieden werden können. So kommen *S. pubescens* in Häusern und umgebenden Gärten, *S. floricola* in niederer Moorvegetation, *S. rupicola* an Kiesstränden und in felsigem Bergland und *S. caricis* in niederer Vegetation von Sümpfen vor.

Sitticus pubescens
Weibchen: 5 mm Männchen: 4 mm
Bei dieser Art sind die Männchen dunkler gefärbt als die Weibchen, unterscheiden sich sonst aber kaum in der Zeichnung. Rückenschild dunkelbraun bis schwarz, dicht mit weißen Härchen besetzt, die direkt vor den hinteren Augen ein helles Dreieck bilden. Hinterleib ebenfalls dunkelbraun bis schwarz und mit hellen Härchen besetzt, die sich rechts und links der Mittellinie zu paarweisen Punkten anhäufen. Beine dunkel mit schwacher Ringelung aus hellen Härchen.

Sitticus floricola (= S. truncorum)
Weibchen: 5 mm Männchen: 5 mm
Diese Art ähnelt sehr stark der vorigen und kann eigentlich nur durch die verschiedenen Lebensräume (*S. pubescens* Gebäude, *S. floricola* niedere Moorvegetation) unterschieden werden.
Das Weibchen baut seine Eikokons gerne zwischen zusammengesponnenen Rispen vom Wollgras. Bei dieser Art weben oft mehrere Weibchen miteinander die Rispen zusammen und legen ihre Eikokons darin ab, so daß in den Gespinsten oft mehrere dieser säckchenartigen weißen Kokons gefunden werden können. In diesen Säckchen liegen lose eingesponnen die hellgelben Eier – bis zu 30 Stück je Gelege –, die vom Weibchen bewacht werden. Nach dem Schlüpfen der Jungspinnen leben Jungtiere und Weibchen noch einige Zeit zusammen in dem schützenden Säckchen.

Sitticus rupicola
Weibchen: 5–7 mm Männchen: 5 mm
Diese Art zeichnet sich durch ein deutliches Muster auf dem Hinterleib aus: Er ist von weißlich-grauen Härchen umrahmt, wobei die Seiten fast weiß erscheinen, auf der Mittellinie liegen eine Anzahl schwer erkennbarer Winkel, die Hinterleibsmitte trägt beidseitig der Mittellinie zwei große weiße Flecken.

Sitticus caricis
Weibchen: 3–4 mm Männchen: 3 mm
Männchen und Weibchen ähnlich, wobei das Männchen weiße Flecken auf dem Hinterleib trägt. Rückenschild und Hinterleib dunkelbraun bis schwarz und dicht mit orangefarbenen oder weißlichen Härchen besetzt, die eine purpurbraune Färbung hervorrufen, ohne deutliche Zeichnung. Beine purpurfarben mit schmaler heller Ringelung, ebenfalls mit Härchen bedeckt.

Sitticus pubescens ♀

Sitticus rupicola ♀

Sitticus caricis ♀

Sitticulus saltator

Weibchen: 2,5–4 mm Männchen: 2–3 mm

Diese Art wird von manchen Autoren auch als *Attulus saltator* bezeichnet. Die Spinne ist in der Zeichnung den Spinnen der Gattung *Sitticus* sehr ähnlich, ist jedoch kleiner und unterscheidet sich durch ihr langes letztes Beinpaar. Männchen und Weibchen sind sehr ähnlich gezeichnet. Rückenschild fast viereckig und größer als der Hinterleib, schwarz glänzend mit weißen Härchen umrandet und mit einer unterbrochenen Mittellinie aus weißen Härchen. Hinterleib schwarz mit weiß behaarten Seiten, im vorderen Teil einem hellen Querband, zwei großen weißen Flecken am hinteren Ende und einem weißen Feld über den Spinnwarzen. Beine schwarz, jedoch dicht mit weißen Härchen besetzt. Das 4. Beinpaar ist deutlich länger als die anderen drei Beinpaare. Beim Männchen sind Schiene und Mittelfuß dunkler gefärbt als beim Weibchen.

Diese Art lebt hauptsächlich an sandigen Stellen im Küstengebiet und ist vor allem im Frühjahr und Herbst anzutreffen.

Philaeus chrysops

Weibchen: 7–12 mm Männchen: 7–12 mm

In der Größe sehr variable Art, bei der sich die beiden Geschlechter deutlich unterscheiden. Das Männchen besitzt eine so markante Zeichnung, daß es mit keiner anderen Art verwechselt werden kann.

Weibchen: in der Grundfärbung dunkelbraun bis schwarz, Beine und Rükkenschild dicht mit weißen Härchen besetzt. Rückenschild und Hinterleib fast gleich groß. Rückenschild schwarz mit weißen Härchen, Hinterleib braun, mit breitem schwarzem Mittelstreifen, der nach hinten spitz zuläuft und hellbraun gerandet ist. Beine schwarz mit hellen Härchen besetzt.

Männchen: mit auffallender Zeichnung. Rückenschild größer als Hinterleib, schwarz mit kurzen hellen Härchen besetzt. Hinterleib hellrot oder gelb, schmal und spitz auslaufend, mit schwarzem, spitz auslaufendem Mittelband. Beine schwarz, jedoch mit weißen, hellbraunen und goldfarbenen Härchen dicht besetzt, Kiefertaster dicht mit weißen Härchen bedeckt. Augen goldfarben.

Ist vorwiegend im Sommer an sonnigen Hängen zwischen Steinen und im Gras zu sehen.

Evarcha

Zu dieser Gattung gehören mittelgroße Spinnen mit stark behaartem Körper, ovalem, spitz auslaufendem Hinterleib, fast vierkantigem Rückenschild und kräftigen, ebenfalls stark behaarten Beinen. Die schwarzen, glänzenden hinteren Mittelaugen sind trotz starker Behaarung deutlich zu erkennen.

Sitticulus saltator ♀

Philaeus chrysops ♀

Philaeus chrysops ♂

Evarcha falcata
Weibchen: 7 mm Männchen: 5 mm
Beide Geschlechter in der Zeichnung deutlich unterschieden.
Weibchen: mit schwarzer Grundfärbung. Rückenschild schwarz mit metallisch glänzendem Kopf, hinterer Teil mit braunen Haaren bedeckt, die eine bogenförmige Zeichnung ergeben. Hinterleib schwarz, jedoch durch die dichte braune Behaarung braun erscheinend. Die Behaarung läßt manchmal an den Seiten schwarze Flecken frei. Beine dunkelbraun bis schwarz mit weißlichen und braunen Härchen besetzt.
Männchen: Rückenschild schwarz mit braunen Haaren besetzt, die aber bei ihm den Kopfteil dicht bedecken, Seiten dicht mit weißen und hellbraunen Härchen bedeckt. Hinterleib dunkelbraun bis schwarz, in der Mitte mit ovaler, zugespitzter brauner Behaarung, Seiten ebenfalls weiß und hellbraun behaart. Beine kräftig und dick mit hellbraunen und weißlichen Härchen bedeckt. Diese Art kommt vorwiegend in niederer Vegetation in Wäldern vor, aber auch auf Heideland.

Evarcha arcuata
Weibchen: 7 mm Männchen: 5–6 mm
Weibchen: Rückenschild schwarz-braun, am Kopf metallisch glänzend, am Brustteil und am Vorderrand mit hellen Härchen besetzt. Hinterleib schwarz-braun, mit hellen Härchen besetzt, die einen kurzen dunklen Mittelstreif und davon ausgehend dunkle Schrägstreifen freilassen. Beine ebenfalls dunkel und mit hellen Härchen bedeckt.
Männchen: Grundfärbung ebenfalls schwarz-braun, jedoch weniger mit hellen Härchen bedeckt, daher viel dunkler erscheinend und metallisch glänzend. Nur der Vorderrand des Rückenschildes ist dicht mit weißlichen Härchen besetzt. Lebt an Gräsern und Heidekraut und kommt vorwiegend in Heidegebieten vor.

Evarcha arcuata ♀

Evarcha falcata ♀

Evarcha falcata ♂

Evarcha arcuata ♂

Aelurillus v-insignitus
Weibchen: 7 mm Männchen: 4–5 mm
Diese Art besitzt eine sehr gut tarnende Körperzeichnung, ist recht klein und von gedrungenem Körperbau, so daß sie in ihrer natürlichen Umgebung – kahle, sandige Stellen, mit Flechten bewachsene Steine – nur sehr schwer auszumachen ist. Männchen und Weibchen unterscheiden sich deutlich voneinander.
Weibchen: Grundfärbung dunkelbraun bis schwarz, jedoch dicht mit graubraunen Härchen bedeckt. Rückenschild schwarz, mit graubraunen Härchen bedeckt, die unter den vorderen Seitenaugen helle Flecken erzeugen. Hinterleib ebenfalls dicht mit graubraunen Härchen bedeckt, die manchmal zwei gestrichelte Linien links und rechts der Mitte bilden. Beine schwarz- und graubraun geringelt.
Männchen: Grundfärbung schwarz, mit hellbraunen Härchen bedeckt, die auf Rückenschild und Hinterleib mehr oder weniger deutliche Muster bilden. Rückenschild mit zwei V-förmigen braunen Markierungen hinter den hinteren Mittelaugen und einem dicht braun behaarten Brustteil. Kiefertaster dicht hellbraun bis gelbbraun behaart. Hinterleib schwarz mit hellbraunem Mittelstreifen, Seiten schwach braun behaart. Beine nicht deutlich geringelt.

Phlegra fasciata
Weibchen: 7 mm Männchen: 6 mm
Beide Geschlechter ähneln sich sehr in der Ausfärbung und in der typischen hell-dunkel gestreiften Zeichnung. Grundfarbe schwarz, Körper mit hellbraunen bis weißlichen Härchen besetzt. Rückenschild schwarz glänzend mit hellbraunen Rändern und zwei hellbraunen Streifen, die von den Hinteraugen ausgehen. Hinterleib schwarz mit einem hellbraunen, gezackten Mittelstreifen und hellbraunen Seitenbändern. Beine hellbraun und schwarz geringelt. Kommt zwischen niederer Vegetation und besonders gern an sonnigen, sandigen Stellen vor und ist zwischen dem Bodenstreu aufgrund der Streifenzeichnung, die die Körperform auflöst, gut getarnt.

Ameisennachahmende Springspinnen

Bei den Spinnen gibt es sehr viele Arten, die im Aussehen – und oft auch in der Bewegung – Ameisen nachahmen. Man nimmt an, daß diese Nachahmung vor Freßfeinden schützen soll, denn Ameisen werden, abgesehen von einigen Spezialisten, nicht gerne als Nahrung aufgenommen. Da die Ameisennachahmer sich meist in den gleichen Lebensräumen wie ihre „Vorbilder" aufhalten und oft mit ihnen gesellig zusammenleben, sind sie auch für das menschliche Auge kaum auseinanderzuhalten. Ameisen besitzen zwar nur 3 Beinpaare (Spinnen 4), dafür aber extrem lange Antennen, so daß die Ameisennachahmer meist ihr erstes Beinpaar verkürzt haben und nicht mehr zum Laufen benützen, sondern in „Antennen-Manier" nach vorne wegstrekken. In Anpassung an die Körperform der Ameisen ist der Hinterleibsstiel deutlich zu erkennen, der Hinterleib selbst entweder eingeschnürt oder so gezeichnet, daß eine optische Verengung entsteht.
Daß die Überlebenschancen der ameisennachahmenden Spinnen deutlich

Aelurillus v-insignitus ♀

Aelurillus v-insignitus ♂

Phlegra fasciata ♀

größer ist als die anderer Spinnen, ist daraus ersichtlich, daß Ameisennachahmer nur 2–3 Eier legen, um die Art zu erhalten.

Ameisenspinne *(Synageles venator)*
Weibchen: ca. 4 mm Männchen: 3 mm
Sehr kleine Spinnen, Männchen und Weibchen fast gleich aussehend. Grundfärbung schwarz. Hinter den hinteren Mittelaugen und auf der Hinterleibsmitte liegt ein helles Querband aus kurzen Härchen. Beine dünn, blaßbraun mit schwarzen Längslinien. Erstes Beinpaar dunkler und gedrungener, wird meist nach vorne hochgehoben und nicht zum Laufen benützt. Lebt gesellig zwischen Ameisen in niederer Vegetation, an Stämmen und Mauern, auf Sandhügeln.

Leptorchestes cinctus
Weibchen: 7 mm Männchen: 6 mm
Beide Geschlechter ähnlich. Grundfärbung schwarz glänzend, mit deutlich erkennbarem Hinterleibsstiel und einer weißen Fleckenzeichnung auf dem Hinterleibsrücken, die eine Einschnürung vortäuscht. Beine dünn und bis auf das erste Beinpaar vollkommen schwarz. Erstes Beinpaar nach vorne gestreckt und nur die oberen beiden Glieder schwarz gefärbt, danach heller werdend. Lebt an sonnigen Mauern, unter Rinde, in Feld und Garten.

Ameisenspringspinne *(Myrmarachne formicaria)*
Weibchen: 6 mm Männchen: 6 mm
Beide Geschlechter fast gleich, mit der Ausnahme, daß die Kieferklauen beim Männchen enorm vergrößert und oberseits abgeflacht sind. Diese Vergrößerung bewirkt eine Verlängerung des Körpers um ca. 30%. Grundfärbung schwarz und hellbraun. Der Rückenschild ist deutlich in einen schwarzen Kopfteil und einen hellbraunen Brustteil gegliedert, auch der Hinterleib ist aufgrund seiner Färbung zweigeteilt: vorderer Teil hellbraun, hinterer Teil schwarz; beim Weibchen sind diese beiden Teile durch eine helle Haarzone gegliedert, die eine Verengung andeuten soll. Beine hellbraun mit schwarzen Streifen. Diese Art hält sich vorwiegend an sonnigen Grashängen auf.

Myrmarachne formicaria ♀

Synageles venator ♂

Leptorchestes cinctus ♂

Myrmarachne formicaria ♂

Scharfaugen- oder Luchsspinnen (Oxyopidae)

Diese Familie umfaßt ca. 300 Arten, von denen sehr viele in den Tropen vorkommen; in Europa sind nur 3 Arten heimisch. Scharfaugenspinnen haben ihre 8 Augen in 4 Querreihen angeordnet (siehe Zeichnung) und besitzen mit langen Stacheln bedeckte Beine. Ihre Grundfärbung ist rotbraun, der Körper ist musterartig mit weißen Härchen bedeckt. In ihrer Lebensweise (Beutefang, Balzverhalten, Sehvermögen) ähneln die Vertreter dieser Familie den Springspinnen und den Wolfsspinnen. Sie sind tagaktiv, weben keine Fangnetze, sondern erjagen ihre Beute im Sprung. Ihr Sehvermögen ist außerordentlich gut. Sie leben vorwiegend in niederer Vegetation auf warmem, offenem Gelände. Die Weibchen legen ihre kugelförmigen, weißseidenen Eikokons meist an der Spitze und in den äußeren Verzweigungen von Pflanzen an. Die Spinnen erreichen ihre Geschlechtsreife innerhalb von 2 Jahren.

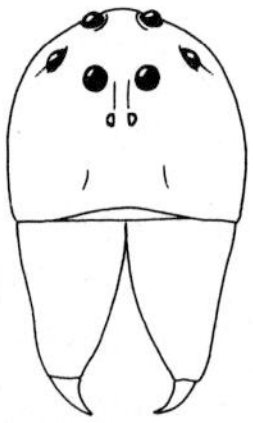

Augenstellung von vorn

Oxyopes heterophthalmus

Weibchen: 5–7 mm Männchen: 5–7 mm

Männchen und Weibchen unterscheiden sich im Aussehen kaum. Die Grundfärbung ist dunkelbraun. Rückenschild und Hinterleib sind weiß und braun gezeichnet. Der Rückenschild besitzt zwei auseinandergehende braune Mittelbänder, die hinter dem Kopf beginnen und von einer dünnen weißen Behaarung umgeben sind. Der Hinterleib besitzt ein auffallendes Herzmal (beim Weibchen braun, beim Männchen schwarz), das ebenfalls von einem weißen Saum umgeben ist, der sich bis zu den Spinnwarzen erstreckt. Um diesen Saum liegt ein braunes Band, das über den Spinnwarzen zusammenläuft. Die Beine sind schwarz und mit kurzen hellen Härchen bedeckt, zwischen denen lange schwarze Stacheln stehen. Man trifft diese Art vorwiegend im Frühsommer auf Heidekraut an.

Oxyopes lineatus

Weibchen: ca. 6 mm Männchen: 4–5 mm

Beide Geschlechter ungefähr gleich gefärbt und ähnlich in der Zeichnung wie *O. heterophthalmus,* jedoch viel blasser in den Farben. Rückenschild hellbraun mit weißen Mittelbändern, die bis dicht an die Seitenaugen verlaufen. Ränder gelblich und ohne Behaarung. Beim Männchen sind die Bänder schwarz gesäumt. Hinterleib undeutlicher und heller gezeichnet als bei *O. heterophthalmus,* mit schrägen, dünnen Seitenbändern und breitem Mittelband. Beine sehr blaß, wenig behaart, jedoch mit langen schwarzen Stacheln. Kommt im Sommer an niederen Pflanzen, im Gebüsch und niederen Bäumen vor.

Oxyopes ramosus

Weibchen: 6–10 mm Männchen: 6 mm

Beide Geschlechter ähnlich gezeichnet. Rückenschild rötlichbraun mit zwei fast parallel laufenden weißen Mittelbändern, die hinter dem Kopf in Flecke zerfallen. Hinterleib rötlichbraun, mit blasserem, breitem Mittelband und 3–4 Schrägstreifen. Beine dunkelbraun. Kommt vorwiegend in sonnigen Waldgebieten und auf Heidekraut vor.

Oxyopes heterophthalmus ♀ mit Kokon

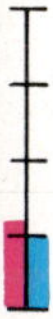

Oxyopes lineatus mit Kokon

Wolfsspinnen (Lycosidae)

Diese Familie ist weltweit verbreitet und umfaßt ca. 2500 verschiedene Arten, von denen bei uns ca. 70 heimisch sind. Die Wolfsspinnen sind an ihrer typischen Augenstellung zu erkennen: Die 8 Augen stehen in 3 Querreihen

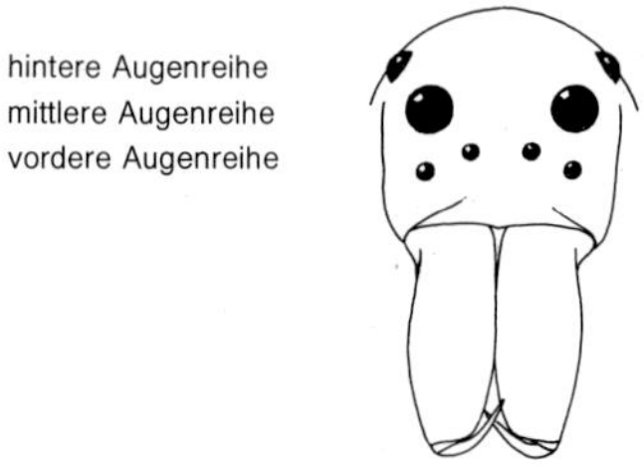

Augenstellung von vorn

Augenstellung von oben

(siehe Zeichnung). Sie besitzen außerdem lange, starke Beine, sind meist dunkel gefärbt und besitzen einen länglich-ovalen, nach hinten schmaler werdenden, stark gewölbten Vorderkörper. Eine sichere Artbestimmung ist jedoch nur unter dem Mikroskop anhand der Geschlechtsteile möglich.

Wolfsspinnen kommen vorwiegend am Boden in niederem Pflanzenwuchs oder zwischen Bodenstreu und Steinen vor. Größere Arten (z.B. *Arctosa, Trochosa, Tarentula*) bauen sich Erdröhren, die ihnen als Unterschlupf dienen. Diese Arten jagen meist nicht mehr frei umher, sondern lauern vor ihrer Wohnröhre auf Beute. Diese Wohnröhre wird zum Überwintern, bei der Eiablage oder vor der Häutung zum Schutz mit einem feinen Seidengespinst verschlossen. In der Regel führen die Wolfsspinnen jedoch ein umherstreifendes Leben, besitzen also meist keinen festen „Wohnsitz", man konnte jedoch beobachten, daß sie ein bestimmtes Territorium zum Jagen besitzen. Sie bauen keine Netze, sondern erbeuten ihre Opfer unter vorsichtigem Anschleichen im Sprung.

Die Paarung wird durch eine Werbung eingeleitet, die sich von Art zu Art unterscheidet, im wesentlichen jedoch aus einem Erzittern der Vorderbeine und einem gleichzeitigen ruckartigen Anheben der Kiefertaster besteht. Mit ebenfalls zitterndem Hinterleib nähert sich das Männchen langsam dem Weibchen. Die auserwählte Partnerin geht jedoch nicht sofort auf diese Werbung ein, führt im Gegenteil noch „Scheinangriffe" aus. Nach einigem Hin und Her wird die ausdauernde Werbung jedoch erhört, das Männchen streichelt kurz die Beine des Weibchens und paart sich dann mit ihm. Die Paarungsdauer ist ebenfalls von Art zu Art verschieden lang und kann beträchtliche Zeit dauern. Nach einigen Wochen beginnt das Weibchen mit dem Bau des linsenförmigen Kokons. Es webt eine dünne Seidenlage, legt darauf seine 30–100 Eier ab, spinnt darüber eine weitere Lage Seide und verbindet diese mit der unteren Lage. Wenn die Eier sicher verpackt sind, hält das Weibchen das Bündel

zwischen seinem dritten Beinpaar und den Kieferklauen und dreht es hin und her, wobei es immer mehr Lagen Seide auflegt. Der Kokon ist je nach Art unterschiedlich gefärbt: weiß, grau, bräunlich, grünlich. Die Wolfsspinnen-Weibchen zeichnen sich durch eine außergewöhnliche Brutpflege aus: Wenn die Eier sicher verpackt sind, setzen sich die Weibchen entweder auf den Kokon und bewachen ihn, oder aber – und das kommt viel öfter vor – sie heften den Kokon an ihren Spinnwarzen fest und tragen ihn so lange mit sich herum, bis die Jungen ausschlüpfen. Dieses Herumtragen des Kokons hat auch den Vorteil, daß die Spinnenmütter immer einen warmen, sonnigen Platz aufsuchen, so daß sich die Jungspinnen schneller entwickeln können. Bevor die Spinnen aus dem Ei schlüpfen, lockert das Weibchen den Kokon etwas, um mehr Platz zu schaffen. Nach dem Schlüpfen bleiben die Jungspinnen noch einige Zeit im schützenden Kokon und machen noch ein bis zwei Häutungen durch. Meist trägt die Mutter den Kokon 4–6 Wochen mit sich herum. Sobald die Jungspinnen den Kokon verlassen, wirft das Weibchen die leere Hülle ab. Die Jungspinnen verlassen jetzt aber nicht etwa ihre Mutter, sondern klettern mit mütterlicher Hilfe auf den Rücken des Weibchens und lassen sich noch ca. 1 Woche herumtragen und beschützen, erst dann verlassen sie die mütterliche Geborgenheit und beginnen ihr eigenes Leben.
Die Wolfsspinnen werden in folgende Gattungen eingeteilt:
Aulonia, Pirata, Arctosa, Trochosa, Alopecosa, Xerolycosa, Hygrolycosa, Pardosa, Tricca und *Acantholycosa.*

Eigentliche Wolfsspinnen *(Pardosa)*

Von den 10 Gattungen der Familie Wolfsspinnen sind die *Pardosa*-Arten (bei manchen Autoren wird diese Gattung auch *Lycosa* genannt) am häufigsten und am weitesten verbreitet. Im Gegensatz zu anderen Spinnen werden die Vertreter dieser Gattung oft zu sehr vielen gemeinsam angetroffen – obwohl ihre Geselligkeit nichts mit einem sozialen Verhalten zu tun hat. Gleich große Tiere werden akzeptiert, Jungspinnen der eigenen Art jedoch gefressen. Da sich die Jungspinnen aber vor allem im Bodenstreu aufhalten, erwachsene Spinnen dagegen meist über die Streuschicht laufen, wird die Gefahr des Gefressenwerdens vermindert.
Die Arten der Gattung *Pardosa* sind meist dunkelgrau, braun oder schwarz gefärbt und besitzen oft deutlich längere Hinterbeine. Alle *Pardosa*-Arten (bei uns sind ca. 26 heimisch) werden im zeitigen Frühjahr geschlechtsreif. Man kann die Tiere dann oft beim Sonnenbaden beobachten: Sie klettern auf Pflanzen bis in 10 cm Höhe und nehmen eine seltsame Haltung ein: Die ersten drei Beinpaare werden nach vorne gebogen, so daß der Kopf auf ihnen zu ruhen scheint. Das vierte Beinpaar wird nach hinten ausgestreckt, und die Krallen halten sich an der Pflanze fest. Manchmal genießen die Tiere das Sonnenbaden so sehr, daß man sie schon berühren muß, ehe sie davoneilen. Nach der Paarung verschwinden die Männchen nach und nach, die Weibchen halten sich jedoch meist gesellig an sonnenbeschienenen Plätzen auf, an denen sie sich mit ihrem grünlich gefärbten Eikokon aufwärmen.
Bei einigen Arten gibt es sehr große Unterschiede in der Ausfärbung und Zeichnung der Geschlechter. Meist sind da die Männchen sehr dunkel und

weniger kontrastreich gezeichnet. Die Weibchen der einzelnen Arten können in der Hauptsache an der Zeichnung ihres Rückenschildes unterschieden werden.
Zu dieser Gattung gehört auch eine Art, die auf dem Wasser laufen kann (siehe *P. amentata,* Seite 172).

Pardosa agricola

Weibchen: 7 mm Männchen: 6 mm

Beide Geschlechter unterscheiden sich in der Ausfärbung deutlich voneinander.
Weibchen: Grundfärbung dunkel- bis hellgrau. Rückenschild viel kleiner als Hinterleib mit deutlicher Zeichnung. Oberseite des Rückenschildes dunkelgrau bis schwarz mit hellem, unregelmäßig breitem Mittelband, deutlich unterbrochenen hellen Seitenbändern und heller Einfassung. Hinterleib dunkelgrau mit breitem hellem Mittelband, das sich über die ganze Hinterleibslänge erstreckt und von hellen Punkten flankiert wird, die Bauchseite ist mit hellgrauem Flaum bedeckt. Die Beine des Weibchens sind deutlich hell- und dunkelgrau bis fast schwarz geringelt. Das ganze Tier ist mit kurzen hellgrauen bis braungrauen Härchen bedeckt, die Beine tragen längere Stachelhaare.
Männchen: Grundfärbung fast schwarz mit undeutlicher Zeichnung auf Rückenschild und Hinterleib. Rückenschild und Hinterleib fast gleich groß, sehr auffällig die großen Kieferklauen. Beine mit dunkler Ringelung.
Diese Art lebt vorwiegend auf Sandbänken an Flüssen und Seen, auf Sandboden und manchmal auch zwischen niederer Vegetation.

Pardosa agricola f. *arenicola*

Weibchen: 7 mm Männchen: 5 mm

P. agricola f. *arenicola* unterscheidet sich von *P. agricola* nur wenig in der Ausfärbung beider Geschlechter. Das Männchen ist im ganzen wieder viel dunkler gefärbt, die Zeichnung daher weniger deutlich. Weibchen: Rückenschild mit dünnem hellem Mittelband, das nach vorne zu in eine gepunktete Linie ausläuft, Seitenbänder hell und unterbrochen. Hinterleib ähnelt sehr stark der vorigen Art, die flankierenden hellen Punkte sind jedoch nur ganz undeutlich zu erkennen. Beine hell-dunkel geringelt.
Das Männchen ist fast schwarz gefärbt, auf dem Rückenschild und dem Hinterleib ist das helle Mittelband nur undeutlich zu erkennen. Das ganze Tier ist mit kurzen hellbraunen bis hellgrauen Härchen bedeckt. Hinterleib und Rükkenschild sind fast gleich groß, die dunklen, flaumig behaarten Kieferklauen fallen auch bei *P. agricola* f. *arenicola* besonders auf.
Auch diese Unterart ist in sandigen Gebieten, vor allem jedoch in den Dünen und an Kiesstränden zu finden, wo vor allem das Weibchen durch seine Zeichnung gut getarnt ist.

Pardosa agricola ♀

Pardosa agricola ♂

Pardosa purbeckensis

Weibchen: 8 mm Männchen: 6 mm

Männchen und Weibchen unterscheiden sich in der Hauptsache durch die Zeichnung und Färbung der Beine.

Grundfärbung graubraun bis schwarz. Rückenschild kürzer und schmaler als Hinterleib. Färbung des Rückenschildes schwarzbraun mit deutlichem, schmalem, hellem Mittelstreif und hellen Seitenrändern. Hinterleib ebenfalls dunkelbraun bis schwarzbraun, in der vorderen Hälfte setzt sich der helle Mittelstreifen des Rückenschildes fort, die hintere Hälfte ist dicht mit hellbraunen Härchen bedeckt, so daß diese Hälfte heller aussieht als die vordere. Auf dem Hinterleibsende manchmal noch rechts und links der Mitte paarweise kleine weiße Punkte. Beine dunkel mit hellen Härchen und langen dunklen Stachelhaaren besetzt. Beim Männchen sind nur die Schenkel dunkelbraun bis schwarz gefärbt, die anderen Beinglieder sind blaß und zeichnungslos. Die Füße und Zwischenfüße des ersten Beinpaares besitzen viele feine lange Härchen. Diese Art kommt nur an Stränden und Gezeitentümpeln vor, an denen auch niederer Pflanzenwuchs besteht.

Pardosa monticola

Weibchen: 6 mm Männchen: 5 mm

Beide Geschlechter unterscheiden sich wieder durch die hellere Färbung und deutlichere Zeichnung des Weibchens. Bei dieser Art ist der Rückenschild breiter und manchmal auch länger als der Hinterleib. Weibchen: Grundfärbung hellbraun und dunkelbraun. Rückenschild dunkelbraun mit fast weißem, schmalem Mittelstreifen und fast weißen Seitenstreifen. Kopfteil durch die helle Behaarung deutlich heller aussehend. Hinterleib sehr variabel in der Zeichnung, hellbraun in der Grundfärbung, meist mit einem deutlichen hellen, nach hinten zugespitzten Herzmal und zwei seitlichen, nach hinten zu aufeinanderzulaufenden schmalen, dunkelbraunen Streifen, auf denen fast weiße Pünktchen liegen. Seiten hellbraun und flaumig behaart. Beine blaßbraun mit schwacher hellerer und dunklerer Zeichnung, mit schwarzen Stachelhaaren und hellen Flaumhärchen besetzt.

Männchen: Rückenschild und Hinterleib schwarz mit helleren Mittelbändern, seitliche Zeichnungen oft fehlend. Beine dunkel, Zeichnung nur undeutlich zu erkennen. Kommt vor allem in Mittelgebirgen an sonnigen Grasflächen vor.

Pardosa palustris

Weibchen: 6 mm Männchen: 5 mm

Diese Art unterscheidet sich von der vorigen in der Hauptsache durch die Größe des Rückenschildes. Während bei *P. monticola* der Rückenschild breiter und länger als der Hinterleib ist, ist der Rückenschild bei *P. palustris* schmaler und kürzer als der Hinterleib. In Färbung und Zeichnung ähneln sich beide Arten sehr stark, vor allem die Männchen sind kaum auseinanderzuhalten. Bei *P. palustris* ist die Gesamtfärbung jedoch dunkler und intensiver.

Pardosa purbeckensis ♀

Pardosa monticola ♀

Pardosa palustris ♀

Pardosa bifasciata
Weibchen: 6 mm Männchen: 5 mm
Diese Art besitzt einen schmalen, langgestreckten Rückenschild, der durch seine Zeichnung oft noch schmaler und länger erscheint, und einen langgestreckten Hinterleib. Auch hier ist das Männchen dunkler gefärbt und undeutlicher gezeichnet. Der dunkelbraune bis schwarze Rückenschild besitzt 3 fast parallel verlaufende helle Bänder, ein Mittelband und zwei Seitenbänder. In der ersten Hälfte des Hinterleibes ist mehr oder weniger deutlich ein helles, dunkel umrandetes Herzmal zu sehen. Von diesem Herzmal geht fast in Hinterleibsmitte eine helle Rückenmarkierung bis zu den Spinnwarzen, die Seiten und der Bauch sind mit kurzen hellen Härchen bedeckt. Die Beine sind braun, fast ohne Zeichnung und mit weißen Flaumhärchen und dunklen Stachelhaaren besetzt. Diese Art hält sich gerne an offenen, sonnigen Plätzen zwischen Sand und Steinen auf.

Pardosa pullata
Weibchen: 6 mm Männchen: 4,5 mm
Weibchen und Männchen schwarz bis dunkelbraun, fast ohne Zeichnung. Das Männchen besitzt oft ein hellbraunes Mittelband auf dem Rückenschild und ein kleines hellbraunes Herzmal auf dem Hinterleib. Die Beine sind blaßbraun und mit deutlichen dunklen Haaren besetzt. *P. pullata* hält sich auf Wiesen und feuchtem Waldboden auf, ist auch oft in Gärten anzutreffen.

Pardosa prativaga
Weibchen: 6 mm Männchen: 5 mm
Diese Art unterscheidet sich von *P. pullata* durch eine deutliche hell-dunkle Ringelung der Beine, die bei beiden Geschlechtern auftritt. Gelegentlich kann man auf dem Hinterleib kleine weiße Pünktchen erkennen. Die Art ist weit verbreitet und lebt am Waldboden, in Wiesen und Gärten. *P. fulvipes* wird manchmal als Varietät dieser Art betrachtet, besitzt aber nur undeutlich geringelte Beine und eine klare Zeichnung heller Schrägstreifen auf dem Hinterleib.

Pardosa prativaga ♂

Pardosa bifasciata ♀

Pardosa pullata ♂

Pardosa fulvipes ♀

Pardosa sphagnicola
Weibchen: 6 mm Männchen: 5 mm
Diese Art gleicht ebenfalls *P. pullata* in Größe und Zeichnung. Die Seiten von Rückenschild und Hinterleib und die oberen Beinglieder sind jedoch dicht mit silberweißen Härchen bedeckt, wodurch diese Art leicht zu unterscheiden ist. *P. sphagnicola* lebt – wie der Name schon andeutet – auf feuchten, moosigen Plätzen und ist vor allem im Frühjahr und Frühsommer anzutreffen.

Pardosa amentata
Weibchen: 8 mm Männchen: 6 mm
Diese Art unterscheidet sich von allen *Pardosa*-Arten dadurch, daß ihre Vertreter in der Lage sind, auf dem Wasser zu laufen, der Körper steht hochaufgerichtet über der Wasseroberfläche, nur die untersten Beinglieder (Tarsen) drücken sich ganz leicht in die Wasseroberfläche ein. Die braun-schwarz gefärbten Tiere halten sich gerne in Ufernähe und an feuchten Plätzen auf. Das Männchen ist wieder einmal viel dunkler gefärbt als das Weibchen und fällt hauptsächlich durch seine schwarzen Kieferklauen auf. Der Rückenschild ist dunkelbraun bis schwarz und besitzt ein helles, unregelmäßig breites Mittelband, das sich nach vorne hin erweitert. Die hellen Seitenbänder erscheinen ausgefranst und reichen nicht bis zum Rand des Schildes. Der dunkelbraune Hinterleib ist von braunen Härchen bedeckt, die eine unklare Zeichnung bilden. Meist erkennt man je eine Reihe weißer Punkte rechts und links der Mittellinie. Die Beine sind undeutlich hell-dunkel geringelt und mit kurzen braunen Härchen und längeren schwarzen Stachelhaaren besetzt.

Pardosa nigriceps
Weibchen: 6 mm Männchen: 5 mm
Diese Art kommt auf Grasflächen und in Heidegebieten vor, fällt aber dadurch auf, daß sie oft bis in 1 m Höhe über dem Erdboden angetroffen werden kann. Die Grundfärbung beider Geschlechter ist dunkelbraun bis schwarz mit hellerer Zeichnung.
Weibchen: Rückenschild dunkelbraun mit breiten hellen Seitenbändern und

Pardosa nigriceps ♀

Pardosa sphagnicola ♂

Pardosa amentata ♀ mit Kokon

Pardosa nigriceps ♂

einem hellen Mittelband, das in das Herzmal des Hinterleibes ausläuft und sich vorne bis zu den Hinteraugen erweitert. Hinterleib dunkelbraun mit hellem Herzmal und anschließender heller Punktierung. Beine braun, fast ohne Zeichnung, jedoch mit hellen Härchen und dunklen Stachelhaaren.
Männchen: dunkler in der Grundfärbung, Zeichnung undeutlicher, jedoch am Kopf und an den Seiten mit weißen, flaumigen Härchen bedeckt. Kiefertaster dicht mit kurzen schwarzen Härchen besetzt und daher recht groß aussehend.

Pardosa lugubris

Weibchen: 6 mm Männchen: 5 mm

Männchen wiederum dunkler gefärbt als Weibchen. Bei dieser Art ist der Rückenschild fast breiter als der Hinterleib.
Weibchen: Grundfärbung dunkelbraun, mit hellbraunen Härchen bedeckt, die eine typische Zeichnung ergeben. Rückenschild mit breitem hellbraunem Mittelstreifen, der sich nach vorne zu erweitert, Seitenbänder nur ganz schmal und undeutlich zu erkennen. Hinterleib mit hellbraunen Haaren in undeutlicher Fleckenzeichnung besetzt. Beine helldunkel geringelt, besonders deutliche Ringelung in den oberen Beingliedern. Beim Männchen sind die feinen Härchen fast weiß, die Grundfarbe ist schwarz, so daß die Bänder deutlicher zur Geltung kommen als beim Weibchen. Die Beine jedoch nicht geringelt, sondern mit schwarzen Schenkeln, alle übrigen Beinglieder blaßbraun. Lebt vorwiegend im Bodenlaub, an Waldrändern und sonnigen Lichtungen.

Pardosa hortensis

Weibchen: 6 mm Männchen: 4 mm

Männchen unterscheidet sich vom Weibchen durch dunkleren Körper und undeutlichere Zeichnung und hellere Beine.
Das Weibchen ähnelt sehr dem Weibchen von *P. amentata,* ist jedoch in der Grundfärbung etwas heller. Rückenschild graubraun, mehrfach eingeschnürt und dunkel umrahmt. Seitenbänder nur verschwommen sichtbar. Hinterleib graubraun, dicht mit hellen Härchen bedeckt, die ein kurzes Herzmuster bilden und im hinteren Teil zwei Reihen dunkler Punkte freilassen. Beine mit unregelmäßiger hell-dunkler Ringelung. Hält sich häufig im südlichen Europa auf und lebt hier an hellen Waldlichtungen, in Gärten und Weinbergen.

Pardosa proxima

Weibchen: 6 mm Männchen: 5 mm

Sehr dunkel gefärbte *Pardosa*-Art, wobei das Männchen fast schwarz erscheint. Rückenschild dunkelbraun mit undeutlichen hellen Bändern, Hinterleib mit nur undeutlich zu erkennendem hellem Herzmal. Beine hell-dunkel geringelt. Lebt vorwiegend auf etwas feuchtem Waldboden.

Pardosa lugubris ♀

Pardosa hortensis ♀

Pardosa proxima ♀ mit Kokon

Hygrolycosa

Von dieser Gattung ist bei uns nur eine Art *(Hygrolycosa rubrofasciata)* bekannt, die weit verbreitet, jedoch nicht häufig vorkommt und sich vorwiegend auf Moos und Bodenstreu in feuchten Waldgebieten aufhält. Im Unterschied zur Gattung *Pardosa* glänzen bei *Hygrolycosa* Rückenschild und Beine metallisch. Der Eikokon ist blaßbraun gefärbt.

Hygrolycosa rubrofasciata

Weibchen: 6 mm Männchen: 5,5 mm

Männchen und Weibchen unterscheiden sich deutlicher, als dies bei der Gattung *Pardosa* der Fall war.

Das Weibchen ähnelt in der Zeichnung sehr *Pardosa nigriceps,* ist in der Grundfärbung jedoch dunkler, Rückenschild und Beine glänzen. Rückenschild blaßbraun mit zwei breiten dunkelbraunen Längsbändern, die von den Augen aus nach hinten ziehen und den Vorderkörper optisch verschmälern. An den Seiten zwei dünne, gewellte, dunkelbraune Bänder. Hinterleib breiter als Vorderkörper, rötlichbraun, mit einem helleren Mittelstreifen, der von weißen Punkten flankiert wird, Seiten weiß gepunktet. Beine bis zu den Knien blaßgelb mit großen dunkelbraunen Flecken, die restlichen Beinglieder werden zu den Füßen hin immer heller.

Beim Männchen ist das Rückenschild fast schwarz und stark glänzend, eine Zeichnung ist kaum zu erkennen. Der Hinterleib ähnelt in der Zeichnung dem des Weibchens, ist jedoch viel dunkler im Ton. Beine bis zu den Knien dunkelbraun bis schwarz, danach blaßbraun gefärbt. Kiefertaster ebenfalls tief dunkelbraun.

Xerolycosa

Von dieser Gattung gibt es in unserem Raum nur 2 Arten, die durch ihre deutliche Zeichnung und ihre rosafarbene Tönung gut zu erkennen sind. Die Männchen sind heller in der Färbung, daher auch noch deutlicher gezeichnet. Die beiden Arten bevorzugen trockene Lebensräume. Eikokon weiß.

Xerolycosa nemoralis

Weibchen: 7 mm Männchen: 6 mm

Beide Geschlechter sind durch ihre rosa Färbung gleich als Angehörige der Gattung *Xerolycosa* zu erkennen.

Weibchen: Rückenschild fast kreisförmig, dunkelbraun bis schwarz mit hellem, rosa getöntem, breitem Mittelband, das sich zu den Augen hin verbreitert. Hinterleib heller als Vorderkörper, dunkelgrau und rosa gefärbt, mit weißen Härchen besetzt, die kleine Flecken bilden. An den vorderen Seiten schwarz gefärbt. Beine rosabraun, an den Schenkeln deutlich geringelt.

Das Männchen ähnelt in der Zeichnung (nicht in der Färbung) dem Männchen von *Pardosa lugubris* (Seite 174). Der Rückenschild ist schwarz mit blaß rosabraunem Mittelband und kurzen gleichfarbigen Seitenbändern. Hinterleib rosabraun mit zwei dunklen Zeichnungen am unteren Vorderrand; Muster sehr zart und kaum zu erkennen. Beine blaß rosagrau, in den oberen Gliedern mit weißen Härchen besetzt. Lebt am Boden sonniger, trockener Nadelwälder und auf Sandheiden.

Hygrolycosa rubrofasciata ♀

Hygrolycosa rubrofasciata ♂

Xerolycosa nemoralis ♀

Xerolycosa miniata
Weibchen: 6 mm Männchen: 5 mm
Beide Geschlechter gleichen sich in der Zeichnung, das Männchen ist jedoch etwas heller gefärbt. Die braunrosafarbene Mittelbinde des Rückenschildes ist bei dieser Art eingeschnürt, die Seitenbänder sind auf die hintere Hälfte des Rückenschildes beschränkt. Hinterleib im ganzen heller gefärbt, mit hellbraunem bis rosafarbenem Mittelband, das rechts und links von weißen Flecken flankiert wird. Beine bis zu den Schienen rosa und braun geringelt und mit weißen Härchen bedeckt, übrige Beinglieder braun. Diese Art lebt vorwiegend auf Sanddünen.

Taranteln *(Tarentula)*
Seit alters her gehören die Taranteln – völlig grundlos jedoch – zu den berüchtigsten Spinnen. Der Biß der südeuropäischen Taranteln soll den sogenannten Veitstanz hervorrufen. Hier handelt es sich jedoch um einen Irrtum: Der Biß unserer europäischen Taranteln, von denen 13 Arten bekannt sind, ist für den Menschen nicht gefährlicher oder lästiger als der anderer europäischer Spinnen. Der Biß einer tropischen Tarantel dagegen führt zu sehr unangenehmen Erscheinungen, die Haut um die Bißstelle löst sich langsam auf, so daß sich hier ein idealer Nährboden für vielerlei gefährliche Infektionskrankheiten anbietet.
Die 13 in Europa vorkommenden Tarantel-Arten gehören zu den größten Spinnen. Ihr Körper ist gedrungen und kräftig, die Grundfärbung meist dunkel- oder hellbraun mit deutlichem Herzmal auf dem Hinterleibsrücken. Diese großen Wolfsspinnen laufen selten frei umher und jagen ihre Beute – sie bauen sich 4–5 cm tiefe Erdröhren, in denen sie die meiste Zeit ihres Lebens bleiben und an deren Eingang sitzend sie auf Beute lauern.
(Die Gattung ist auch unter dem Namen *Alopecosa* bekannt.)

Tarentula pulverulenta
Weibchen: 10 mm Männchen: 8 mm
Dunkelbraun bis fast schwarz gefärbte Art, Männchen und Weibchen unterscheiden sich kaum.
Weibchen: Dunkelbraunes Rückenschild mit breitem, hellerem Mittelband, Seitenbänder zart hellbraun oder ganz fehlend. Der Hinterleib kann ganz verschieden in der Zeichnung ausfallen, meist jedoch mit braunem Herzmal, das hell umrandet ist und dem sich feine helle Querlinien anschließen, die kleine weißliche Punkte miteinander verbinden. Beine dunkelbraun und dicht mit feinen hellen Härchen bedeckt, die auf den Schenkeln eine feine Ringelung bilden.
Beim Männchen ist das Mittelband des Rückenschildes mit weißen Härchen bedeckt, die Hinterleibszeichnung weniger deutlich.
Die Tiere bauen ihre Wohnröhren am liebsten auf Wiesen und Feldern und in lichten Wäldern.

Xerolycosa miniata ♀

Tarentula pulverulenta ♀

Tarentula cuneata ♂ (Text S. 180)

Tarentula cuneata (Bild Seite 178)
Weibchen: 8 mm Männchen: 7 mm
Beide Geschlechter mit sehr deutlicher Zeichnung auf Rückenschild und Hinterleib. Das Männchen dieser Art zeichnet sich durch die keulig verdickten Schienen des ersten Beinpaares und dicht schwarz behaarte Kiefertaster besonders aus.
Rückenschild dunkelbraun bis schwarz mit breitem hellem Mittelband aus weißlichen Härchen und hellbraunen Seitenbändern. Auf dem Hinterleib liegt ein klar begrenztes, deutlich erkennbares braunes Herzmal, das von hellen Härchen umrandet ist, die über den Spinnwarzen zusammenlaufen. Beine dunkelbraun, mit helleren, feinen Härchen besetzt. Diese Art bevorzugt trokkene, sandige Rasenflächen zum Bau der Wohnröhren.

Tarentula accentuata
Weibchen: bis 12 mm Männchen: 9 mm
Beide Geschlechter ähneln sich sehr in Färbung und Zeichnung. Das Männchen trägt jedoch mehr weißliche Haare.
Rückenschild fast genauso groß wie Hinterleib, dunkelbraun mit breitem beigefarbenem Mittelband, das unregelmäßig eingeschnürt ist. Seitenbänder beige, sehr zart und unterbrochen, nur in der Kopfregion zusammenhängende Umrandung bildend. Hinterleib dunkelbraun mit hellem, nach hinten spitz zulaufendem Mittelband, in dessen vorderer Hälfte ein braunes, leicht schwarz umrandetes Herzmal liegt, dem dunkle Winkel folgen. Beine in den oberen Gliedern hell- und dunkelbraun geringelt, übrige Beinglieder dunkelbraun. Lebt vorwiegend auf offenen Plätzen in sandigem und kalkigem Gebiet und ist aufgrund der Zeichnung vorzüglich getarnt.

Tarentula fabrilis
Weibchen: 15 mm Männchen: 12 mm
Dies ist die wohl größte Tarantel unseres Gebietes. Sie kommt vom Hochsommer bis in den Herbst hinein häufig und weit verbreitet in Europa vor, zieht sonnige Heiden und Felder vor, ist aber auch in den Dünen Norddeutschlands häufig. Männchen und Weibchen unterscheiden sich kaum, außer daß beim männlichen Tier die helleren Stellen mit weißlichen Härchen bedeckt sind und die Beine von den Hüften bis zur Schiene einen weißen Flaum tragen.
Rückenschild dunkelbraun mit deutlichem hellem Mittelband, das etwa in der Mitte etwas eingeschnürt ist. Seitenbänder grau-weiß und deutlich erkennbar. Vom Mittelband gehen strahlenförmig hellbraune Streifen zu den Seitenbändern. Hinterleib braun mit kurzem dunklem Herzmal, das hell umrahmt ist und in ein hellbraunes Mittelband ausläuft. In der hinteren Hälfte des Hinterleibes ist dieses Mittelband von großen, deutlich erkennbaren weißen Punkten flankiert. Beine bis auf die Schenkel, die grauweiß und dunkelbraun geringelt sind, braun.

Tarentula accentuata
♀

Tarentula fabrilis ♀
mit Beute

Trochosa

Von dieser Gattung kommen in unserem Gebiet 4 Arten vor. Es handelt sich um große, kräftige, graubraun bis schwarz gefärbte Spinnen, die durch ihre Rückenschild-Zeichnung gekennzeichnet sind: Auf dem dunklen Rückenschild liegt ein helles Mittelband, das sich zum Kopf hin keulenförmig erweitert. In dieser Erweiterung liegen zwei fast halbmondförmige dunkle Flecken. Die Vertreter dieser Gattung bauen sich Erdhöhlen, in denen sie leben, die Weibchen ihren weißen Kokon ablegen und an deren Eingang sie auf Beute lauern. *Trochosa*-Arten sollen in der Hauptsache nachtaktiv sein.

Trochosa ruricola

Weibchen: 12 mm Männchen: 8 mm

Männchen und Weibchen ähneln sich in Färbung und Zeichnung sehr. Rükkenschild dunkelbraun bis fast schwarz mit hellem, sich nach vorne keulenförmig erweiterndem Mittelband, in dessen Erweiterung zwei schwarze, halbmondförmige Flecken liegen. Randbänder sehr dünn, oft kaum sichtbar, hellbraun. Hinterleib graubraun mit deutlichem, schmalem hellem Herzmal, das von kleinen hellen (oft kaum wahrnehmbaren) Punkten flankiert wird, die sich bis in den hinteren Teil fortsetzen. Beine graubraun und dicht behaart. Lebt vorwiegend an feuchten Plätzen unter Steinen und Moos.

Trochosa terricola

Weibchen: 8–14 mm Männchen: 9 mm

Sehr große Wolfsspinnen-Art, die das ganze Jahr über an trockenen Plätzen gefunden werden kann. Die Männchen ähneln den Weibchen von *T. ruricola,* bei ihnen ist das Herzmal jedoch etwas dunkler und nicht so auffällig. Weibchen: Rückenschild dunkelbraun bis schwarz mit hellbraunem Mittelband, das sich zum Kopfende hin keulenförmig erweitert und in dieser Erweiterung zwei schwarze Streifen trägt. Seitenbänder hellbraun und wellig, jedoch nur undeutlich zu erkennen. Hinterleib rötlichbraun mit zarter Zeichnung. Herzmal nur undeutlich zu erkennen. Am deutlichsten sichtbar sind die vom helleren Mittelband ausgehenden hellbraunen bis beigefarbenen Schrägstreifen, die sich im hinteren Teil des Hinterleibes zu hellen Punkten vereinigen. Beine rötlichbraun mit dünner Ringelung an den Schenkeln. Eine weitere Art, *T. spinipalpis,* ist ebenfalls weit verbreitet, jedoch selten anzutreffen und kaum von *T. terricola* zu unterscheiden.

Die größte *Trochosa*-Art ist *T. robusta.* Die Weibchen dieser Art werden bis zu 20 mm groß, die Männchen bis zu 18 mm. Außer in der Größe unterscheidet sich diese Art in Färbung und Zeichnung nicht von *T. ruricola.* Sie kommt auch im gleichen Lebensraum und zur gleichen Zeit vor, ist jedoch viel seltener anzutreffen.

Trochosa ruricola ♂

Trochosa terricola ♀

Arctosa

Die 5 Arten dieser Gattung, die bei uns vorkommen, sind durch ihren abgeflachten Rückenschild charakterisiert und durch ihre stark behaarten, helldunkel geringelten Beine. Männchen und Weibchen unterscheiden sich in Färbung und Zeichnung kaum. Die 5 bei uns vorkommenden Arten bauen sich im Sand, im Bodenstreu oder unter Steinen 4–5 cm lange Erdröhren, in denen sie die meiste Zeit ihres Lebens verbringen. *A. perita* und *A. cinerea* haben die Angewohnheit, kurze Sätze zu machen und dann wie erstarrt mit ausgebreiteten Beinen liegenzubleiben.

Arctosa perita

Weibchen: 8 mm Männchen: 8,5 mm

Der breite, abgeflachte Rückenschild ist in der Färbung deutlich dunkler als der Hinterleib. Die helle Zeichnung auf dem braunen bis schwarzen Grund ist meist nur undeutlich zu erkennen. Deutlich sichtbar ist die Zeichnung des Hinterleibes: Ein kleines graubraunes Herzmal wird von zwei rosafarbenen Flecken flankiert, auf die nach hinten zu zwei bis drei kleinere, weißliche Flecken beidseits der Mittellinie folgen. Die Beine sind bis auf die Füße deutlich hell-dunkel geringelt und mit kurzen hellen und dunklen Härchen besetzt. Diese Art gräbt sich ihre Erdröhren an sandigen Stellen.

Arctosa leopardus

Weibchen: 9 mm Männchen: 7 mm

Graubraun gefärbte Art, die mehr oder weniger dicht mit goldfarbenen Härchen bedeckt ist. Rückenschild graubraun bis schwarz, glänzend, manchmal mit weiß behaarten Seitenbändern. Hinterleib graubraun, meist mit deutlichem hellem Herzmal und mit Punkten aus weißlichen und goldfarbenen Härchen bedeckt. Beine dunkelbraun mit schwarzer Ringelung. Lebt an sumpfigen Plätzen zwischen Moos und Bodenstreu und ist ab dem späten Frühjahr bis in den Sommer hinein häufiger anzutreffen.

Arctosa cinerea

Weibchen: bis zu 17 mm Männchen: 14 mm

Sehr auffällige Art, die über und über mit weißlichem Flaum bedeckt ist, in ihrem natürlichen Lebensraum (sandige Fluß- oder Seeufer, zwischen Kiesel und Steinchen) aber kaum auffällt.

Rückenschild flach, größer als Hinterleib, fast kreisrund, graubraun mit einem diffusen Muster, das sich aus weißlichen Härchen zusammensetzt. Hinterleib graubraun, schwarz oder grau gefleckt mit zwei mehr oder weniger deutlichen Punktreihen links und rechts der Mittellinie. Beine braun und weißgrau geringelt, oberste Beinglieder besonders dicht mit weißen Härchen besetzt.

Arctosa perita
♀

Arctosa leopardus ♀

Arctosa cinerea ♀

Wasserjäger *(Pirata)*
Die Vertreter dieser Gattung zeichnen sich dadurch aus, daß ihr Rückenschild meist breiter als der Hinterleib ist. Auf dem Rückenschild befindet sich ein helles Mittelband, in dem ein dunkles, Y-förmiges Zeichen liegt. Das Besondere an den *Pirata*-Arten, von denen bei uns 7 Arten vorkommen, liegt in ihrer Lebensweise. *Pirata*-Arten sind in der Lage, sich auf der Wasseroberfläche fortzubewegen und bei Gefahr sogar für längere Zeit unterzutauchen. Sie erjagen ihre Beute auf der Wasseroberfläche und ernähren sich sogar von Kaulquappen und kleinen Fischchen.

Pirata piraticus
Weibchen: 4–9 mm Männchen: 6 mm
Beide Geschlechter ähneln sich im Aussehen. Rückenschild dunkelbraun, manchmal mit zartgrünem Schimmer. Mittelband mit Y-förmiger, dunklerer Mitte. Seitlich mit weißen Härchen bedeckt. Hinterleib rötlichbraun, mit deutlichem gelblich-braunem Herzmal, das von weißen Härchen eingefaßt wird. Im hinteren Teil des Hinterleibes liegen rechts und links des spitz auslaufenden Herzmales weiße Punkte. Hinterleibsseiten dicht mit weißlichen Härchen bedeckt. Beine gelbbraun bis grünlich.
Die weißen Härchen ermöglichen es der Spinne, sich längere Zeit unter Wasser aufzuhalten, da sich zwischen den Härchen Luftbläschen bilden, von denen die Spinne einige Zeit unter Wasser „zehren" kann. Diese Art kommt vor allem in Sumpfgebieten vor.

Pirata tenuitarsus
Weibchen: 6 mm Männchen: 5 mm
Sehr deutlich gezeichnete Art, deren weiße Punktlinien am Hinterleib besonders auffallen. Männchen und Weibchen ähneln sich sehr. Grundfärbung dunkelbraun bis olivfarben, mit hellem V-förmigem Mittelband auf dem Rükkenschild, in dem ein dunkles Y-förmiges Zeichen liegt. Helles, nach hinten auslaufendes Herzmal auf dem Hinterleib, das von zwei Reihen weißer Punkte flankiert wird. Seiten von Vorder- und Hinterleib dicht mit weißen Härchen besetzt. Beine graubraun. Sehr weit verbreitet und häufig in sumpfigen Gegenden, zwischen Moos und am Wasser.

Pirata hygrophilus
Weibchen: 6,5 mm Männchen: 5,5 mm
Sehr dunkle Art, die zwar die typische Rückenzeichnung der *Pirata*-Arten trägt, doch ist diese aufgrund der dunklen Ausfärbung nur undeutlich zu erkennen. Rückenschild in der Kopfregion dunkel glänzend, im Brustbereich mit kurzen hellen Härchen besetzt, die ein strahlenförmiges Muster freilassen. Hinterleib mit undeutlichem Herzmal, meist jedoch deutlich zu sehenden hellen Punktierungen beidseits der Mittellinie. Beine dunkel, nur an den Schenkeln leicht hell-dunkel geringelt. Alle Seitenteile dicht mit hellen Flaumhärchen besetzt. Lebt ebenfalls an feuchten und sumpfigen Stellen.

Pirata piraticus ♀

Pirata tenuitarsus ♀

Pirata hygrophilus ♀

Pirata latitans
Weibchen: 5 mm Männchen: 4 mm
Die Geschlechter ähneln sich bis auf die Ausfärbung der Beine sehr. Rückenschild dunkelbraun, glänzend, Zeichnung fast gar nicht zu erkennen. Seiten mit feinen weißen Härchen bedeckt. Hinterleib dunkelbraun und bis auf die Reihen kleiner weißer Punkte fast ohne Musterung. Seiten ebenfalls wieder mit feinen weißen Härchen bedeckt. Beine beim Weibchen hellbraun, mit Ausnahme dunkler Flecken auf den Schenkeln, beim Männchen schwarz oder dunkelbraun, mit Ausnahme der Fußglieder, die etwas heller in der Färbung ausfallen. Lebt vorzugsweise in Wassernähe im feuchten Moos.

In Europa werden noch folgende Arten gefunden, die jedoch kaum von *P. hygrophilus* und *P. tenuitardus* unterschieden werden können: *P. knorri, P. piccolo, P. uliginosus.*

Aulonia
Von dieser Gattung ist bei uns nur eine Art *(Aulonia albimana)* bekannt. Es handelt sich um eine seltene, kleine, dunkel gefärbte Art, die sonnige, trokkene Plätze bevorzugt und dadurch auffällt, daß sie flache Bodennetze anlegt.

Aulonia albimana
Weibchen: 4,5 mm Männchen: 4 mm
Beide Geschlechter ähneln sich, wobei die Beine des Männchens heller gefärbt sind als die des Weibchens.
Rückenschild schwarz, mit hellem Mittelband und scharf gezeichneten hellen Seitenbändern, die sich aus kurzen weißen Härchen zusammensetzen. Manchmal breitet sich von den Seitenbändern zur Mitte des Rückenschildes ein weißlicher Flaum aus, der das Tier heller erscheinen läßt. Hinterleib schwarz bis dunkelbraun mit einem Muster aus kurzen goldfarbenen Härchen, die ein helles Mittelband und rechts und links davon helle Flecken bilden können. Beine bis auf die schwarzen Schenkel braun. Auffallend sind die Kiefertaster, die im oberen Teil dicht mit weißen Härchen (Artname!) bedeckt sind. Bevorzugt sonnige, trockene Stellen unter Moos und Steinhaufen.

Pirata latitans ♀

Pirata latitans ♂

Aulonia albimana ♀ mit Kokon

Raubspinnen (Pisauridae)

Die Raubspinnen sind eng mit den Wolfsspinnen verwandt, sowohl was die Stellung der Augen als auch ihre Lebensweise anbelangt.
Raubspinnen weben zum Beutefang keine Netze, sondern erjagen ihre Beute. Ihre 8 Augen liegen ebenfalls in 3 Querreihen, unterscheiden sich aber deutlich durch die verschiedenen Zwischenräume (siehe Zeichnung) der 8 Augen von den Wolfsspinnen. Weitere Unterschiede bestehen im Körperbau. Während die Wolfsspinnen kräftig und gedrungen aussehen, erscheinen die Raubspinnen durch ihren mehr langgestreckten Körperbau und die langen Beine eher zart.
Die Weibchen beginnen 3–4 Wochen nach der Paarung mit dem Bau des hellen, großen kugelförmigen Eikokons. Dieser wird ebenfalls mit herumgetragen, jedoch nicht wie bei den Wolfsspinnen an den Spinnwarzen befestigt, sondern zwischen den Kieferklauen nach vorne gehalten und nur zum Fressen abgelegt. Wenn die Jungen kurz vor dem Schlüpfen sind, wird dieser Kokon in Pflanzen aufgehängt und durch ein feines Seidengewebe außen herum geschützt, außerdem bewacht das Weibchen seinen Nachwuchs so lange, bis er sich selbständig macht.
Die Raubspinnen teilen sich in zwei Gattungen (*Pisaura* und *Dolomedes*) mit ca. 400 Arten auf, heimisch ist bei uns jedoch nur 1 Art aus jeder Gattung.

Augenstellung

Raubspinne *(Pisaura mirabilis)*

Weibchen: 12–15 mm Männchen: 10–12 mm

Männchen und Weibchen ähneln sich sehr stark. Grundfärbung braungrau. Rückenschild braun mit breitem dunklem Mittelband, das durch eine dünne weiße oder gelbe Linie geteilt wird, die gewöhnlich in einem Haarbüschel zwischen den hinteren Mittelaugen endet. Seiten dicht mit hellen Härchen besetzt. Hinterleib länglich oval, Oberseite hellbraun mit veränderlicher blattartiger, hell-dunkler Zeichnung, die sich zum Hinterende zu verjüngt. Seiten mit hellen Härchen besetzt. Beine in der Färbung dem hellen Fleck der Rückenzeichnung ähnlich, langgestreckt, in den oberen Gliedern dicht behaart. Diese Art lebt vorwiegend in offenem, lichtem Gelände auf niederen Sträuchern und buschigen Pflanzen und kann bei sonnigem Wetter sich „sonnend", mit nach vorne und hinten ausgestreckten Beinen, gefunden werden.
Diese Raubspinne ist aufgrund des eigenartigen Balzverhaltens des Männchens sehr interessant: Das Männchen fängt ein Beutetier (Fliege), spinnt dieses zu einer Art „Paket" und nähert sich mit dieser „Brautgabe" der aus-

Pisaura mirabilis ♀ mit Kokon

Pisaura mirabilis ♀

erwählten Partnerin. Ist das Weibchen mit seinem Partner einverstanden, so packt es sich das „Paket“ und frißt die Beute auf. Den Freßvorgang nutzt das Männchen zur Paarung aus.
3–4 Wochen nach der Paarung baut das Weibchen einen großen runden Kokon, in dem es 100–300 Eier ablegt, die fürsorglich bewacht werden.

Listspinne, Gerandete Jagdspinne *(Dolomedes fimbriatus)*
Weibchen: bis zu 22 mm Männchen: 10–13 mm
Männchen und Weibchen unterscheiden sich hauptsächlich durch die deutlichere Zeichnung des Männchens.
Rückenschild und Hinterleib dunkelbraun mit breiten weißlichen oder gelben Rändern. Hinterleib mit undeutlicher Zeichnung, manchmal mit hellerem Herzmal oder mit weißlichen oder gelblichen Punkten. Beine lang, braun (bei Jungspinnen mit grünlichen Schenkeln) mit bräunlichem Flaum auf den unteren Beingliedern.
Diese Art ist eine der größten der in Deutschland heimischen Spinnen. Sie lebt bevorzugt in feuchten Gebieten und gehört zu den Spinnen-Arten, die als „Wasserläufer" bekannt sind, also die Fähigkeit besitzen, sich auf der Wasseroberfläche fortzubewegen, wobei die dicht behaarten unteren Beinglieder ein Versinken im Wasser verhindern. Bei Gefahr taucht die Spinne unter.
Die Paarung gleicht der von *Pisaura mirabilis,* das Männchen paart sich mit dem Weibchen, während dieses frißt – allerdings bringen *Dolomedes*-Männchen kein Brautgeschenk, sondern warten, bis ihre Auserwählte sich selbst etwas zum Fressen gefangen hat.
Die Weibchen von *D. fimbriatus* legen bis zu 1000 Eier, die sie ebenso fürsorglich betreuen wie *P. mirabilis.* Allerdings sind *Dolomedes*-Weibchen in der Lage, zweimal im Jahr Eier abzulegen.

Trichterspinnen (Agelenidae)

Trichterspinnen sind flinke, dunkelgefärbte, netzbauende Spinnen. Typisch für die meisten Vertreter dieser Familie sind lange, deutlich zweigliedrige hintere Spinnwarzen (siehe Zeichnung), lange Beine mit 3 Klauen, 8 Augen in

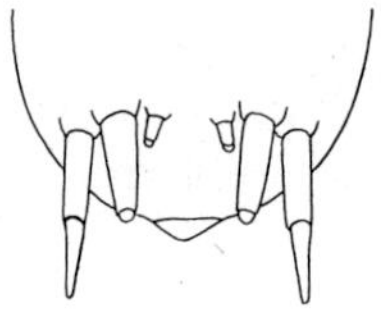

Spinnwarzen

zwei Querreihen und die Art und Weise des Netzes. Trichterspinnen bauen dichte, flache Gewebedecken, die trichterförmig (Familienname!) in eine beiderseits offene Wohnröhre übergehen. Dieser Schlupfwinkel kann entweder in der Mitte des Gewebes oder aber an einer der Seiten liegen. Die Spinne lauert in dieser Röhre, bis sich ein Beutetier in dem hängemattenartigen Gewebe verfangen hat.
Von den Trichterspinnen sind ca. 1000 Arten bekannt, in unserem Verbreitungsgebiet kennen wir ca. 23 Arten, die auf folgende Gattungen verteilt sind: *Argyroneta, Agelena, Tetrix, Tegenaria, Histopona, Coelotes, Cicurina, Cryphoeca, Tetrilus.*

Dolomedes fimbriatus ♂

Wasserspinne *(Argyroneta aquatica)*
Weibchen: 8–15 mm Männchen: 9–15 mm

Männchen und Weibchen ähneln sich in Färbung und Zeichnung stark. Bei dieser Art sind die Männchen sogar meist größer als die Weibchen. Grundfärbung dunkelbraun. Rückenschild gelbbraun bis dunkelbraun, mit einer Zeichnung aus sehr kurzen dunklen Haaren. Hinterleib dunkelbraun, jedoch dicht mit feinen kurzen und längeren borstigen Härchen bedeckt, unter Wasser silbrig glänzend. Beine dunkelbraun bis gelbbraun, die ersten beiden Beinpaare mit wenigen Stacheln und kurzen Härchen besetzt, die beiden hinteren Beinpaare mit vielen langen Stacheln und langen Haaren.

Die Wasserspinne ist eine zeitlebens im Wasser lebende Trichterspinne, die oft zu mehreren beisammen gefunden werden kann. Da die Spinne jedoch kein echtes Wassertier ist, benötigt sie auch unter Wasser Sauerstoff zum Atmen. Aus diesem Grund legt sich das Tier eine „Luftglocke" – ähnlich einer Taucherglocke – an. Sie webt zwischen Wasserpflanzen ein dichtes Deckennetz und holt nun von der Wasseroberfläche Luft, indem sie an die Wasseroberfläche steigt, den Hinterleib kurz aus dem Wasser streckt und blitzschnell wieder ins Wasser eintaucht. Durch dieses rasche Eintauchen bleibt am Hinterleib eine Luftblase haften, die die Spinne mit den Hinterbeinen festhält und die am Deckennetz abgestreift wird. Um eine Luftglocke zu bilden, muß die Spinne diesen Vorgang mehrmals wiederholen. Da sich in der feinen Behaarung des Hinterleibes viele Luftbläschen sammeln, besitzt die Spinne unter Wasser ein silbrig glänzendes Aussehen. Diese Luftschicht dient der Spinne zum Atmen, sie muß ständig erneuert werden, indem die Spinne den Hinterleib aus dem Wasser streckt. Unter Wasser hält die Spinne ihren Hinterleib mit den Atmungsorganen fast immer in der Luftglocke. In dieser Glocke wird auch die Beute (im Wasser lebende Insektenlarven etc.) gefressen, paaren sich die geschlechtsreifen Tiere, baut das Weibchen einen Eikokon, in dem sie bis zu 90 Eier ablegt, häuten sich die Tiere, überwintern sie. Auch die ausschlüpfenden Jungspinnen verbleiben mehrere Wochen gemeinsam in

dieser Luftglocke. Hier werden sie vom Weibchen mit Nahrung und Frischluft versorgt.
Die Wasserspinne gehört zu den wenigen europäischen Spinnenarten, deren Biß schmerzhaft ist und unangenehme Begleiterscheinungen (Schwindelgefühl, Übelkeit, Temperaturanstieg) mit sich bringt.

Labyrinthspinnen *(Agelena)*
Von der Gattung *Agelena* sind nur 2 sehr ähnliche Arten in Europa bekannt: *A. labyrinthica* und *A. gracilens.* Labyrinthspinnen sind hübsch gezeichnete, grau-schwarze Spinnen mit langen Beinen, einer typischen Winkelzeichnung auf dem Hinterleib und einem besonders langen Endglied der hinteren Spinnwarzen. Die Tiere bauen große, weitausladende Gewebenetze mit einer langen Wohnröhre, die am Boden, zwischen Pflanzen getarnt, endet. Von diesem Gewebenetz gehen nach allen Seiten Fangfäden aus, die die Bewegung anfliegender oder -springender Insekten stoppen, so daß diese ins Gewebe fallen. Sofort eilen die Spinnen aus der Wohnröhre, beißen die Beute, laufen zurück in ihren Schlupfwinkel und warten, bis die Lähmung des Opfers eintritt. Jetzt wird die Beute zur Wohnröhre geschleppt und in Ruhe und Sicherheit verzehrt.
Die Werbung des Männchens besteht aus einem Klopfen der Kiefertaster auf das Gewebenetz des auserwählten Weibchens und einem anschließenden vorsichtigen Annähern an das paarungsbereite, passive Weibchen. Danach schleppt das Männchen das Weibchen an einen geschützten Ort und paart sich mit ihm. Das Pärchen bleibt dann mehrere Wochen beisammen.

Labyrinthspinne *(Agelena labyrinthica)*
Weibchen: bis zu 12 mm   Männchen: 9 mm
Beide Geschlechter ähneln sich in Färbung und Zeichnung. Grundfärbung schwarz-grau. Rückenschild kürzer als Hinterleib, deutlich schwarz- bis dunkelrötlichbraun und hellgrau bis hellbraun gezeichnet. Mit breitem hellem Mittelband und hellen Seitenbändern. Hinterleib schwarz bis dunkelbraun mit hellgrauem bis rötlichgelbem Mittelband, von dem aus schmale Schrägstreifen zum Rand ziehen. Seiten heller gefärbt. Beine dunkelbraun bis schwarz, mit kurzen hellen Härchen dicht besetzt. Diese Art kommt vorwiegend an sonnigen Plätzen dicht über dem Boden in niederer Vegetation und Gestrüpp vor. Das Gewebenetz ist sehr groß und dicht über dem Boden gespannt, von diesem Netz geht ein Labyrinth von Fangfäden in alle Richtungen aus. Der Eikokon wird im Frühsommer in größerer Höhe angelegt. Er besteht aus einem inneren Sack, in dem die 50–130 Eier abgelegt werden und der durch säulenartige Seidenfäden in einem größeren Beutel hängt. Dieser Außenbeutel wird vom Weibchen noch mit Hilfe von Bodenstreu getarnt.

Argyroneta aquatica ♀

Agelena labyrinthica ♀

Textrix denticulata

Weibchen: 6–8 mm   Männchen: 6–7 mm

Kleine, schön gezeichnete Art. Männchen und Weibchen ähneln sich in Färbung und Zeichnung sehr. Grundfärbung dunkelbraun mit heller Behaarung. Rückenschild kürzer und schmäler als Hinterleib, dunkelbraun mit hellem Mittelband aus feinen kurzen Härchen. Kopf sehr schmal und hoch. Hinterleib dunkelgrau bis schwarz mit heller Zeichnung aus feinen kurzen Härchen. Vorderende mit umgekehrtem hellem U-förmigem Zeichen, an dessen Schenkel sich je eine Reihe weißer Punkte anschließt, im hinteren Teil des Hinterleibes ist ein rötlichbraunes Mittelband zu erkennen. Seiten hell behaart. Beine braun und schwarz geringelt mit schmalen Ringen aus weißen Härchen. Diese Art kommt in trockenen Lebensräumen zwischen Steinen oder auf niederem Gebüsch vor. Die Tiere sind ungeheuer flink.

Winkelspinnen *(Tegenaria)*

Charakteristisch für diese Gattung, von der 7 Arten bei uns heimisch sind, ist das Muster des Brustschildes (siehe Zeichnung). Die Beine sind sehr lang,

Verschieden gemusterte Brustschilder der Gattung *Tegenaria*

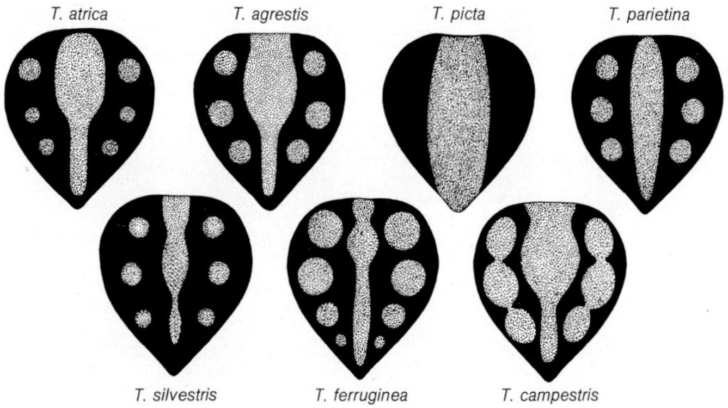

bestachelt und fein behaart. Die Vertreter dieser 7 Arten sind meist dunkelbraun bis schwärzlich gefärbt und bauen große, dichte Netze. Manche Arten werden mehrere Jahre alt. Die 4 Arten *(T. atrica, T. parietina, T. ferruginea, T. domestica),* die in der Hauptsache in Häusern leben, sind meist nachtaktiv. Sie bauen mit Vorliebe ihre dichten Gewebedecken in Ecken von Kellerräumen und Zimmern. Von diesem dichten Gespinst aus verlaufen nach oben mehrere Fangfäden, in denen sich die Beute verheddern soll.

Hausspinne *(Tegenaria atrica)*

Weibchen: bis zu 18 mm   Männchen: ca. 14 mm

Männchen und Weibchen unterscheiden sich nicht wesentlich in Färbung

Textrix denticulata ♀

Tegenaria atrica ♂

und Zeichnung. Grundfärbung braun bis dunkelbraun. Rückenschild meist breiter als Hinterleib, braun mit hellem, in der Mitte geteiltem Mittelband, von dem aus eine helle, strahlenförmige Zeichnung geht. Helle Seitenbänder, die jedoch nicht bis zum Rand des Rückenschildes reichen, sondern einen dunklen Streifen freilassen. Hinterleib braun mit 4–5 Reihen dunkler Winkelflecke rechts und links des schmalen hellen Mittelstreifens. Brustschild mit keulenförmigem Mittelband, das von drei unterschiedlich großen, hellen Punkten flankiert wird. Beine braun, beim Weibchen fast doppelte, beim Männchen dreifache Körperlänge. Leben vorwiegend in Häusern, legen relativ kleine Netze an, sind mehrjährig.

Hausspinne, Winkelspinne *(Tegenaria parietina)*
Weibchen: 11–20 mm Männchen: 11–17 mm
Diese Art unterscheidet sich von der vorigen in der Hauptsache durch ihre mehr rötlichbraune Färbung und ein rötliches Mittelband auf dem Hinterleib. Das Brustschild ist manchmal ganz einfarbig oder trägt ein breites helles, an beiden Seiten abgerundetes Mittelband, das ebenfalls von drei hellen Punkten flankiert wird, die sich in der Größe jedoch kaum unterscheiden. Beine beim Weibchen ca. dreimal so lang wie der gesamte Körper, beim Männchen fast fünfmal so lang, braun mit zarter, dunklerer Zeichnung. Das Weibchen dieser Art kann bis zu 8 Jahre alt werden, die Männchen sterben meist schon kurze Zeit nach der Paarung. Die Art kommt vorwiegend in Südeuropa vor und lebt dort in Häusern und alten Mauern.

Hausspinne *(Tegenaria ferruginea)*
Weibchen: 11–14 mm Männchen: 9–11 mm
Diese Art ähnelt sehr *T. parietina,* erscheint im ganzen jedoch noch rötlicher. Das Brustschild besitzt eine deutliche Zeichnung aus einem hellen, zweimal eingeschnürten Mittelband und je 4 unterschiedlich großen, seitlichen hellen Punkten. Auch diese Art lebt vorwiegend in Gebäuden.

Hausspinne *(Tegenaria domestica)*
Weibchen: 10 mm Männchen: 6–9 mm
Weitverbreitete, in Häusern lebende Art. Männchen und Weibchen unterscheiden sich in der Hauptsache durch ihre Größe und die beim Männchen dunkel gefärbten Schenkel. Grundfärbung blaßbraun, mit kurzen hellen Härchen besetzt. Rückenschild gelb-braun, manchmal mit zarter Zeichnung, meist jedoch ohne. Hinterleib fast einfarbig blaßbraun bis grau, dicht mit feinen hellen Härchen bedeckt. Brustschild fast gleich gefärbt wie bei *T. atrica,* das helle Mittelband jedoch in der Mitte verengt, die hellen Punkte an den Seiten variieren in der Größe. Beine hellbraun mit feinen Härchen besetzt. Beim Männchen Schenkel dunkelbraun. Weibchen werden fast 4 Jahre alt, Männchen sterben bald nach der Paarung.

Tegenaria agrestis
Weibchen: 11–15 mm Männchen: 8–10 mm
Relativ dunkel gefärbte Art mit kräftigen langen Beinen, die vorwiegend im Freien in Wäldern auf niederer Vegetation lebt. Beide Geschlechter ähneln sich in Färbung und Zeichnung. Rückenschild mit schmalem hellem Mittelstreifen und hellen Seitenbändern. Hinterleib mit einem hellen Mittelband, das aus Dreiecken besteht. Seiten ebenfalls heller gefärbt. Brustschild mit glockenförmigem Mittelband, das rechts und links von je 3 hellen, fast gleich großen Punkten flankiert wird. Beine braun.

Tegenaria parietina ♂

Tegenaria domestica ♂

Tegenaria agrestis ♀

Tegenaria silvestris

Weibchen: 7 mm Männchen: 6 mm

Männchen und Weibchen ähneln sich in Färbung und Zeichnung. Grundfarbe graubraun. Rückenschild graubraun mit je einem breiten, dunklen, welligen Band rechts und links der Mittellinie. Hinterleib dunkelgrau mit schmaler hellgelblicher Mittellinie, die von gelblichen Flecken, die dem Hinterende zu immer kleiner werden, flankiert wird. Brustschild mit sich nach hinten verengendem, zweimal eingeschnürtem, hellem Mittelband, das von je drei hellen, fast gleich großen Punkten flankiert wird. Beine deutlich hell-dunkel geringelt. Diese Art ist häufig in Wäldern an trockenen Stellen zwischen Steinen und Baumstämmen zu finden.

Tegenaria campestris

Weibchen: 7 mm Männchen: 5 mm

Diese Art ähnelt sehr stark der vorigen. Die dunkle Zeichnung auf dem Rükkenschild besteht aus 3 Paar Punkten, keinem Band. Sehr deutliche Unterschiede bestehen in der Zeichnung des Brustschildes, das ein breites helles Mittelband trägt, das nach hinten zu schmäler wird und im breiten vorderen Teil etwas eingeschnürt ist. Die seitlich liegenden 3 Punktpaare sind recht groß und miteinander verbunden. Diese Art kommt ebenfalls in Wäldern zwischen Steinen und Baumwurzeln vor.

Tegenaria picta

Weibchen: 7–9 mm Männchen: 6–8 mm

Beide Geschlechter ähneln sich in Färbung und Zeichnung. Grundfärbung dunkel graubraun. Rückenschild dunkelbraun, ohne jegliche Zeichnung. Hinterleib dunkel graubraun, manchmal mit einem zarten Muster aus hellen Dreiecken (ähnlich *T. agrestis*). Beine dunkelbraun, ohne Zeichnung. Eindeutig zu erkennen an der Zeichnung des Brustschildes, das entweder ganz ohne helle Zeichnung ist oder nur ein parallelrandiges helles Mittelband trägt. Kommt vorwiegend unter Steinen und zwischen niederen Pflanzen vor, ist weit verbreitet, aber selten anzutreffen.

Histopona torpida

Weibchen: 6 mm Männchen: 5 mm

Diese Art wird manchmal noch der Gattung *Tegenaria* zugeordnet, unterscheidet sich von dieser jedoch durch die Stellung der Augen: Bei *Tegenaria* berühren sich vordere und hintere Seitenaugen nicht, die hinteren Mittelaugen sind kleiner als die vorderen; bei *Histopona* berühren sich vordere und hintere Seitenaugen, die hinteren Mittelaugen sind größer als die vorderen. *H. torpida* ist eine blasse, rötlichbraune Spinne, die in Wäldern unter Steinen, Baumwurzeln und Moos lebt. Rückenschild und Hinterleib rötlichbraun, Rückenschild ohne Zeichnung, Hinterleib mit dunklen breiten Flecken rechts und links des Mittelbandes und dunklen schmalen Winkelstrichen. Beine bis zu den Schienen hellbraun, danach dunkler werdend. Brustschild mit breitem, ovalem, hellem Mittelband.

Tegenaria silvestris ♀

Tegenaria picta ♀ mit Kokon

Bodentrichterspinnen *(Coelotes)*

Die Bodentrichterspinnen unterscheiden sich in Körperbau und Lebensweise sehr deutlich von den anderen Trichterspinnen. Sie besitzen einen gedrungenen Körper mit relativ kurzen Beinen, einen breiten, einfarbig dunklen Brustschild und relativ kurze Spinnwarzen. Die 3 in unserem Gebiet vorkommenden Arten sind meist dunkelgrau bis schwarz gefärbt und tragen auf dem Hinterleibsrücken eine schwache Winkelzeichnung. Die Spinnen legen dicht über dem Erdboden kleinere Gewebe an, deren Wohnröhren in selbstgegrabene Erdröhren übergehen. In den kleinen Geweben verfangen sich in der Hauptsache über den Boden krabbelnde Käfer. Sobald die Spinne ein Opfer in ihrem Gewebe bemerkt, eilt sie aus der Wohnröhre, dreht den Käfer auf den Rücken und spritzt ihm an einer nur dünn mit Chitin bedeckten Körperstelle ihr betäubendes Gift ein. Die Beute wird so lange festgehalten (bis zu 10 Minuten), bis die Lähmung eintritt. Erst jetzt schleppt die Spinne ihre Beute in die Wohnröhre zum Fressen.

Die Weibchen legen ihre Eier im Frühsommer in die Erdröhre ab und bewachen sie sorgfältig. Die ausschlüpfenden Jungspinnen bleiben noch ca. 4 Wochen in der mütterlichen Obhut und werden fürsorglich betreut und mit Nahrung versorgt, die sie manchmal regelrecht „abbetteln".

Bodentrichterspinne *(Coelotes atropos)*

Weibchen: 9–12 mm Männchen: 7–9 mm

Beide Geschlechter fast gleich gefärbt und fast ohne Zeichnung. Rückenschild dunkelbraun und glänzend. Hinterleib schwarzgrau mit einigen helleren Winkelzeichnungen, die vom schwarzen Mittelband ausgehen. Beine schwarzgrau, glänzend und mit kurzen hellen Härchen besetzt. Diese Art kommt vorwiegend in Waldgebieten unter Steinen, Moos und Baumstämmen vor.

Coelotes terrestris

Weibchen: 9–12 mm Männchen: 7–9 mm

Diese ebenfalls schwarzgraue Art unterscheidet sich von der vorigen kaum, außer daß die Zeichnung auf dem Hinterleib etwas deutlicher zu sehen ist. Auf schwarzgrauem Untergrund liegt ein dunkles, pfeilförmiges Mittelband, dem mehrere dunkle Winkel folgen. Diese Art kommt im gleichen Lebensraum und zur gleichen Zeit vor wie *C. atropos.*

Coelotes inermis

Weibchen: 9–12 mm Männchen: 7–9 mm

Auch diese Art ist in Europa weit verbreitet und von den beiden anderen kaum zu unterscheiden. Der dunkle Hinterleib besitzt keine dunklere Mittelzeichnung, trägt jedoch 3–5 gelbliche Winkelflecken.

Cicurina cicurea (C. cinerea)

Weibchen: 7 mm Männchen: 6 mm

Die einzige, jedoch nicht häufig zu findende Art der Gattung *Cicurina* ähnelt sehr einer Sackspinne (siehe Seite 86 ff.). Der gelbbraune Rückenschild

Coelotes atropos ♀ mit Kokon

Cicurina cicurea ♀

glänzt sehr stark, ebenso die Schenkel der Beine. Der rosabraune Hinterleib ist dicht mit flaumigen grauen Härchen bedeckt und ohne Zeichnung. Die Spinnwarzen sind kurz und borstig.
Diese Art liebt dunkle, feuchte Plätze und hält sich gerne im Moos und unter Bodenstreu in Laub- und Nadelwäldern auf. Sie webt sehr kleine Bodennetze mit kaum auffälliger Wohnröhre.

Cryphoeca silvicola
Weibchen: 3 mm Männchen: 2,5 mm
Bei der einzigen Art der Gattung *Cryphoeca* handelt es sich wohl um die kleinste bei uns vorkommende Trichterspinne.
Männchen und Weibchen unterscheiden sich in Färbung und Zeichnung kaum. Grundfärbung graubraun bis schwarz. Rückenschild fast schwarz, glänzend. Kopfteil schmäler als Brustteil, nach hinten zu etwas heller in der Ausfärbung. Hinterleib grauschwarz oder braunschwarz mit hellen, unterbrochenen Winkeln, die durch den Besatz mit hellen Borstenhärchen noch verstärkt werden. Seiten mit feinen grauen Härchen besetzt. Beine schwarz geringelt, Ringelung jedoch nur undeutlich zu erkennen, mit feinen Härchen besetzt. Diese Art lebt bevorzugt in Wäldern im Laubstreu, unter Moos und auf mit Moos und Flechten bewachsenen Rinden. Die Gewebe sind sehr klein und unscheinbar.

Tetrilus
Von dieser Gattung kommen in unserem Gebiet zwei Arten vor, die jedoch recht selten sind: *T. macrophthalmus* und *T. arietinus,* wobei *T. arietinus* sich fast nur durch etwas geringere Größe und kleinere Augen von *T. macrophthalmus* unterscheidet. Die Arten ähneln sich in Größe, Form und Färbung sehr stark und sind nur anhand ihrer Augengrößen zu unterscheiden. Die Männchen dieser Gattung fallen durch die außergewöhnliche Form ihrer Kiefertaster auf: Diese tragen sehr lange Lamellen, die sich nach hinten bis über den Rückenschild ziehen. Die beiden Arten leben hauptsächlich in Wäldern unter Rinde und Steinen und sind – wenn man sie überhaupt sieht – meist in Gesellschaft von Ameisen zu finden.

Tetrilus macrophthalmus
Weibchen: 3,5 mm Männchen: 3 mm
Beide Geschlechter ähneln sich in der Färbung und Zeichnung, die Männchen sind jedoch sehr gut anhand ihrer Kiefertaster zu erkennen. Grundfärbung blaßbraun.
Rückenschild blaßbraun, glänzend. Hinterleib blaß rosabraun mit sehr zarten, dunkleren Winkeln und einem kaum erkennbaren dunkleren Herzmal. Beine blaßbraun bis rosabraun, glänzend.

Bodenspinnen (Hahniidae)

Bodenspinnen sind sehr kleine Spinnen, die dicht über dem Boden kleine Gewebedecken anlegen, in denen sich ihre Beute verfängt. Bei manchen Autoren wird diese Familie noch zu den Trichterspinnen gestellt. Die Bodenspinnen unterscheiden sich von den Trichterspinnen jedoch ganz deutlich durch die Stellung und Ausbildung ihrer Spinnwarzen (siehe Zeichnung, vgl. Seite 192), die in Querreihen angeordnet sind. Es gibt etwa 70 Arten, von denen in Europa ca. 9 vorkommen. Eine genaue Artbestimmung ist jedoch nur anhand der verschieden ausgebildeten Geschlechtsteile möglich – also nur mit Hilfe eines Mikroskopes und spezieller Bestimmungsliteratur.

Cryphoeca silvicola ♀

Tetrilus macrophthalmus ♂

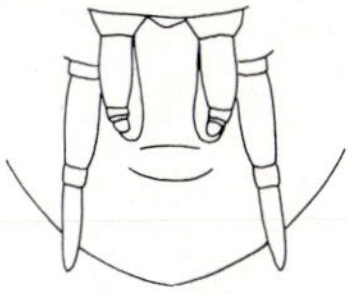

Spinnwarzen

Die 9 bei uns vorkommenden Arten werden in 2 Gattungen (*Antistea* und *Hahnia*) eingeteilt, die sich durch die Größe der Augen unterscheiden. Bei der Gattung *Antistea,* von der bei uns nur eine Art heimisch ist, sind die vorderen

Mittelaugen größer als die vorderen Seitenaugen. Bei *Hahnia* dagegen sind die vorderen Mittelaugen kleiner als die vorderen Seitenaugen. Von dieser Gattung sind bei uns 8 Arten bekannt geworden.

Antistea elegans
Weibchen: 3 mm Männchen: 2,5 mm
Beide Geschlechter ähneln sich in Färbung und Zeichnung. Grundfarbe dunkelbraun bis rötlichbraun. Rückenschild rötlichbraun und sehr stark glänzend, manchmal mit dunklerer Rückengrube und dunkler Mittellinie. Hinterleib dunkelbraun, mit helleren Härchen besetzt, die eine Winkelzeichnung ergeben. Beine braun, zu den Füßen hin dunkler werdend, mit hellen Härchen besetzt, Schenkel manchmal rötlichbraun bis orangefarben. Diese Art kommt vorwiegend an feuchten Plätzen, Gräben, Mooren und Sümpfen vor.

Hahnia montana
Weibchen: ca. 2 mm Männchen: 1,5 mm
Männchen und Weibchen ähneln sich stark. Rückenschild schwarz bis dunkelbraun mit hellgrauer Zeichnung; die dunklen Stellen glänzen. Hinterleib schwarz oder dunkelbraun mit hellem, nach hinten breiter werdendem Mittelband. Beine heller. Die hellgraue Zeichnung setzt sich aus feinen, kurzen Härchen zusammen. Die Art lebt bevorzugt im Bergland an feuchten Stellen.

Hahnia helveola
Weibchen: 3 mm Männchen: 2 mm
Hell- bis dunkelbraun gefärbte Art. Beide Geschlechter gleichen sich sehr. Rückenschild blaßbraun, manchmal mit dunklerer Rückengrube und dunklen Rillen. Hinterleib dunkelbraun, mit hellbraunen, kurzen Härchen besetzt, die eine dunkle Winkelzeichnung freilassen. Beine blaßbraun, manchmal mit verschwommener dunkler Zeichnung. Diese Art lebt im Bodenstreu von Laub- und Nadelwäldern.

H. nava, H. pusilla, H. candida, H. bressica ähneln den beiden vorigen Arten sehr stark und können nur anhand mikroskopischer Untersuchungen der Geschlechtsteile unterschieden werden.

Antistea elegans ♂

Hahnia montana ♀

Hahnia helveola ♀

Spinnenfresser (Mimetidae)

Diese kleine Spinnenfamilie besteht aus 2 Gattungen (*Mimetus* und *Ero*) mit ca. 80 Arten. In unserem Gebiet sind jedoch nur 4 Arten der Gattung *Ero* heimisch.
Die kleinen Spinnen bauen keine Netze, sondern weben nur vereinzelte Fäden. Sie ernähren sich ausschließlich von Spinnen (Familienname!) – auch von Spinnen, die größer sind als sie selbst. Sie greifen ihr Opfer blitzschnell an, beißen es in eines der Beine und spritzen ihr lähmendes Gift ein. Das gelähmte Opfer wird dann von der Bißstelle her ausgesaugt. Die Arten der Gattung *Ero* können zum einen anhand ihres Hinterleibes, seiner Form und Färbung voneinander unterschieden werden, zum andern durch die Zeichnung des Brustschildes (siehe Zeichnung).

Verschieden gemusterte Brustschilder der Gattung *Ero*

E. cambridgei *E. tuberculata* *E. furcata* *E. aphana*

Der Hinterleib ist meist höher als lang und besitzt ein oder zwei Höckerpaare. *Ero*-Arten haben ziemlich lange Beine, die meist deutlich geringelt und stark bestachelt sind. Die Weibchen legen 7–9 Eier in einen kunstvoll angefertigten, tropfenförmigen Kokon, der mit einem langen Stiel an Zweigen und anderen Pflanzenteilen herabhängend befestigt wird. Das Weibchen betreibt keine Brutpflege, sondern überläßt den Eikokon und die schlüpfenden Jungspinnen sich selbst.

Ero cambridgei

Weibchen: ca. 3 mm Männchen: 2,5 mm
Beide Geschlechter ähneln sich in Färbung und Zeichnung.
Rückenschild birnenförmig, dunkelbraun, glänzend und ohne Zeichnung. Brustschild braun mit pilzförmigem hellem Zeichen. Hinterleib mit einem kleinen Höckerpaar, vor dem ein helles Feld mit dunklem Herzmal liegt. Manchmal im hinteren Teil rötlich überlaufen oder mit deutlichen orangefarbenen Flecken. Beine hell- und dunkelbraun geringelt, mit dunklen Stacheln besetzt. Lebt gerne an feuchten Stellen in oder nahe bei Netzen anderer Spinnen von ähnlicher Größe.
Ähnlich ist *Ero furcata,* allerdings verzweigt sich bei dieser Art der „Fuß" der pilzförmigen Zeichnung des Brustschildes (siehe Zeichnung).

Ero cambridgei ♀

Ero tuberculata ♀ mit Beute

Ero tuberculata

Weibchen: ca. 4 mm Männchen: 3 mm

Rotbraun gefärbte Art mit zwei Höckerpaaren auf dem Hinterleib, von denen das vordere größer ist als das hintere. Geschlechter ähneln sich. Rückenschild rotbraun, mit dunklem Kopfteil und manchmal dunkler Mittellinie. Hinterleib rötlichbraun, von den Höckern bis zu den Spinnwarzen heller, fast weißlich, manchmal mit dunklen Querbinden. Brustschild mit kurzem hellem Herzmal. Beine hell-dunkel geringelt, mit dunklen Stachelhaaren besetzt. Tritt nicht häufig auf und bevorzugt Nadelwald, in dem sie Gebüsch und untere Zweige von Nadelbäumen besiedelt.

E. aphana ähnelt in Färbung und Zeichnung sehr stark *E. tuberculata,* die 2 Höckerpaare sind jedoch fast gleich groß, die Zeichnung des Brustschildes ist deutlich anders (siehe Zeichnung).

Haubennetz- oder Kugelspinnen (Theridiidae)

Die Vertreter der Kugelspinnen sind mittelgroße bis kleine, netzbauende Spinnen mit meist kugelförmigem Hinterleib (Familienname!), dünnen, glänzenden Beinen und 8 Augen in zwei kurzen Querreihen. Die geschlechtsreifen Männchen besitzen mehr oder weniger gut ausgebildete Stridulationsorgane am Hinterleib, d. h. eine Einrichtung, die durch Reibung Töne erzeugt. Am letzten Beinglied der Hinterbeine liegt eine Reihe gezähnter Borsten (daher manchmal auch der Name „kammfüßige Spinnen"), der sogenannte Borstenkamm. Mit Hilfe dieses Kammes bürsten die Kugelspinnen aus ihren Spinnwarzen ein zähes, leimartiges Sekret, mit dem sie ihre Beute bewerfen und bewegungsunfähig machen. Dieser Borstenkamm ist nicht zu verwechseln mit dem Kräuselkamm der Kräuselfadenweberinnen (Seite 54), der am vorletzten Beinglied der Hinterbeine liegt, aus viel dichter stehenden Borsten besteht und nur in Verbindung mit einem Spinnsieb auftritt (siehe Zeichnung).

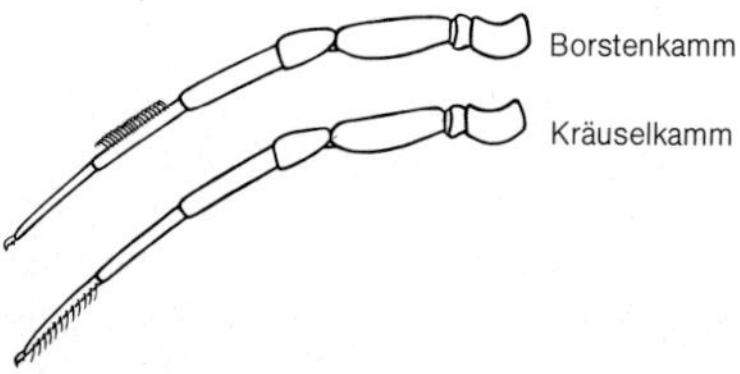

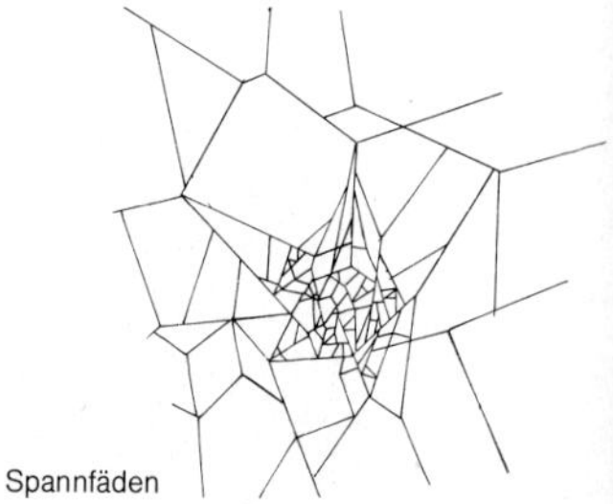

Kugelspinnen legen sog. Haubennetze (Familienname!) an. Die Form dieser Netze ist sehr unregelmäßig und abhängig von der zu fangenden Beute: Das haubenartige Deckengespinst, das sich aus einem Gewirr kurzer, weitmaschiger Fäden zusammensetzt, wird von Spannfäden gehalten. Von diesem Gespinst gehen bei Arten, die sich von am Boden lebenden Insekten ernähren, einzelne Klebfäden nach unten, die nur leicht am Boden befestigt sind. Stößt nun z. B. ein Käfer an einen solchen Faden, bleibt er daran hängen, der Faden löst sich vom Boden und schnellt zusammen mit dem Opfer nach oben. Arten, die sich in der Hauptsache von Fluginsekten ernähren, ziehen vom haubenartigen Gespinst nach allen Seiten klebrige Fäden.
Die Weibchen betreiben eine fürsorgliche Brutpflege, manche Arten (z. B. *Theridion impressum*) füttern ihre Jungen sogar von Mund zu Mund mit einem speziellen, aus dem Darm ausgewürgten Saft (Regurgitationsfütterung). Es gibt ca. 1500 Arten, von denen über 60 in Mitteleuropa heimisch sind.
Zu den Kugelspinnen gehört auch die berüchtigte und für den Menschen gefährliche Schwarze Witwe *(Latrodectus mactans),* die im Mittelmeergebiet und in Amerika vorkommt. Ihr Biß kann bei schwachen Menschen sogar tödlich enden, führt aber auf jeden Fall zu Lähmungserscheinungen und Atem-

Achaeranea lunata ♀

not. Die im Mittelmeergebiet vorkommende Art *(L. mactans tredicimguttatus)* ist sehr auffällig gefärbt (tiefschwarz mit 13 roten bis orangefarbenen Flecken auf der Oberseite und einer roten bis orangefarbenen Zeichnung auf der Unterseite des Hinterleibes), man kann ihr daher aus dem Wege gehen!

Seilspinnen *(Episinus)*
Von den Seilspinnen kommen in unserem Gebiet 3 sehr ähnlich aussehende Arten vor: *E. angulatus, E. maculipes, E. truncatus.*
Diese Gattung ist deutlich an der Form ihres Hinterleibes zu erkennen, der sich nach hinten zu verbreitert und eine fast dreieckige Form annimmt. 1. und 4. Beinpaar sind länger als 2. und 3. In Ruhestellung ähneln die Seilspinnen den Streckerspinnen (*Tetragnatha*, Seite 240): Die beiden vorderen Beinpaare werden nach vorne weggestreckt, die beiden hinteren nach hinten. Das Weibchen legt ca. 20–25 hellbraune Eier, die es in einen weißen, birnenförmigen Kokon einspinnt, der mit einem kurzen Stiel an Pflanzen befestigt wird, ähnlich wie bei der Gattung *Ero* (Seite 208).
Seilspinnen ernähren sich in der Hauptsache von am Boden lebenden Insekten, ihre Klebfäden reichen also bis zum Boden hinunter.

Episinus angulatus ♀

Episinus angulatus (Bild Seite 211)
Weibchen: 4 mm Männchen: 4 mm
Rückenschild dunkelbraun bis schwarz mit breiten, hellen Randzonen. Hinterleib rötlichbraun mit dunklen Flecken und hellen, fast weißlichen Seiten, bauchseits mit einer großen hellen Fläche. Beine deutlich hell- und dunkelbraun geringelt. Brustschild gleichmäßig braun. Kommt vorwiegend zwischen niederen Pflanzen vor. Die Netze sind sehr reduziert und bestehen oft nur aus einzelnen Fäden.

Ameisenspinnen *(Dipoena)*
Die 8 in Mitteleuropa vorkommenden Arten der Gattung *Dipoena* besitzen alle einen kugelrunden Hinterleib, sind dunkelbraun bis schwarz gefärbt und recht klein. Männchen und Weibchen ähneln sich sehr stark. Die Ameisenspinnen ernähren sich – wie schon der Gattungsname sagt – in der Hauptsache von Ameisen. Die Spinne hält sich in einem kleinen Schlupfwinkel auf, von dem nur wenige Klebfäden ausgehen. Die Art des Nahrungserwerbes unterscheidet sich deutlich von dem anderer Kugelspinnen. Im Gegensatz zu diesen lähmt die Ameisenspinne ihr Opfer zuerst, bevor sie es mit klebrigem Sekret bewirft. Die Beute wird an einem Faden befestigt und bis zum endgültigen Verzehr geschützt aufgehängt.
Ameisenspinnen leben vor allem in Waldgebieten, in niederer Vegetation, unter Steinen und zwischen Kiefernadeln. Oft sieht man sie auch ganz in der Nähe von Blattläusen, die ja oft den Ameisen als „Honiglieferanten" dienen.

Dipoena inornata
Weibchen: 2 mm Männchen: 1,5 mm
Rückenschild und Hinterleib dunkelbraun bis schwarz. Rückenschild glänzend, Hinterleib stumpf, da mit kurzen, anliegenden Härchen bedeckt. Die ersten beiden Beinpaare bis zur Schiene schwarz, dann hellbraun, 3. Beinpaar fast ganz hellbraun, 4. Beinpaar mit dunkler Schiene, sonst hellbraun. Die Art kommt recht selten vor.

Dipoena tristis
Weibchen: 3–4 mm Männchen: ca. 2,5 mm
Rückenschild und Hinterleib schwarzglänzend. Hinterleib mit ganz kurzen Härchen besetzt. Erste drei Beinpaare gleichmäßig schwarz, 4. Beinpaar ab dem Schenkel rötlichbraun. Häufigste *Dipoena*-Art.

Dipoena melanogaster
Weibchen: 3 mm Männchen: 2,5 mm
Diese Art ist leicht zu erkennen, da sie sich von den anderen beiden durch einen mit weißen Härchen bedeckten Hinterleib unterscheidet.

Die anderen *Dipoena*-Arten sind nur sehr schwer voneinander zu unterscheiden und zu bestimmen.

Dipoena inornata ♀

Dipoena tristis ♀

Dipoena melanogaster ♀

Euryopis
Bei den Arten der Gattung *Euryopis* handelt es sich um kleine bis mittelgroße, am Boden lebende Spinnen, die keinerlei Gewebe zum Beutefang bauen, sondern ihre Nahrung erjagen. Die flinken Spinnen haben einen meist dunkelbraun bis schwarz gefärbten Körper und hellbraune dünne und relativ kurze Beine. Ihr Hinterleib ist nicht kugelförmig, sondern mehr tonnenförmig zugespitzt.

Euryopis flavomaculata
Weibchen: 4 mm Männchen: ca. 3 mm
Rückenschild dunkelbraun, Kopfregion fast schwarz. Hinterleib dunkelbraun mit hellbraunen Flecken und mit langen Borsten besetzt. Beine rötlichbraun, untere Beinglieder dunkler werdend. Diese Art kommt vorwiegend in lichten Wäldern im feuchten Moos vor.

Euryopis laeta
Weibchen: 2,5 mm Männchen: 2 mm
Rückenschild und Hinterleib schwarzbraun. Hinterleib ab der Mitte seitlich und hinten breit hell eingefaßt. Beine hellbraun bis rötlichbraun, Schienen dunkler. Lebt vorwiegend an trockenen, sandigen Plätzen unter Heidekraut und Steinen.

Euryopis quinqueguttatus
Weibchen: 2,5 mm Männchen: 2 mm
Rückenschild und Hinterleib dunkelbraun bis schwarz. Hinterleib mit einzelnen hellen Flecken (meist 5, Artname!) besetzt. Bevorzugt warme, trockene Gebiete und lebt hier vorwiegend unter Steinen.

Crustulina
Von dieser Gattung sind in unserem Gebiet nur zwei Arten bekannt: *C. guttata* und *C. sticta.* Der Hinterleib ist kugelig gewölbt und überdeckt sogar noch etwas den Rückenschild. Die geschlechtsreifen Männchen besitzen sehr gut entwickelte Stridulationsorgane (Lauterzeugungsorgane), die bei der Werbung ums Weibchen eingesetzt werden, jedoch nicht, um das Weibchen mittels Tönen zu umwerben, sondern um durch die Töne das weibliche Netz in Schwingungen zu versetzen. *Crustulina*-Arten weben kleine Netze, die nur wenige Zentimeter über dem Boden angelegt werden.

Crustulina guttata
Weibchen: 2 mm Männchen: 2 mm
Männchen und Weibchen unterscheiden sich kaum, nicht einmal in der Größe. Grundfärbung des Körpers dunkelbraun bis schwarz oder kastanienbraun. Rückenschild mit warziger Oberfläche, glänzend. Hinterleib schwarzbraun mit 3 Reihen heller, fast weißlicher Flecken. Beine rötlichbraun mit dunkler Ringelung an den unteren Enden der Schenkel und Schienen der ersten beiden Beinpaare. Hintere Beinpaare weniger deutlich geringelt. Diese Art lebt zwischen Gras und Bodenstreu, niederen Pflanzen oder unter Steinen.

Euryopis flavomaculata ♀

Crustulina guttata ♀

Crustulina sticta

Weibchen: ca. 2,5 mm Männchen: ca. 2,5 mm

Beide Geschlechter in Größe, Färbung und Zeichnung gleich, unterscheiden sich nur durch die Färbung der Beine, die beim Weibchen gelbbraun, beim Männchen rötlichbraun sind, ohne Ringelung, letztes Beinglied manchmal dunkler. Rückenschild dunkelbraun, weniger warzig als bei *C. guttata*. Hinterleib blaßbraun mit einer unterbrochenen weißen Linie um den Vorderrand und längs der Mittellinie. Zwei dunkelbraune Flecken am Vorderende und unregelmäßige, unterbrochene dunkle Bänder an den Seiten. Es gibt jedoch auch Exemplare, die einen ganz schwarzen Hinterleib besitzen. Diese Art bevorzugt feuchtere Gebiete als *C. guttata*.

Steatoda

Größere, meist dunkel gefärbte Spinnen mit kurz-ovalem Hinterleib, dessen Oberseite abgeplattet ist und am Vorderrand ein helles Band trägt. Die einzelnen Arten besitzen eine charakteristische Zeichnung auf der Oberseite des Hinterleibes, die beim Männchen meist deutlicher zu erkennen ist als beim Weibchen. Ältere Weibchen neigen dazu, sehr dunkel zu werden.
Die Netze besitzen manchmal eine unregelmäßige Decke und tragen in ihrer Mitte klebrige Spannfäden. Bei manchen Arten sind an den verschiedensten Stellen des Netzes auch noch lockere Seidenbällchen angebracht, wozu, ist bisher noch nicht eindeutig bekannt.

Steatoda phalerata

Weibchen: ca. 5 mm Männchen: 4 mm

Männchen und Weibchen ähneln sich sehr stark; die Weibchen besitzen jedoch oft keine Zeichnung auf dem Hinterleib. Grundfärbung dunkelbraun bis schwarz. Rückenschild fast gleich groß wie Hinterleib, schwarz mit kleinen Gruben, glänzend. Hinterleib schwarz, glänzend, mit orangefarbenem oder gelbem Vorderrand und hinter der Mitte zwei orangefarbenen oder gelben Schrägstreifen. Manchmal noch mit einem gelblichen Punkt in der Mitte und einem gelblichen Punktpaar über den Spinnwarzen. Beine rötlichbraun mit dunkler Ringelung, Schienen des ersten Beinpaares schwarz. Diese Art lebt zwischen niederen Pflanzen oder im Bodenstreu an sandigen Plätzen und Kalkhängen und ist hauptsächlich im Frühsommer anzutreffen, sie ist weit verbreitet, aber überall nur selten zu sehen.

Steatoda albomaculata

Weibchen: bis zu 6 mm Männchen: ca. 5 mm

Männchen und Weibchen gleichen sich stark und besitzen eine auffällige und leicht zu erkennende Hinterleibszeichnung. Grundfärbung dunkelbraun bis schwarz. Rückenschild ohne Gruben, stark glänzend. Hinterleib mit breitem, bogenförmigem, weißem bis rosafarbenem Vorderrand, gezackten weißen bis rosafarbenen Seitenrändern und einer doppelten weißen bis rosafarbenen Fleckenreihe längs der Mittellinie. Auf der Bauchseite trägt diese Art ein helles T-förmiges Mal. Beine glänzend schwarz mit zarter brauner Ringelung an den oberen Beingliedern der hinteren beiden Beinpaare. Diese Art ernährt sich in der Hauptsache von Käfern und Ameisen, legt ihre Netze dicht

Crustulina sticta ♀

Steatoda phalerata ♂

Steatoda albomaculata ♂

über dem Boden an und bevorzugt sandige, sonnige Lagen und niedere Vegetation. Die Männchen sind fast nur im Frühjahr und Herbst zu sehen, die Weibchen das ganze Jahr hindurch.

Fettspinne *(Steatoda bipunctata)*
Weibchen: bis zu 7 mm Männchen: 5 mm
Männchen und Weibchen ähneln sich sehr stark, beim Weibchen fehlt jedoch oft die helle Mittellinie auf dem Hinterleibsrücken. Grundfärbung braun bis schwarz. Rückenschild dunkel braunrot, mit wenigen Gruben. Hinterleib braun bis schwarz mit weißem, gebogenem Vorderrand und weißem Mittelband, das jedoch nicht immer deutlich zu erkennen ist. Der Hinterleib glänzt sehr stark (deutscher Name!), obwohl er mit vielen feinen hellen Härchen besetzt ist. Die Bauchseite des Hinterleibes ist blaßbraun und trägt zwei von den Spinnwarzen auseinanderlaufende dunklere Linien. Beine braun und mit feinen hellen Härchen besetzt; untere Beinglieder dunkler gefärbt oder geringelt.
Diese Art kommt in Deutschland fast ausschließlich in Häusern und deren näherer Umgebung vor. Im Freien hält sie sich meist an Baumstämmen oder Felswänden auf. Sie ernährt sich von am Boden laufenden Insekten, aber auch von Fluginsekten, so daß ihre Netze auf beide Arten von Beutetieren eingerichtet sind.

Steatoda grossa
Weibchen: bis zu 10 mm Männchen: 6 mm
Recht große, sehr deutlich gezeichnete Art mit langen Beinen. Die Geschlechter unterscheiden sich durch die Zeichnung des Hinterleibes mehr oder weniger deutlich voneinander. Rückenschild dunkel- bis rötlichbraun mit dunklerem Kopfteil und wenigen Gruben, glänzend, fast so groß wie Hinterleib. Hinterleib beim Weibchen dunkel purpurbraun, beim Männchen fast schwarz. Mit breitem, gebogenem hellem Vorderband, einer Reihe heller Flecken in der Hinterleibsmitte und weiteren 2–3 hellen Flecken zu den Spinnwarzen hin. Bei älteren Weibchen kann diese helle Zeichnung fehlen. Beine hellbraun ohne Zeichnung. Diese Art kommt vorwiegend in Häusern vor und ist vor allem im Herbst anzutreffen.

Steatoda triangulosa
Weibchen: 5 mm Männchen: 4 mm
Beide Geschlechter auffällig gezeichnet. Sie unterscheiden sich eigentlich nur in der Färbung ihrer Beine. Rückenschild dunkelbraun bis schwarz und stark glänzend. Hinterleib kugelförmig, mit dem Vorderrand etwas den Rükkenschild überdeckend und mit klarer Zeichnung: Grundfarbe weißlich, auf der Oberseite mit zwei dicken dunkelbraunen Zickzacklinien rechts und links der Mittellinie. Beine beim Weibchen blaßbraun, beim Männchen orangefarben, mit sehr zarter dunkler Ringelung der Schenkel und Schienen. Auch diese Art lebt vorwiegend in Häusern.

Steatoda bipunctata ♀

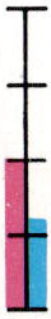

Steatoda grossa ♂

Steatoda triangulosa ♀

Steatoda paykulliana

Weibchen: bis zu 13 mm Männchen: 6 mm

Dunkelbraun bis schwarz gefärbt, relativ große Art. Männchen und Weibchen unterscheiden sich hauptsächlich durch die Größe und die Färbung der Beine. Der Biß der Weibchen dieser Art soll auch für den Menschen nicht harmlos sein.

Rückenschild fast so lang wie Hinterleib, dunkelbraun bis schwarz, glänzend, mit leichten grubenförmigen Vertiefungen. Hinterleib schwarzglänzend mit weißlichem bis orangefarbenem Vorderrand, der an den Seiten bis zur Hinterleibsmitte reicht. Manchmal mit hellen, aneinandergereihten Dreiecken auf der Mittellinie, die zu den Spinnwarzen hin kleiner werden. Beine beim Weibchen dunkelbraun, beim Männchen gelbbraun und dunkelbraun geringelt. Diese Art wurde bisher unter Steinen lebend gefunden und tritt in der Hauptsache im Frühsommer auf.

Anelosimus vittatus

Weibchen: 3,5 mm Männchen: 3 mm

Relativ kleine Kugelspinne, die hauptsächlich im Blattwerk von Laubbäumen, vor allem Eichen, vorkommt, jedoch auch auf niederer Vegetation anzutreffen ist. Männchen und Weibchen ähneln sich sehr stark, beim Männchen sind jedoch die Kiefertaster sehr verlängert. Rückenschild hellbraun mit dunklem, breitem Mittelstreifen und ganz feinem schwarzem Rand, stark glänzend. Hinterleib hellbraun bis weißlich mit breitem dunklem Mittelband, das besonders deutlich im ersten Drittel des Hinterleibes ausgebildet ist. Hinterleib mit feinen hellen Härchen besetzt. Beine zart hell- und dunkelbraun geringelt.

Anelosimus aulicus

Weibchen: 3 mm Männchen: 2,5 mm

Diese Art ähnelt in Größe und Zeichnung sehr stark *A. vittatus,* ist in der Grundfärbung jedoch dunkler gehalten. Das dunkle Mittelband auf der Oberseite des Hinterleibes ist durchgehend bis zum hinteren Rand hin zu erkennen. Die unteren Enden aller Beinglieder besitzen einen dunklen Ring. An Schenkeln und Schienen ist eine hell-dunkle Ringelung zu sehen.

Diese Art lebt an Bäumen, Büschen und niederen Pflanzen und ist hauptsächlich im Frühsommer anzutreffen, in unserem Gebiet jedoch recht selten. Typisch für diese Art ist der hellbraune, kugelförmige Eikokon, der an drei Stellen zipfelig ausgezogen ist.

Nicht sehr häufig, aber weit verbreitet tritt in Mitteleuropa noch eine andere *Anelosimus*-Art auf: *A. pulchellus.* Diese Art ähnelt *A. vittatus* sehr stark und kann eigentlich nur vom Fachmann unter dem Mikroskop von *A. vittatus* unterschieden werden.

Achaearanea

Die Vertreter dieser Gattung, von der in unserem Gebiet 4 Arten vorkommen, wurden bis vor kurzem noch der Gattung *Theridion* zugeordnet. Sie unterscheiden sich von den Vertretern dieser Gattung jedoch deutlich durch ihren hohen Hinterleib, der höher als lang ist und an dem die Spinnwarzen nicht

Steatoda paykulliana ♂

Anelosimus vittatus ♀ mit Kokon

Anelosimus aulicus ♀ mit Kokon

endständig sitzen, sondern schon auf der Bauchseite liegen. Die einzelnen Arten sind in ihrer Färbung und Zeichnung sehr veränderlich. Die Grundfärbung ist meist graubraun bis schwarz, der Hinterleib trägt meist ein dreifarbiges Muster (schwarz bis dunkelbraun, weißlich und kastanienbraun bis rötlich). Die einzelnen Arten können jedoch anhand ihres Lebensraumes und der Form ihrer Schlupfwinkel auseinandergehalten werden.

Achaearanea lunata
Weibchen: 3 mm Männchen: 2,5 mm
Männchen und Weibchen gleichen sich sehr. Der Rückenschild kann hellbraun bis schwarz sein und ist meist glänzend. Der Hinterleib variiert in seiner Färbung von Weiß bis Schwarz und trägt eine veränderliche dreifarbige Zeichnung mit dunklen Mittelflecken, weißlichen Schrägstreifen oder Querlinien und braunen bis rötlichen, großflächigen Bereichen. Bei heller gefärbten Exemplaren sind die Beine fast einfarbig, bei dunkleren Exemplaren besitzen sie eine dunkle Zeichnung. *A. lunata* webt große räumliche Netze, die an Baumstämmen oder Büschen ca. 1,5–2 m über dem Boden angelegt werden. Im oberen Teil des Netzes liegt ein Schlupfwinkel, der aus trockenem, zusammengesponnenem Laub besteht und in dem auch der braune, faltige, papierartige Eikokon abgelegt wird. In dem trockenen Blattwerk ist er sehr gut getarnt (siehe Bild Seite 223).
Männchen: Rückenschild braun mit dunklerem Kopfbereich und undeutlich zu erkennendem Mittelband und dunkleren Rändern. Hinterleib meist ganz dunkelbraun und ohne Mittelband oder mit ganz schwachem oder kurzem hellem Mittelband. Beine lang und einfarbig blaßbraun. Die Schenkel des 4. Beinpaares tragen auf der Oberseite kleine Zähnchen. Diese häufige und weitverbreitete Art lebt in niederen Pflanzen auf Sandhügeln, auf Weideflächen und manchmal auch an Bäumen.

Achaearanea riparia
Weibchen: 3,5 mm Männchen: 3 mm
Beide Geschlechter ähneln sich. Der Rückenschild ist dunkelbraun bis schwarz und glänzend. Der Hinterleib ist grau- bis rötlichbraun, die dreifarbige Zeichnung ähnelt der von *A. lunata,* ist jedoch weniger klar. Die Beine sind dunkelbraun bis schwarz und nur undeutlich geringelt. Diese Art lebt in niederer Vegetation, an überhängenden Böschungen und am Grund von Mauern. Die Netze werden recht tief (ca. 50 cm über dem Boden, jedoch nicht darüber) angelegt. Die Schlupfwinkel sind recht klein (ca. 4 mm Durchmesser und 30 mm lang), senkrecht an der Spitze des Netzes befestigt und mit Sand und kleinen Teilchen Bodenstreu getarnt. *A. riparia* ernährt sich in der Hauptsache von Ameisen, so daß vom Netz aus Seidenfäden mit „klebrigen Füßen" bis zum Boden hinunterreichen. Die Weibchen zeichnen sich durch fürsorgliche Brutpflege aus; die Jungspinnen werden von der Mutter gefüttert.

Gewächshausspinne *(Achaearanea tepidariorum)*
Weibchen: bis zu 7 mm Männchen: 4 mm
Die Gewächshausspinne ist ein regelrechter Kulturfolger – sie hält sich fast

Achaearanea lunata ♀ mit Kokon

Achaearanea riparia ♀ mit Beute

Achaearanea tepidariorum ♀

ausschließlich in Gewächshäusern und Tierställen auf und ist fast das ganze Jahr über anzutreffen. Männchen und Weibchen unterscheiden sich kaum; das Männchen ist meist rötlicher in der Färbung und zeigt keine deutliche Ringelung der Beine. Rückenschild mittel- bis dunkelbraun und glänzend. Hinterleib grünlichbraun bis rötlichbraun mit hellen Schrägstreifen von unterschiedlicher Breite und mit dunklerem Mittelband in der vorderen Hälfte. Beine grünlichbraun und graubraun geringelt. Der Eikokon ist birnenförmig und braun gefärbt und inmitten von Erde kaum auszumachen.

Kugelspinnen *(Theridion)*
Von der Gattung *Theridion* kommen in Mitteleuropa ca. 30 Arten vor. Es handelt sich um kleine Spinnen mit meist dunklem Rückenschild, kugelförmigem, hell-dunkel gezeichnetem Hinterleib, der meist den Rückenschild noch etwas überwölbt, und relativ dünnen, zerbrechlich wirkenden Beinen. Die Stridulationsorgane (Lauterzeugung) der Männchen sind stark rückgebildet und meist nur unter dem Mikroskop zu erkennen.
Die meisten *Theridion*-Arten weben typische Netze mit Schlupfwinkeln aus Seide, die die Form einer umgekehrten Tasse besitzen und die manchmal mit Beuteresten „getarnt" sind. Der Eikokon wird in diese Seidentassen abgelegt und bis zum Schlüpfen der Jungspinnen vom Weibchen bewacht.

Theridion sisyphium
Weibchen: 4 mm Männchen: 3 mm
Rückenschild im Vergleich zum Hinterleib recht klein, hellbraun mit dunkelbraunem, breitem Mittelstreifen und dünnem dunkelbraunem Rand, stark glänzend. Hinterleib auf der Oberseite dunkelbraun bis schwarz mit breitem braunem Mittelband, das eingerahmt ist und oft eine aus zwei Dreiecken bestehende Zeichnung zeigt, von denen aus nach beiden Seiten je eine feine weiße Querlinie ausgeht. Seiten und Bauchseite hellgrau behaart; auf der Bauchseite gegenüber den Spinnwarzen mit einem schwarzen Fleck. Beine hellbraun, nach unten zu dunkler werdend.
Diese Art lebt vor allem in Büschen und niederer Vegetation. Der Eikokon ist kugelig und olivgrün gefärbt; er wird die ganze Zeit vom Weibchen bewacht. Die ausschlüpfenden Jungen werden von der Mutter gefüttert.

Theridion pictum
Weibchen: bis zu 5 mm Männchen: 3,5 mm
Sehr attraktiv und auffallend gezeichnete Art. Männchen und Weibchen fast gleich aussehend. Rückenschild bräunlich mit breitem dunklem Mittelband und dunklen Rändern, stark glänzend. Hinterleib dunkelbraun mit breitem rötlichem Mittelband, das sich aus zwei Dreiecken zusammensetzt und von einem feinen weißen Rand umgeben ist, Beine hell- und dunkelbraun geringelt. Bevorzugt feuchtere Plätze mit niederer Vegetation und Büschen.
Der Eikokon ist kugelrund und bräunlich-rot gefärbt.

Theridion sisyphium ♀ mit Kokon

Theridion pictum ♀ mit Kokon

Theridion simile
Weibchen: 2 mm Männchen: 2 mm
Sehr kleine Art, Männchen und Weibchen sehr ähnlich, mit gleichmäßig braunem, glänzendem Rückenschild. Hinterleib graubraun mit weißem Mittelband, das sich aus mehreren Dreiecken zusammensetzt, von denen das zweite am hellsten und größten ist. Seiten und Bauchseite gelblich-weiß. Beine dünn und lang, hell- bis dunkelbraun gefärbt, mit veränderlicher Ringelung an den unteren Enden der einzelnen Glieder. Diese Art ist verbreitet in Nadelwald, auf Heidekraut und anderen niederen Pflanzen und meist im Frühsommer zu sehen.

Theridion varians
Weibchen: bis zu 3,5 mm Männchen: 2,5 mm
Männchen und Weibchen in Farbe und Zeichnung gleich, jedoch mit sehr veränderlicher Hinterleibszeichnung. Rückenschild graubraun mit breitem schwarzem Mittelband und schwarzen Rändern, glänzend. Hinterleib helldunkel gezeichnet. Zeichnung manchmal sehr verschwommen; sie setzt sich aus zwei hellen Mitteldreiecken zusammen, denen ein dünneres, gezähntes, helles Band folgt, das bis zu den Spinnwarzen reicht. Seiten schwärzlich, zum Bauch hin mit hellen Härchen besetzt. Beine hellgrau und schwarz geringelt.
Diese Art ist in Wäldern und auf Wiesen weit verbreitet.

Theridion melanurum
Weibchen: bis zu 4 mm Männchen: ca. 3 mm
Männchen und Weibchen fast gleich in Färbung und Zeichnung. Rückenschild im Vergleich zum kugeligen Hinterleib recht klein, dunkelbraun bis schwarz, glänzend. Hinterleib braun bis grauschwarz mit weißlicher Zeichnung. Mittelband breit, setzt sich aus ziemlich gleichmäßigen hellen Dreiekken zusammen. Restlicher Hinterleib auf der Oberseite mit weißlichen Flekken und Punkten und kurzen hellen Härchen besetzt. Bauchseite mit einem großen, blassen, dreieckigen Fleck. Beine hellbraun und dunkelbraun bis schwarz geringelt. Diese Art tritt vor allem im Frühsommer recht häufig in Häusern auf.
Leicht mit *T. melanurum* zu verwechseln sind die beiden Arten *T. pinastri* und *T. familiare,* bei denen das helle Mittelband auf der Oberseite des Hinterleibes einen mehr rötlichen Schimmer aufweist.

Theridion simile ♀

Theridion varians ♀

Theridion melanurum ♀

Theridion mystaceum
Weibchen: bis 2,5 mm   Männchen: bis 2,5 mm
Recht kleine Art. Männchen und Weibchen unterscheiden sich weder in Größe noch in Färbung und Zeichnung. Diese Art wird sehr leicht mit *T. melanurum* verwechselt und unterscheidet sich von dieser Art hauptsächlich durch geringere Größe und eine mehr weißlich-goldene Färbung des Hinterleibes. Beine deutlich goldfarben und dunkelbraun bis schwarz geringelt. Das weißliche bis goldfarbene, breite Mittelband auf dem Hinterleibsrücken ist auffälliger als bei *T. melanurum* und deutlich gezackt, jedoch nicht so tief eingezackt, daß man einzelne Dreiecke erkennen könnte. Diese Art lebt bevorzugt an Baumstämmen und auf Büschen, ist aber gelegentlich auch in Gebäuden anzutreffen.

Theridion blackwalli
Weibchen: ca. 3 mm   Männchen: ca. 2 mm
Einige Exemplare dieser Art können ganz schwarz gefärbt sein und nur eine zarte Ringelung an den blassen Beinen besitzen, so daß sie von Baldachinspinnen (Seite 292) oft schwer zu unterscheiden sind. Die meisten Exemplare besitzen jedoch einen braunen, glänzenden Rückenschild mit schwarzem Kopfteil und einen hell-dunkel gezeichneten Hinterleib. Oberseite des Hinterleibes mit großem dunklem Fleck, der die vordere Hälfte fast ganz ausfüllt. Diesem dunklen Fleck folgen nach hinten 1–2 Paar auseinanderliegende dunkle Flecken. Seiten und Zwischenräume weißlich und braun genetzt. Bauchseite schwarz. Beine graubraun mit zarter dunkelbrauner bis schwarzer Ringelung. Diese Art lebt zwischen niederen Pflanzen, an Baumstämmen und manchmal auch in Gebäuden.

Theridion tinctum
Weibchen: 2,5 mm   Männchen: 2 mm
Männchen und Weibchen fast gleich aussehend, mit relativ langen, dünnen Beinen. Rückenschild blaß graugrün, glänzend, mit schwarzem, dreieckigem Mal, das zwischen den Augen beginnt und in der Mitte des Rückenschildes spitz ausläuft. Hinterleib auf der Oberseite graugrün und rötlich gesprenkelt, mit zwei großen schwarzen Flecken in der vorderen Hälfte, denen mehrere Querreihen kleinerer dunkler Flecken folgen. Manchmal auch mit bräunlichroten Flecken. Beine blaß graugrün mit dunkler Ringelung von unterschiedlicher Breite. Auch die blaßgrünen Kiefertaster sind dunkel geringelt. Diese Art ist häufig in den Netzen anderer Kugelspinnen oder kleiner Kreuzspinnen zu finden, denen sie nachstellt und deren Netze sie in Besitz nimmt. Sie kommt vorwiegend in Büschen und niederen Bäumen vor.

Theridion mystaceum ♀

Theridion blackwalli ♂ und ♀

Theridion tinctum ♀

Theridion instabile

Weibchen: 2,5 mm Männchen: 2 mm

Beide Geschlechter ähneln sich in Färbung und Zeichnung sehr stark. Die Männchen besitzen längere Kieferklauen. Hinterleibszeichnung veränderlich. Rückenschild blaßbraun mit nach vorne zu breiter werdendem dunkelbraunem bis schwarzem Mittelband, glänzend. Hinterleib mehr tonnenförmig als kugelig, blaßbraun mit rötlichbraunen bis dunkelbraunen Flecken, die manchmal erst ab der Mitte nach hinten zu beginnen. Beine relativ lang, blaßbraun, ohne Zeichnung, jedoch mit blaßbraunen Haaren besetzt.

Diese Art lebt an feuchten Stellen zwischen niederen Pflanzen. Das Weibchen baut einen unregelmäßig runden, rosabraunen Kokon, den es mit sich herumschleppt und bewacht.

Theridion bimaculatum

Weibchen: ca. 3 mm Männchen: 2,5 mm

Männchen und Weibchen unterscheiden sich durch die Färbung und Zeichnung des Hinterleibes und der Beine.

Weibchen: Rückenschild braun mit dunklerem, fast schwarzem Kopfteil und undeutlich zu erkennendem dunklerem Mittelband und dunkleren Rändern. Hinterleib kugelig, braun bis schwarz mit breitem weißem oder zitronengelbem Mittelband, das jedoch nicht bis zum Vorderrand reicht. Bei dunkleren Exemplaren kann dieses Mittelband auch rötlich sein. Beine lang und dünn und gleichmäßig blaßbraun.

Theridion pallens

Weibchen: kleiner als 2 mm Männchen: kleiner als 2 mm

Dies ist wohl die kleinste bekannte Kugelspinnen-Art Mitteleuropas. Die Weibchen sind schon sehr klein, die Männchen jedoch noch kleiner. Die Spinnen sind blaßgrau bis schwarz gefärbt und besitzen eine sehr veränderliche Zeichnung auf dem Hinterleib. Beide Geschlechter ähneln sich stark. Rückenschild blaßgrau bis schwarz mit dunklerem Kopfbereich. Hinterleib schwärzlich bis blaßgrau mit hellerem Mittelband, das sich manchmal in Querlinien auflöst. Beine blaßbraun und braun geringelt oder einfarbig blaßbraun. Diese Art lebt meist im Laub von Bäumen. Das Weibchen fertigt typische, ca. 2 mm große weiße, kugelige Kokons mit spitzen Ausläufern an, die es an der Unterseite von Blättern befestigt und ständig bewacht.

Theridion instabile ♀ mit Kokon

Theridion bimaculatum ♀

Theridion pallens ♂ und ♀

Robertus

Von den 6 in unserem Gebiet vorkommenden *Robertus*-Arten ist *R. lividus* am häufigsten zu finden. Die Arten dieser Gattung sind meist dunkel gefärbt und glänzend und erinnern oberflächlich betrachtet an Baldachinspinnen (Seite 292). Ihr 4. Beinpaar ist länger als die anderen drei. Geschlechtsreife Männchen besitzen sehr gut entwickelte Stridulationsorgane (Lauterzeugungsorgane). *Robertus*-Arten halten sich vor allem in Waldgebieten, zwischen Moos, Fallaub, Rinde und Flechten auf, wo sie anhand ihrer Färbung sehr gut getarnt sind. Sie ernähren sich in der Hauptsache von am Boden lebenden kleineren Insekten.

Robertus lividus

Weibchen: bis 4 mm Männchen: 3 mm

Männchen und Weibchen unterscheiden sich im Äußeren kaum. Grundfärbung des Körpers dunkelbraun und glänzend. Beine hellbraun mit dunkleren Spitzen. Der kugelige Hinterleib ist dunkelbraun glänzend und trägt ein feines hellbraunes Netzwerk.

Pholcomma gibbum

Weibchen: ca. 1,5 mm Männchen: ca. 1,5 mm

Diese Art ist die einzige Vertreterin ihrer Gattung in unserem Gebiet. Die winzige Spinne ist meist braun bis schwarz gezeichnet; kennzeichnend für diese Gattung ist der gepanzerte Hinterleib. [Bei den Zwergsechsaugen (Seite 64) gibt es eine Art, die in Größe, Panzerung des Hinterleibes und Färbung *Ph. gibbum* gleicht, jedoch leicht durch die Zahl der Augen (6) zu unterscheiden ist.] Männchen und Weibchen unterscheiden sich im Äußeren durch die Färbung des Hinterleibes, der beim Weibchen graubraun bis schwarz, beim Männchen rötlichbraun gefärbt ist. Rückenschild rötlichbraun, breit und relativ hoch. Beine dünn und gelb- bis rötlichbraun. *Ph. gibbum* lebt zwischen Moos und Bodenstreu in feuchteren, lichten Waldgebieten.

Dieser Art sehr ähnlich ist eine andere Kugelspinne, *Theonoë minutissima*, eine der kleinsten heimischen Spinnen überhaupt. Sie ähnelt *Ph. gibbum* sowohl in Größe, Form und Färbung als auch in der Besiedelung des gleichen Lebensraumes, unterscheidet sich von *Ph. gibbum* jedoch sehr deutlich dadurch, daß ihr Hinterleib nicht gepanzert ist.

Robertus lividus ♀

Pholcomma gibbum ♀

Pholcomma gibbum ♂

Enoplognatha

Von dieser Kugelspinnen-Gattung kommen in Mitteleuropa nur 4 Arten vor: *E. thoracica, E. ovata, E. oelandica* und *E. crucifera.* Diese Spinnen leben bevorzugt in sonnigen, sandigen oder felsigen Gegenden (sandige Hänge oder Steinbrüche z. B.) und legen ihre Gewebenetze meist in Vertiefungen des Bodens an. *E. thoracica* unterscheidet sich von den anderen 3 Arten dadurch, daß Männchen und Weibchen dieser Art fast ganz schwarz gefärbt sind, die drei anderen Arten jedoch einen hellen Hinterleibsrücken mit dunkler Punktzeichnung besitzen. Alle 4 Arten zeichnen sich durch besonders lange und kräftige Kieferklauen aus. Geschlechtsreife Männchen besitzen sehr gut entwickelte Lauterzeugungsorgane (Stridulationsorgane).

Enoplognatha ovata

Weibchen: ca. 5 mm Männchen: 4 mm

Diese Art kommt bei uns recht häufig vor. Sie ist besonders wegen ihrer räuberischen und parasitären Lebensweise hervorzuheben. *E. ovata* macht sich recht häufig über andere Kugelspinnen her, die sie zum einen als Nahrung benützt, zum andern aber auch tötet und frißt, weil sie deren Netze und sogar Eikokons übernehmen will. Sie beißt den fremden Eikokon auf, frißt die Eier und legt dann ihre eigenen Eier in den fremden Kokon ab.

Männchen und Weibchen ähneln sich in Färbung und Zeichnung, die stark variieren können. Rückenschild blaßgrau mit dunklerem Mittelstreifen und feinen dunkleren Rändern. Hinterleib gelblichweiß mit zwei dunkelbraunen Punktreihen rechts und links der Mittellinie, die von vorne bis hinten durchgehen, oder mit zwei breiten roten Bändern oder mit einem einzigen breiten roten Mittelband. Beine lang und blaßgrau bis blaßgrünlich. Die Weibchen bauen türkisfarbene bis grünliche Eikokons, wenn sie nicht fremde Kokons übernehmen.

Enoplognatha thoracica

Weibchen: bis 5 mm Männchen: 3 mm

Beide Geschlechter ähnlich in Färbung und Zeichnung. Rückenschild und Hinterleib dunkelbraun bis schwarz, glänzend. Hinterleib manchmal mit vier zu einem Quadrat angeordneten helleren Flecken im vorderen Bereich. Beine braun und nicht so lang und dünn wie bei *E. ovata.* Eikokon weißlich bis beige.

Enoplognatha oelandica

Weibchen: 3,5 mm Männchen: 3 mm

Beide Geschlechter ziemlich gleich gefärbt und gezeichnet. Rückenschild mittel- bis dunkelbraun, glänzend. Hinterleib hellbraun mit zahlreichen weißen Flecken und Punkten, einem bis zur Mitte reichenden dunkleren Mittelband und dunklen Punkten, die den Hinterleib umranden. Beine dunkelbraun bis mittelbraun, mit dunklen Ringen an den unteren Teilen aller Beinglieder. *E. crucifera* ähnelt dieser Art sehr stark. Die den Hinterleib umrandenden dunklen Punkte sind jedoch zu einem Band zusammengezogen. Diese Art kommt im gleichen Verbreitungsgebiet wie *E. oelandica* vor, ist jedoch seltener.

Enoplognatha ovata ♀ mit Kokon

Enoplognatha thoracica ♀ mit Kokon

Enoplognatha oelandica ♀ mit Kokon

Höhlenspinnen (Nesticidae)

Zur Familie der Höhlenspinnen gehören ca. 40 Arten, von denen jedoch nur eine einzige bei uns heimisch ist: *Nesticus cellulanus.*
Höhlenspinnen benötigen eine recht hohe Luftfeuchtigkeit zum Leben, weshalb sie in der Regel auch nur in feuchten, dunklen Gebieten (Kellern, Höhlen, alten Bergwerksstollen, Mauerresten in sumpfigen Gebieten) zu finden sind. Sie sind meist gelblich- bis grünlichbraun gefärbt und ähneln in Form und Zeichnung größeren Kugelspinnen. Im Gegensatz zu diesen besitzen Höhlenspinnen jedoch recht lange, dünne Beine – vor allem das 1. Beinpaar ist außergewöhnlich lang.
Die Spinnen weben zarte Netze, die denen der Kugel- oder Haubennetzspinnen sehr ähnlich sehen. Die Werbung des Männchens besteht aus einem kurzen Zupfen am weiblichen Netz. Die Paarung dauert ca. 10 Minuten. Das Weibchen baut einen kugelförmigen, blaßbraunen bis gelblichweißen Kokon, den es an seinen Spinnwarzen festheftet und bis zum Schlüpfen der Jungspinnen mit sich herumträgt.

Nesticus cellulanus
Weibchen: 4–6 mm Männchen: 3–5 mm
Blaßbraune bis grünlichbraune Spinne mit mehr oder weniger deutlichem dunklem Muster. Männchen und Weibchen ähneln sich in Färbung und Zeichnung. Rückenschild relativ breit, mit dunklerem, unregelmäßigem Mittelband und dunklen Rändern, glänzend. Hinterleib mit dunklerem Herzmal, dem rechts und links der Mittellinie dunklere Flecken folgen; mit kurzen hellen Härchen bedeckt. Vor den Spinnwarzen auf der Bauchseite liegt noch ein dunkles Mal. Beine deutlich hell-dunkel geringelt, dicht mit Borstenhärchen besetzt.
Bei blasser gefärbten Tieren ist eine Zeichnung oft kaum zu erkennen.

Nesticus cellulanus ♀

Radnetzbauende Spinnen

Zu den radnetzbauenden Spinnen zählen die folgenden 4 Familien: Zwergkreuzspinnen (Theridiosomatidae), Streckerspinnen (Tetragnathidae), Herbstspinnen (Metidae) und Echte Radnetzspinnen oder Kreuzspinnen (Araneidae). Zwar weben die Kräuselradnetzspinnen (Uloboridae) zum Beu-

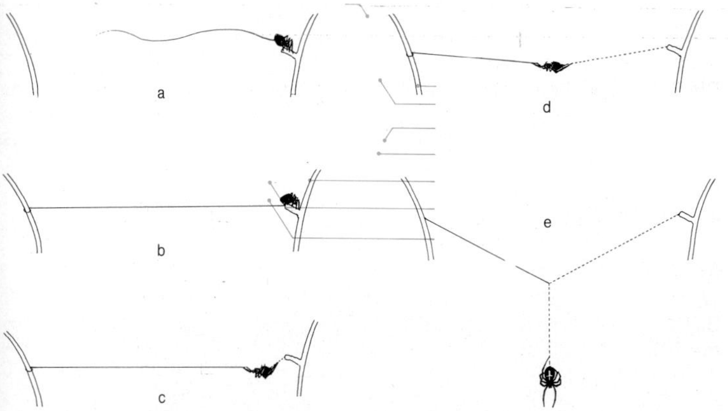

Die Spinne produziert einen Seidenfaden, der vom Wind mitgenommen wird. Dieser „Windfaden" verhängt sich in horizontaler Richtung an einem entfernteren Gegenstand. Durch kurzes Ziehen am Faden prüft die Spinne seine Haltbarkeit.
Die Spinne hangelt sich nun an diesem Windfaden ein Stück vorwärts, beißt den Windfaden durch, beginnt jedoch sofort, einen neuen Faden zu spinnen, den sie am Ausgangspunkt befestigt.
Die Spinne hangelt sich nun bis etwa zur Mitte des Windfadens vor, wobei sie mit den Vorderbeinen diesen Faden aufhaspelt und dann frißt, gleichzeitig jedoch den neuen Faden hinter sich herzieht.
In der Mitte angekommen, verbindet die Spinne den neuen Faden mit dem Windfaden. Da der neugesponnene Faden etwas länger ist als der ehemalige Windfaden, zudem das Gewicht der Spinne auf die Fäden wirkt, hängt die Verbindungsstelle deutlich durch.
Von dem Knotenpunkt läßt sich die Spinne nun senkrecht nach unten sinken, bis sie eine neue Anheftungsstelle für den hinter sich herziehenden Faden findet. Auf diese Weise entsteht ein Y-förmiges Gebilde, das Grundgerüst für das Radnetz, dessen Mittelpunkt der Knotenpunkt bildet. Die Befestigung des senkrecht nach unten weisenden Fadens legt die Stellung des Netzes – vertikal oder schräg – fest.

tefang ebenfalls Radnetze, diese Familie gehört jedoch zu den Kräuselfadenweberinnen und wurde schon auf Seite 58 vorgestellt, während die im folgenden beschriebenen 4 Familien zu den Klebfadenweberinnen gehören. Das Radnetz ist wohl das am häufigsten zu findende Spinnennetz. Es stellt eine große Beutefangfläche dar, ist relativ schwer zu sehen (vor allem für Fluginsekten) und trotz seiner Zartheit außerordentlich elastisch. Radnetze werden meist senkrecht oder leicht schräggestellt angelegt, Streckerspinnen weben sich auch waagrechte Netze zum Beutefang. Ein Radnetz besteht aus 3 Elementen:

- Radial verlaufenden, in einem bestimmten Winkel vom Zentrum (Nabe) ausgehenden Speichenfäden,

– Rahmenfäden, die zur äußeren Begrenzung und Befestigung des Netzes dienen,
– Einer mit Leimtröpfchen versehenen Fangspirale.

Der Radnetzbau ist von Art zu Art verschieden und recht kompliziert. Im folgenden sei der Anfang des Radnetzbaues kurz beschrieben und anhand von Zeichnungen verdeutlicht. (Eine genaue Beschreibung würde den Rahmen dieses Buches bei weitem sprengen und ist eine Wissenschaft für sich.)

Diese Art, mit dem Radnetzbau zu beginnen, bezieht sich natürlich nicht auf alle radnetzbauenden Arten. So wie sich die fertigen Netze in Größe, Anzahl der Speichen und Form der Nabe unterscheiden, so unterscheiden sich auch die Arbeitsabläufe von Art zu Art, manche Spinnen beginnen nicht mit dem Bau des Y-förmigen Grundgerüstes, sondern legen zunächst die Rahmenfäden an.

Das Y-förmige Gerüst dient jedoch allen als Grundlage für die Anlage der Speichen- und Rahmenfäden. Bei jeder Ortsveränderung zieht die Spinne einen neuen Faden hinter sich her; oft dienen bereits angelegte Fäden nur als Leitfäden und werden während der Herstellung des endgültigen Fadens wieder entfernt und aufgefressen.

Die einzelnen Speichen, die stets im gleichen Winkel angelegt sind, werden dann, von der Mitte ausgehend, mit einem Spiralfaden verbunden. Dieser stellt jedoch nur eine Hilfsspirale dar, die dem Netz während der Bautätigkeit der Spinne Festigkeit verleihen soll und die als „Leitstrahl“ beim Anlegen der Fangspirale dient.

Die Fangspirale wird von außen nach innen gehend angelegt und besteht aus hochelastischen Seidenfäden, die dicht mit Leimtröpfchen besetzt sind. Zwischen zwei Umgängen der Hilfsspirale werden stets mehrere Umgänge der neuen Fangspirale angelegt, wobei die Hilfsspirale wieder entfernt und aufgefressen wird. Bei genauer Betrachtung des fertigen Radnetzes fällt auf, daß die Fangspirale keine kontinuierliche Spirale darstellt, sondern oft ihre Laufrichtung ändert. Sie führt auch nicht bis zur Nabe, sondern endet vorher, so daß eine freie Zone entsteht, die der Spinne dazu dient, von einer Netzseite zur anderen überwechseln zu können.

Die Gattungen *Tetragnatha, Meta* und *Cercidia* lassen ihre Naben offen, ersetzen die Hilfsspirale also nicht, andere Radnetzspinnen spinnen den Leerraum mit artspezifischen, unregelmäßigen Gespinsten aus, um dem Netz die notwendige Spannung zu geben. Arten, die sich fast immer auf der Nabe ihres Netzes aufhalten (z. B. *Cyclosa, Argiope*), fügen ihrem Netz noch ein sogenanntes Stabiliment hinzu, d. h. zickzackförmige, breite Seidenbänder, die vom Zentrum aus senkrecht nach oben und nach unten ziehen. Dieses Stabiliment dient weniger der Stabilisierung als vielmehr der Tarnung der Spinnen. Spinnen, die sich nicht im Netz aufhalten, sondern in einem entfernten Schlupfwinkel auf Beute lauern, sind durch einen Signalfaden mit der Netzmitte verbunden und stehen in ständigem Beinkontakt mit diesem Faden.

Ein durchschnittliches Radnetz besteht aus mehr als 1000 Verbindungsstellen, etwa 20 Metern Seide und besitzt ein Gesamtgewicht von weniger als $^1/_2$ mg. Obwohl einige der Radnetzspinnen zu unseren größten und schwersten Spinnen gehören, sind die feinen, elastischen Netze stets in der Lage,

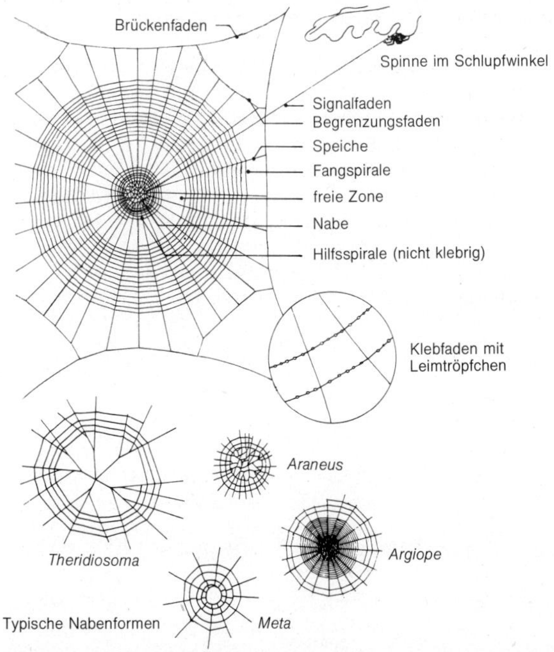

auch schwerere Tiere zu tragen. Die Netzbaufähigkeit muß eine ererbte Eigenschaft sein, da Jungspinnen schon in der Lage sind, echte Radnetze – allerdings noch kleine – anzulegen.

Ist das Radnetz einmal fertig, so heißt das aber nicht, daß die Spinne sich nun ausruhen kann: Beutetiere, hineinfallende Blätter und Zweige, starker Wind –, mutwillig zerstörende Menschen beschädigen immer wieder das zarte Bauwerk, so daß ständig ausgebessert und erneuert werden muß. Auch läßt die Klebfähigkeit der Fangspirale nach einiger Zeit nach.

Hat sich nun ein Beutetier im Netz verfangen, so wird die Spinne durch die Schwingungen des Netzes oder des Signalfadens auf die Beute aufmerksam gemacht – je größer die Schwingungen, desto größer die Beute. Vorsichtig läuft die Spinne die Speichenfäden entlang bis zum Opfer – immer darauf achtend, nicht selbst an den Klebfäden hängenzubleiben. Kleine Beutetiere werden zuerst durch einen Biß gelähmt und dann mit Spinnfäden zu einem Päckchen verschnürt, größere Beute wird zuerst verschnürt und dann gebissen. Das „Nahrungspaket" wird aus dem Netz herausgebissen, an einem Seidenfaden befestigt und zur Nabe oder in den Schlupfwinkel gezogen, um hier in Ruhe ausgesaugt zu werden. Von der Mahlzeit bleibt meist nur ein kleines dunkles Klümpchen übrig, das die Spinne aus dem Netz wirft (*Cyclosa* webt diese Reste in ihr Stabiliment ein, so daß eine noch größere Tarnwirkung erzielt wird).

Zwergkreuzspinnen (Theridiosomatidae)

Die Zwergkreuzspinnen bauen typische kleine, dreidimensionale Radnetze ohne Nabe. Die 12–19 Speichenfäden laufen alle in einem Signalfaden zusammen, so daß ein kegelförmiges Gebilde entsteht, das wie ein umgedrehter Regenschirm aussieht. Diese Netze werden meist über offenen Wasserflächen aufgehängt, so daß sich von der Wasserfläche aufsteigende Insekten leicht darin verfangen. Von dieser Familie ist nur 1 Art in Mitteleuropa heimisch. Die Weibchen bauen kleine, gestielte, weiße Eikokons.

Zwergkreuzspinnen *(Theridiosoma gemmosum)*
Weibchen: ca. 2 mm Männchen: ca. 1,5 mm
Beide Geschlechter ähneln sich stark. Grundfärbung blaßbraun bis schwarz mit perlmuttern glänzenden Flecken auf dem Hinterleib. Rückenschild einfarbig blaßbraun bis schwarz. Hinterleib hoch aufgewölbt, kugelig und den Rückenschild stark überdeckend. Auf der Oberseite mit perlmuttern glänzendem Mittelband, das sich nach hinten zu aufspaltet, und perlmuttern glänzenden Flecken. Zeichnung oft undeutlich. Beine dunkelbraun bis schwarz, Schenkel und Schienen der ersten Beinpaare verdickt.

Kiefer- oder Streckerspinnen (Tetragnathidae)

Diese Familie enthält zwei Gattungen (*Tetragnatha* und *Pachygnatha*) mit etwa 475 Arten, von denen bei uns allerdings nur ca. 10 vorkommen. Die Vertreter dieser Familie bauen Radnetze mit offenen Naben. Bei Gefahr streckt die Spinne ihre beiden vorderen, langen Beinpaare dicht aneinandergelegt nach vorn, das letzte Beinpaar in gleicher Weise nach hinten, so daß das Tier eine stabförmige Form annimmt.

Eigentliche Streckerspinnen *(Tetragnatha)*
Stabförmige Spinnen mit schräggestellten Radnetzen aus wenigen Speichen und wenigen Spiralumgängen, ohne Signalfaden. Vordere und hintere Seitenaugen getrennt. Beine bestachelt. In Mitteleuropa 7 Arten.

Tetragnatha extensa
Weibchen: 8–11 mm Männchen: 6–9 mm
Beide Geschlechter ähneln sich in Färbung und Zeichnung. Rückenschild gelbbraun, Kopfteil dunkler. Hinterleib silbrigweiß mit einem Paar gewellter, rötlichbrauner Streifen. Beine gelbbraun, glänzend, lang. Brustschild dunkelbraun mit gelbem Dreieck. Lebt vorwiegend in Schilfgebieten.

Tetragnatha striata
Weibchen: ca. 10 mm Männchen: 8–9 mm
Diese Art ist auch unter dem Namen *Eugnatha* oder *Arundognatha* bekannt und ähnelt sehr stark der vorigen. Rückenschild braun bis gelbbraun. Hinterleib weißlich mit rötlichbraunen, weniger deutlich gewellten Streifen. Beine gelblichbraun, glänzend. Brustschild dunkelbraun. Schilf am Wasser.

Theridiosoma gemmosum

Theridiosoma gemmosum ♀ mit Kokon

Tetragnatha extensa ♀

Tetragnatha striata ♂

Tetragnatha pinicola
Weibchen: 6 mm Männchen: 5 mm
Männchen und Weibchen ähneln sich in Färbung und Zeichnung. Rückenschild braun mit blasseren Rillen. Hinterleib auf der Oberseite silbrig glänzend, ohne Zeichnung. Hinterleibsunterseite mit dunklem Band, das silbrige Flecken trägt. Brustschild dunkelbraun mit einer dünnen hellen Mittellinie, die sich fast über die ganze Länge des Brustschildes erstreckt. Beine lang, braun und glänzend. Kommt nicht in Wassernähe vor, lebt auf niederen Pflanzen in Waldgebieten.

Tetragnatha montana (T. solandri)
Weibchen: 7–10 mm Männchen: 8 mm
Männchen und Weibchen gleich gefärbt und gezeichnet. Rückenschild, Hinterleib und Beine braun bis braunschwarz. Hinterleib mit einem hell-dunklen Netzwerk überzogen. Brustschild gleichmäßig braun. In Wassernähe im Schilf.

Tetragnatha obtusa
Weibchen: 5–7 mm Männchen: 4–6 mm
Männchen und Weibchen gleich gefärbt und gezeichnet. Rückenschild dunkelbraun mit dunklerem Kopfbereich. Hinterleib nicht so langgestreckt wie bei den bisher beschriebenen Arten, mit deutlicher rötlichbrauner Blattzeichnung auf fast schwarz und silbrigweiß geflecktem Untergrund. Beine dunkelbraun bis schwarz, bei Jungtieren manchmal geringelt. Brustschild braun mit etwas helleren Ecken. Diese Art bevorzugt hauptsächlich Nadelwälder als Lebensraum.

Tetragnatha nigrita
Weibchen: 7–10 mm Männchen: 5–8 mm
Beide Geschlechter in Zeichnung und Färbung recht ähnlich. Grundfärbung dunkelbraun bis schwarz. Rückenschild dunkelbraun mit dunklerem Kopfbereich. Hinterleib ähnelt dem von *T. obtusa,* ist jedoch länglicher. Die dunkle Blattzeichnung auf der Oberseite des Hinterleibes verengt sich in der Hinterleibsmitte, um danach in 3–4 schmäleren Bögen auszulaufen, die von hellen Flecken umgrenzt sind (bei manchen Exemplaren fehlen diese Flecken jedoch). Beine braunschwarz, Brustschild braun mit helleren Ecken. Diese Art hält sich besonders gerne auf trockenen Ästen und Zweigen an Wasserufern auf und ist in gestreckter Ruhehaltung kaum von einem trockenen Zweig zu unterscheiden.

Tetragnatha dearmata
Weibchen: 8–10 mm Männchen: 6–8 mm
Beide Geschlechter ähneln sich in Zeichnung und Färbung. Grundfärbung braun. Rückenschild braun mit deutlichen Rillen, dunkler gefärbten Rändern und hellerer Kopfzone. Hinterleib mit heller Blattzeichnung, die der von *T. nigrita* ähnelt. Beine braun mit deutlichen dunklen Flecken an der Basis der Stacheln, nach unten zu immer dunkler werdend. Brustschild dunkelbraun mit schmalem, dunklerem Rand. *T. dearmata* lebt bevorzugt auf Nadelbäumen.

Tetragnatha pinicola ♀

Tetragnatha montana ♀

Tetragnatha obtusa ♀

Tetragnatha nigrita ♀

Pachygnatha

Spinnen mit breit ovalem Hinterleib, langen Beinen, stark vergrößerten, auseinanderlaufenden Kieferklauen und kreuzspinnenähnlicher Zeichnung auf dem Rücken des Hinterleibes. Vordere und hintere Seitenaugen berühren sich entweder ganz oder stehen ganz dicht beieinander. Beine nicht bestachelt. Meist am Boden lebende Spinnen, bei denen nur die Jungtiere noch Netze zum Beutefang bauen, ältere Spinnen weben keine Netze mehr. Bei uns sind 3 Arten heimisch.

Pachygnatha clercki

Weibchen: 6 mm Männchen: 5–6 mm

Beide Geschlechter ähnlich in Größe und Färbung. Rückenschild braun, glänzend, mit dunkelbraunem Mittelstreifen und dunkelbraunen Randstreifen, dazwischen feine, grubenförmige Vertiefungen. Hinterleib gelb bis graubraun, auf der Oberseite mit hellem Mittelstreifen, der in der Mitte durch dunkle Flecken geteilt wird. Übrige Oberseite mit dunklerer, netzartiger Zeichnung. Beim Männchen sind die hellen Zeichnungen fast weiß. Beine graubraun, glänzend, ohne Zeichnung. Diese Art lebt vorwiegend zwischen niederen Pflanzen an feuchten Plätzen.

Pachygnatha listeri

Weibchen: ca. 5 mm Männchen: 4 mm

Beide Geschlechter ähneln sich sehr. Grundfärbung blaßbraun bis rötlichbraun. Rückenschild rötlichbraun mit dunklem, glänzendem Mittelband und schwachen dunklen Seitenrändern. Hinterleib gelblichbraun mit dunklerer, netzartiger Zeichnung und dunklerem Mittelband. Beine blaßbraun bis rötlichbraun, glänzend. Bevorzugt feuchte Wälder und lebt dort zwischen Moos, unter Laub und Steinen.

Pachygnatha degeeri

Weibchen: 3–4 mm Männchen: 3 mm

Beide Geschlechter ähneln sich in Zeichnung und Färbung. Beim Männchen tritt die Zeichnung deutlicher hervor. Rückenschild dunkelbraun bis schwarz, ohne Zeichnung, glänzend und stark genarbt. Hinterleib weißlich bis rötlichbraun mit dunkelbrauner Blattzeichnung, in deren Mitte ein helles Band aus unterbrochenen weißen Punkten liegt. Beine blaßbraun, glänzend und ohne Zeichnung. Diese recht häufige und verbreitete Art kommt in feuchten Waldgebieten im Moos, unter Laub und Steinen vor und ist das ganze Jahr über anzutreffen.

Herbstspinnen (Metidae)

Die Vertreter dieser Familie bauen ähnliche Netze wie die Streckerspinnen, d.h. Radnetze mit offener Nabe. Sie unterscheiden sich jedoch von den Streckerspinnen durch ihre kreuzspinnenähnliche Gestalt und Zeichnung. In Mitteleuropa sind 4 Arten dieser Gattung bekannt.

Pachygnatha clercki ♀

Pachygnatha listeri ♀

Pachygnatha degeeri ♂

Meta segmentata (M. reticulata)

Weibchen: 5–8 mm Männchen: 5–6 mm

Diese Art ist in Zeichnung und Färbung sehr veränderlich. Männchen und Weibchen ähneln sich jedoch sehr. Rückenschild graubraun bis fahlgelb mit dunklerer, gabelförmiger Zeichnung. Hinterleib auf der Oberseite mit dreifarbiger Zeichnung in Weiß, Dunkelbraun und Rötlichbraun. Bauchseite gelblichbraun mit dunklem Mittelstreifen. Beine blaßbraun, meist ohne Zeichnung, manchmal jedoch mit hell-dunkler Ringelung. Diese Art legt ziemlich kleine Netze an, die sich meist in einer Entfernung bis zu 1,5 m über dem Boden befinden. Bevorzugt offenes Gelände und lebt hier an Gräsern und Stauden. Häufige und verbreitete Art.

Meta merianae

Weibchen: 6–9 mm Männchen: 5–8 mm

Beide Geschlechter ähnlich in Zeichnung und Färbung. Rückenschild blaßbraun bis lehmgelb mit schwarzem Mittelband, das den ganzen Kopfbereich bedeckt und nach hinten zu spitz dreieckig zuläuft. Ränder ebenfalls dunkel. Hinterleib auf dem Rücken marmoriert (dunkelbraun, weißlich rötlichbraun), in der vorderen Hälfte manchmal mit zwei deutlichen weißen Flecken. Auf der hellen Bauchseite mit dunklem Mittelstreif, der ein Paar helle Flecken trägt. Beine hell- und dunkelbraun geringelt. Diese Art bevorzugt Plätze mit recht hoher Luftfeuchtigkeit (Höhlen, Kellerräume, Gewächshäuser etc.). Auffallend ist die stark exzentrische Form ihres Netzes, das im oberen Teil weniger Fangfäden trägt als im unteren.

Von dieser Art gibt es eine dunklere Form (*M. merianae* var. *celata*), die ein deutliches breites, goldfarbenes, leicht gezacktes Mittelband trägt (siehe Bild Seite 247).

Meta menardi

Weibchen: ca. 13 mm Männchen: ca. 11 mm

Größte heimische *Meta*-Art. Männchen und Weibchen gleichen sich in Farbe und Zeichnung. Grundfärbung braun bis rötlichbraun. Rückenschild braun bis rötlichbraun mit dunklem Mittelstreifen und breiten dunklen Seitenflächen. Hinterleib dunkelbraun und rötlichbraun gezeichnet mit undeutlichem Muster, auf der Unterseite mit dunklem Mittelteil, das manchmal gelblich eingefaßt ist. Beine dunkelbraun und rötlich geringelt, mit zahlreichen längeren Stacheln. Diese Art kommt das ganze Jahr über an dunklen, feuchten Stellen (Keller, Höhlen, Bergwerksstollen etc.) vor und baut ebenfalls ein stark exzentrisches Netz.

Echte Radnetz- oder Kreuzspinnen (Araneidae)

Zu dieser großen Familie radnetzbauender Spinnen gehören ca. 2500 Arten, von denen in unserem Gebiet ca. 50 heimisch sind. Die meisten Arten wurden früher der Gattung *Araneus,* den Eigentlichen Kreuzspinnen, zugeordnet,

Meta segmentata ♀

Meta merianae ♀

Meta merianae ♀

Meta menardi ♀ mit Kokon

wurden aber aufgrund neuerer mikroskopischer Untersuchungen der Geschlechtsteile in verschiedene Gattungen verteilt. Da die einzelnen Arten sehr stark in Färbung und Zeichnung variieren – auch innerhalb einer einzigen Art –, ist eine genaue Zuordnung nur mit Hilfe des Mikroskopes und spezieller Fachliteratur möglich.
Kreuzspinnen sind mittelgroße bis große, träge Spinnen mit rundlich-ovalem Hinterleib, der meist stark behaart ist und eine arttypische Zeichnung trägt, bei einigen Arten liegen auf der Oberseite des Hinterleibes zwei deutliche Höcker. Die Beine sind relativ lang und dick und meist stark bestachelt. Die Augen liegen dicht am Kopfrand und sind von fast gleicher Größe.
Zu sehen sind meist nur die Weibchen, die sich in den arttypischen Radnetzen oder deren direkter Nähe aufhalten. Bei den Männchen bauen nur noch nicht geschlechtsreife Tiere Radnetze, geschlechtsreife Männchen streifen umher und sind nicht seßhaft. Die meisten Kreuzspinnen bauen Radnetze mit geschlossener Nabe, Arten der Gattung *Cercidia* haben eine offene Nabe, *Cyclosa* und *Argiope* weben ein zusätzliches Stabiliment ins Netz.

Rückenschild ♀

Rückenschild ♂

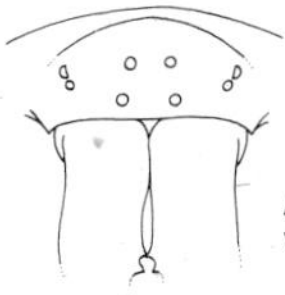
Augenstellung von vorn

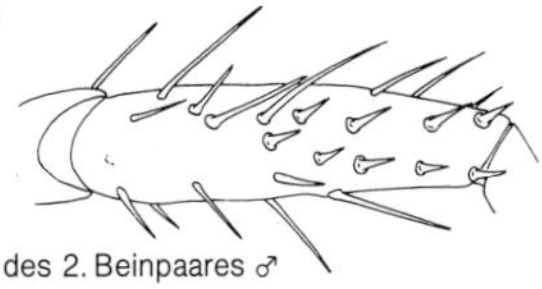
Schiene des 2. Beinpaares ♂

Da erwachsene Kreuzspinnen sich meist ihr Leben lang in oder an ihrem Netz aufhalten, erfolgt die Verbreitung der Spinnen hauptsächlich über die Jungspinnen, die sich an einem Seidenfaden (Altweibersommer) vom Wind verwehen lassen. Manchmal werden auf diese Weise auch sehr kleine Männchen transportiert.
Die Weibchen legen ihre Eier in dicht gewobenen, relativ großen Kokons ab, die entweder im Netz, im Schlupfwinkel oder in Netznähe im Gesträuch festgeheftet werden. Die ausschlüpfenden Jungen bleiben bis zur 2. oder 3. Häutung zusammen; in dieser Zeit ernähren sie sich von dem Dottervorrat im Hinterleib. Danach verlassen die Jungspinnen den gemeinsamen Schlupfwinkel, lassen sich vom Wind verdriften und beginnen mit dem Bau eines eigenen Radnetzes zum Beutefang.
Kreuzspinnen sind für den Menschen nicht gefährlich!

Araneus gibbosus

Weibchen: 7 mm Männchen: 5 mm
Braungrau bis graugrün gefärbte Kreuzspinne mit zwei deutlichen Höckern auf dem rundlich-ovalen Hinterleib. Rückenschild dunkelbraun mit kurzen

Araneus gibbosus ♀

Araneus angulatus ♀ mit Beute

helleren Härchen bedeckt. Zwischen den beiden Höckern auf dem Hinterleib liegt eine dunkelbraune Blattzeichnung, die bis zum Hinterende reicht. Beine hell- und dunkelbraun geringelt, mit vielen weißlichen Stachelhaaren besetzt. Diese Art kommt vorwiegend in Laub- und Nadelwald vor. Die Spinne sitzt nicht im Netz, sondern in einem aus zusammengerollten Blättern bestehenden Schlupfwinkel und ist mit einem Signalfaden mit der Netznabe verbunden.

Gehörnte Kreuzspinne *(Araneus angulatus)*
Weibchen: 15 mm Männchen: 12 mm
Braungrau gefärbte Art, mit zwei rötlichbraunen Höckern auf der Oberseite des Hinterleibes. Manchmal mit hellem Dreieck vor den Höckern, stets mit deutlich abgegrenzter dunklerer Blattzeichnung zwischen den Höckern. Rückenschild graubraun, mit hellen, kurzen Härchen besetzt. Beine deutlich grau und braun geringelt, stark bestachelt. Diese Spinne bevorzugt lichte Wälder, lebt nicht in ihrem Netz, sondern ist mit einem Signalfaden mit diesem verbunden und sitzt meist an Kiefernstämmen oder zwischen Kiefernadeln. Das Netz fällt durch einen außergewöhnlich langen Brückenfaden auf.

Gartenkreuzspinne, Gemeine Kreuzspinne *(Araneus diadematus)*
Weibchen: ca. 12 mm Männchen: ca. 8 mm
Diese Art variiert sehr stark in ihrer Färbung (von Braun über Ocker nach Rot). Der Hinterleib ist rundlich oval und hat seine breiteste Stelle dort, wo bei den beiden vorherigen Arten die Höcker saßen. Ohne Höcker, jedoch mit charakteristischer weißer Kreuzzeichnung auf dem Hinterleibsrücken. Diese Art hat der ganzen Familie ihren Namen gegeben. Sie ist recht häufig und weit verbreitet und in fast allen Lebensräumen zu finden. Die kreisförmigen Netze sind recht groß; sie hängen meist in einer Höhe von 1,5–2,5 m über dem Boden. Die Spinne sitzt entweder mit gespreizten Beinen kopfunter im Netz oder lauert in ihrem Schlupfwinkel, mit einem Signalfaden verbunden, auf Beute. Diese Spinnenart ist zweijährig, manchmal sogar dreijährig.

Vierfleckige Kreuzspinne *(Araneus quadratus, A. reaumuri)*
Weibchen: 9–20 mm Männchen: ca. 8 mm
Auch die Vierfleckige Kreuzspinne variiert in ihrer Färbung sehr stark, die 4 trapezförmig angeordneten hellen Flecken auf dem Hinterleibsrücken sind jedoch immer deutlich zu sehen. Die Grundfärbung reicht von Grünlichgrau bis Orangerot. Diese Art gehört zu den größten mitteleuropäischen Kreuzspinnen, sie ist recht verbreitet und häufig. Die Spinne bevorzugt feuchte Gebiete und baut ihr Netz selten höher als 1,5 m über dem Boden. Die Spinne lauert tagsüber in einem gewobenen Schlupfwinkel und ist nur mit einem Signalfaden mit ihrem Netz verbunden. Frühmorgens und abends kann man sie jedoch in ihrem Netz sehen, wenn sie beim Ausbessern von Schäden ist.

Marmorierte Kreuzspinne *(Araneus marmoreus)*
Weibchen: 5–15 mm Männchen: 5–9 mm
Auch diese Art variiert sehr stark in ihrer Färbung. In der Zeichnung erinnert sie etwas an *A. quadratus*. Auf dem rundlich-ovalen Hinterleib, der in der Mitte am breitesten ist, befindet sich eine dunkle, mit scharfen Rändern eingefaßte Blattzeichnung, in deren vorderem Drittel ein weißes, kreuzförmiges Mal liegt. *A. marmoreus* hält sich vorwiegend in feuchtem Gelände auf und legt ihr etwas exzentrisches Netz zwischen 50 und 100 cm über dem Boden an. Tagsüber lauert die Spinne in ihrem Schlupfwinkel, der aus zusammengewobenen Pflanzenteilen besteht. Sie ist mit den Vorderbeinen durch einen Signalfaden mit dem Netz verbunden.
Von dieser Art gibt es eine gut zu erkennende Unterart: *A. marmoreus* var. *pyramidatus,* mit gelb-braun gemustertem Hinterleib (siehe Bild Seite 251).

Araneus alsine
Weibchen: 8 mm Männchen: 6 mm
Sehr auffällige Art mit fast kreisrundem Hinterleib, dessen Oberseite orangefarben ist und viele weiße oder gelbliche Punkte trägt. Rückenschild und Beine rötlichbraun und spärlich mit kurzen weißen Härchen besetzt. Diese Art ist kaum zu sehen, da sie sich tagsüber in ihrem Schlupfwinkel (zusam-

Araneus diadematus ♀

Araneus marmoreus ♀

Araneus quadratus ♀

Araneus marmoreus var. *pyramidatus* ♀

mengerolltes Blatt) versteckt hält und nur nachts oder in den frühen Morgenstunden im Netz zu sehen ist. Sie lebt bevorzugt in niederer Vegetation feuchter Wälder und legt ihr Netz dicht über dem Boden an. Der Teil des Netzes, der auf den Schlupfwinkel zeigt, besitzt sehr wenige Fangfäden – das Netz erinnert etwas an ein *Zygiella*-Netz (siehe Seite 262).

Spaltenkreuzspinne *(Araneus umbricatus, A. sexpunctatus)*
Weibchen: bis zu 14 mm   Männchen: 9 mm
Diese Art ist auch unter dem Namen *Nuctenea umbratica* bekannt. Es handelt sich um eine recht dunkel gefärbte Spinne mit herzförmigem, abgeflachtem Hinterleib, der eine dunkle Blattzeichnung trägt, die den ganzen Hinterleib bedeckt und die von einem schmalen gelblichen Rand eingefaßt ist. Auf der Oberseite des Hinterleibes sind rechts und links der Mittellinie deutlich 3–4 Paar grubige Vertiefungen zu erkennen. Hierbei handelt es sich um sog. Muskelanheftungsstellen. Die Spinne ist in der Lage, ihren Hinterleib extrem abzuflachen und somit auch in kleinste Ritzen und Spalten kriechen zu können. Diese Art ist nachtaktiv, tagsüber also kaum zu sehen. Sie lebt unter Baumrinde, in Gewächshäusern, Scheunen und Ställen, an Balkonen. Das Radnetz ist recht groß und exzentrisch aufgebaut – die Nabe liegt mehr in Richtung des Schlupfwinkels der Spinne als in der tatsächlichen Netzmitte. Die Spinne ist zweijährig.

Schilfradspinne *(Araneus cornutus, Nuctenea cornuta)*
Weibchen: 6–12 mm   Männchen: 5–8 mm
Diese Art besitzt wiederum einen sehr variabel gefärbten Hinterleib mit dunkler Blattzeichnung. Sie kommt bevorzugt an Wasserstellen vor und legt hier zwischen Gras und Schilf große Netze an. Die Spinne selbst hält sich in einem auf Pflanzenteilen fest versponnenen Schlupfwinkel auf. Hier überwintert sie auch und legt ihre Eikokons an. Auch diese Art ist zweijährig.

Epigynen

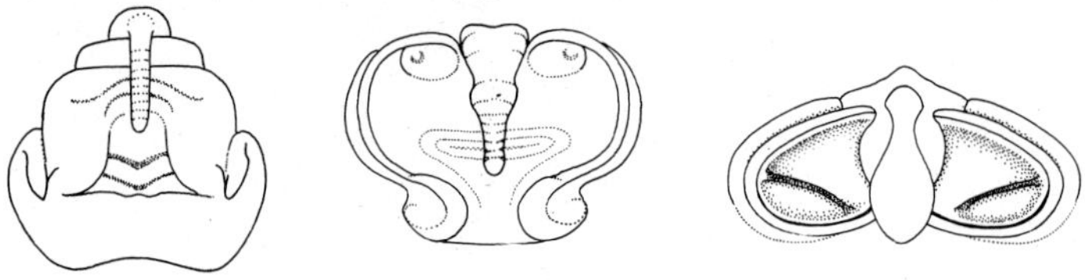

A. cornutus   *A. sclopetarius*   *A. patagiatus*

Araneus patagiatus
Weibchen: 6–10 mm   Männchen: ca. 6 mm
Diese Art gleicht der Schilfradspinne sehr. Manchmal fehlt ihr jedoch die erste Hälfte der dunklen Blattzeichnung auf dem Hinterleibsrücken. Das ganze Tier ist stark behaart. *A. patagiatus* lebt vor allem in höheren Sträuchern und Bäumen, in denen sie ihr leicht exzentrisches Netz anlegt.

Araneus alsine ♀

Nuctenea cornuta ♀

Araneus umbricatus ♀

Araneus patagiatus ♀

Brückenspinne *(Araneus sclopetarius, Nuctenea sclopetaria)*
Weibchen: bis 14 mm Männchen: 8 mm
Graubraune bis braune, stark behaarte Spinne. Rückenschild mit deutlicher, durch einen hellen Haarstreifen abgesetzter Kopfpartie und hellen Rändern. Hinterleib fast kreisförmig mit dunkelbrauner Blattzeichnung, die hell umrandet ist.
Diese verbreitete und häufige Art hält sich vorwiegend an Brücken (Name!), Pfählen und Felsen in der Nähe von Gewässern auf. Sie baut große, kreisförmige Radnetze und ist gesellig, d. h., man kann oft mehrere Netze aneinanderstoßen sehen, manchmal werden von mehreren Spinnen sogar die gleichen Rahmenfäden für verschiedene Netze verwendet. Die Brückenspinne ist nachtaktiv und hält sich tagsüber in ihrem Schlupfwinkel auf.

Eichblatt-Radspinne *(Araneus ceropegius, Aculepeira ceropegia)*
Weibchen: bis 14 mm Männchen: bis 8 mm
Gelblich-grüne Spinne mit länglich ovalem Hinterleib, der an beiden Enden zugespitzt ist und eine deutliche gelblich-weiße, eichenblattähnliche Zeichnung trägt. Der Rückenschild ist schmal und kurz und mit vielen kurzen hellen Härchen bedeckt.
Die Eichblatt-Radspinne baut ein relativ großes Radnetz mit schildförmiger Nabe, das ca. 50 cm über dem Boden in niedrigem Gebüsch angebracht wird. Die Spinne lauert entweder in ihrem Netz oder in ihrem tellerförmigen Schlupfwinkel auf Beute. Droht ihr selbst Gefahr, so läßt sie sich schnell an einem Sicherheitsfaden zum Boden ab und läuft davon.

Heideradspinne *(Araneus adiantus, Neoscona adiantum)*
Weibchen: 7 mm Männchen: ca. 4 mm
Rötlich- bis dunkelbraune Spinne mit deutlicher heller Blattzeichnung auf dem Hinterleib. Rückenschild mit dunklem Mittelstreifen und dunklen Rändern. Hinterleib länglich oval, nur am Hinterende zugespitzt, mit heller Blattzeichnung, die sehr der der Eichblatt-Radspinne ähnelt, jedoch schärfer dunkel umrandet ist.
Die Heideradspinne lebt bevorzugt in Heide- und Moorgebieten und legt ihre Netze im Heidekraut an. Neben dem Netz liegt ein tütenförmiger Schlupfwinkel, in den sie sich bei Gefahr verzieht. Die Spinne hält sich tagsüber im Netz auf.

Nuctenea sclopetaria ♀

Aculepeira ceropegia ♀

Neoscona adiantum ♀

Strauchradspinne *(Araneus redii, Agalenatea redii)*
Weibchen: 7 mm Männchen: 4 mm

Dunkel- bis hellbraun gefärbte Art mit breitem, kreisförmigem Hinterleib, der dicht mit kurzen, hellen, flaumigen Härchen besetzt ist. Von dieser Art gibt es mehrere Varietäten, die sich alle in der Zeichnung der Hinterleibsoberseite unterscheiden.

Rückenschild schmal, braun bis dunkelbraun, mit hellen Flaumhärchen besetzt. Hinterleib braun bis graubraun mit dunkelbrauner, hell eingefaßter Zeichnung: dunkle, unterbrochene Mittellinie, die von einigen dunklen Barren geflankt wird, dazwischen liegt eine undeutliche hellere Blattzeichnung. Seiten braun gefleckt.

Diese Art und ihre Varietäten leben an sonnigen, offenen Plätzen und legen ihre Netze bis maximal 1 m über dem Boden in niederem Gebüsch und Stauden an. Die Nabe des Netzes ist mit viel weißer Seide ausgefüllt und charakteristisch für diese Art. Bei schönem Wetter sitzt die Spinne in der Nabe ihres Netzes, bei trübem Wetter und nachts verzieht sie sich in ihren nahe beim Netz gelegenen Schlupfwinkel und ist nur mit einem Signalfaden mit dem Netz verbunden. Der Schlupfwinkel ist meist oberhalb des Netzes angebracht und besteht aus einem schalenförmigen Gespinst. Hier lauert die Spinne mit angezogenen Beinen.

Bekannt sind die beiden Varietäten: *A. redii* δ und A. redii ζ. *A. redii* δ besitzt zwei deutlich helle Flecke im vorderen Teil ihres Hinterleibes, die hintere dunkle Fleckenzeichnung ist deutlich weiß eingerahmt. *A. redii* ζ besitzt im hinteren Teil des Hinterleibes ein dunkles Dreieck, das gelb eingefaßt ist.

Araneus sturmi (Araneus agalena, Atea sturmi)
Weibchen: ca. 5 mm Männchen: 3,5 mm

Relativ kleine Kreuzspinnen-Art mit fast dreieckigem Hinterleib, der so lang wie breit ist. Grundfärbung rötlichbraun mit dichter rötlicher Behaarung. Rückenschild rötlichbraun und flaumig behaart. Hinterleib dreieckig, mit zwei dunkelbraunen bis schwarzen Flecken im ersten Drittel des Hinterleibes, der restliche Hinterleib ist mit rötlichbraunen Härchen bedeckt und durch zwei breite gelbe Bögen vom ersten Drittel getrennt. Im rötlichen Teil des Hinterleibes liegen 3–4 dunkelbraune, paarige Flecken.

A. sturmi lebt bevorzugt auf Nadelbäumen, und man kann ihre Netze bis in 2,50 m Höhe finden. Die Spinne lebt meist neben dem Netz und betritt dieses nur, um die Beute zu sichern oder das Netz auszubessern. Bei Gefahr läßt sich die Spinne schnell an einem Sicherheitsfaden zu Boden.

Agalenatea redii ♀

Agalenatea redii var. δ ♀

Agalenatea redii var. ζ ♀

Atea sturmi ♀

Araneus diodius (Zilla albimaculata, Zilla diodia)
Weibchen: ca. 4 mm Männchen: ca. 2,5 mm
Dunkelbraun gefärbte, relativ kleine Art mit länglich-ovalem Hinterleib, der den Rückenschild sehr stark überlappt. Rückenschild braun, dicht mit hellen Härchen besetzt. Hinterleib dunkelbraun mit einem fast weißen Dreieck im ersten Drittel, danach folgen rechts und links der Mittellinie 3–4 Paar schwarze Flecken. Restlicher Hinterleib rötlichbraun und weiß gesprenkelt und mit weißen Härchen besetzt. Beine dunkelbraun, dicht weiß behaart.
Diese Art bevorzugt warme, sonnige Plätze und ist recht häufig auf Nadelbäumen zu finden. Sie webt ein senkrechtes Netz mit großer Nabe, besitzt keinen Schlupfwinkel, sondern hält sich immer im Netz auf.

Erdkreuzspinne *(Cercidia prominens)*
Weibchen: ca. 5 mm Männchen: ca. 4 mm
Rötlichbraune Spinne mit länglich-ovalem Hinterleib, der am Vorderende leicht zugespitzt ist. Rückenschild breit und relativ lang, dunkelbraun und mit kurzen hellen Härchen besetzt. Hinterleib trägt auf jeder Seite des Vorderrandes 3–4 kleine schwarze Stacheln, die auf kleinen dunklen Erhöhungen sitzen. Hinterleib lederartig glänzend, hellrotbraun mit etwas hellerer, breiter Mittellinie, die aber nicht bei allen Tieren deutlich zu erkennen ist. Deutlicher zu sehen sind jedoch die 3–4 Paar grubigen Vertiefungen rechts und links der Mittellinie. Beine dunkelbraun und rötlichbraun geringelt.
Diese Art legt sehr kleine Netze dicht über dem Boden an. Die Spinne baut sich keinen Schlupfwinkel, sondern hält sich tagsüber vorwiegend am Boden auf.

Kürbisspinne *(Araneus cucurbitinus, Araniella cucurbitina)*
Weibchen: 6 mm Männchen: 4 mm
Die Spinne hat ihren deutschen Namen von der Färbung ihres Hinterleibes, der glänzend gelblich-grün gefärbt ist. Rückenschild und Beine grünlichbraun, mit vielen langen schwarzen Stacheln. Manchmal auch grünlichbraun und schwarz geringelt. Der gelb-grüne, glänzende Hinterleib trägt links und rechts der Mittellinie 4–5 Paar grubige Vertiefungen, die dunkel gefärbt sind. Noch nicht geschlechtsreife jüngere Tiere sind rötlich bis orangefarben, ältere olivbraun.
Diese Art legt ihr meist nur handtellergroßes Netz schräg bis waagrecht auf großen Blättern an; sie besitzt keine Schlupfwinkel, ist aber in ihrem waagrechten Netz gut getarnt. Auf Bäumen; bei weitem die häufigste einheimische Spinnenart.

Araneus inconspicuus (Araniella inconspicua)
Weibchen: 5 mm Männchen: 4 mm
Diese Art gleicht der vorigen. Hinterleib jedoch rötlichgelb mit nur 2 Paar dunkler Gruben und deutlicher gelber Blattzeichnung. Rückenschild und Beine glänzend braun. Beine mit langen schwarzen Stacheln. Diese Art bevorzugt als Lebensraum Eichen und Kiefern.

Zilla diodia
♀

Araniella cucurbitina
♀

Cercidia prominens
♀

Araniella inconspicua
♂

Alpenkreuzspinne *(Araneus alpicus, Araniella alpica)*
Weibchen: 6 mm Männchen: 4 mm
Diese Art ähnelt in ihrer Färbung sehr *A. inconspicuus.* Sie besitzt aber einen deutlich kreisförmigen Hinterleib mit 2–3 dunklen, grubigen Vertiefungen. Hinterleibsoberseite hellbraun bis gelb mit deutlicher heller Mittellinie, von der aus 3 Paar helle Schrägstreifen nach beiden Seiten ausgehen. Seiten dunkler. Unterseite des Hinterleibes mit dunklem, grünlichem Mittelteil, in dem 4 gelbe Punkte liegen, die quadratisch angeordnet sind. Rückenschild und Beine braun und glänzend. Beine mit langen dunklen Stachelhaaren besetzt.
Diese Art legt ihre Netze in der Hauptsache in Nadelbäumen – nicht nur im Gebirge – an.

Araneus displicatus (A. westringi, Araniella displicata)
Weibchen: 6–11 mm Männchen: ca. 5 mm
Rötliche bis gelblichgrüne Art, die in der Färbung des Hinterleibes stark variiert, deren Zeichnung aber stets gleich bleibt. Die Spinne besitzt einen relativ großen Rückenschild und einen länglich-ovalen Hinterleib, dessen Vorderende zugespitzt ist und den Rückenschild weit überdeckt. Rückenschild und Beine rötlichbraun glänzend, ohne Zeichnung. Beine bei dunkler gefärbten Tieren mit zarter Ringelung. Hinterleib gelblich-orange bis ziegelrot mit weißer Blattzeichnung und 4 Paar schwarzer Punkte rechts und links der Mittellinie. Auf der Bauchseite beim Weibchen ein orangefarbenes Band mit hellen Punkten, beim Männchen fließen diese Punkte zu einem hellen Mittelband zusammen. Diese Art kommt bevorzugt in Nadelbäumen vor.

Glanzkreuzspinne *(Singa albovittata, Hypsosinga albovittata)*
Weibchen: ca. 3 mm Männchen: ca. 2,5 mm
Dunkelbraun und weiß gefärbte Art mit glänzendem ovalem Hinterleib. Rükkenschild dunkelbraun mit weißem Mittelband, das zwischen den Augen beginnt und nach hinten spitz ausläuft. Hinterkörper weißlich mit dunkelbrauner Blattzeichnung. Bauchseite mit einer breiten dunklen Zone, die von einer weißlichen, U-förmigen Linie umgeben ist, die bis zu den Spinnwarzen reicht. Die Männchen besitzen einen dunkelbraunen bis schwarzen Hinterleib mit wenigen weißen Flecken.
Diese Art bevorzugt sonniges, trockenes Gelände und legt ihr Radnetz in niederer Vegetation, höchstens 20 cm über dem Boden an.

Gestreifte Glanzkreuzspinne *(Singa pygmaea, Hypsosinga pygmaea)*
Weibchen: ca. 4 mm Männchen: ca. 3 mm
Schwarz-gelb gezeichnete Art mit länglich-ovalem Hinterleib. Rückenschild schwarz, glänzend, Hinterleib schwarz mit drei gelben oder weißlichen Längsstreifen, von denen der mittlere am breitesten und intensivsten gefärbt ist. Beim Männchen können diese Streifen ganz fehlen. Beine braun, glänzend.
Diese Art bevorzugt sonnige, aber feuchte Gebiete und baut ihre Netze zwischen niedriger Vegetation.

Araniella alpica ♀

Araniella displicata ♀

Hypsosinga albovittata ♀

Hypsosinga pygmaea ♀

Singa sanguinea (Hypsosinga sanguinea)
Weibchen: ca. 3,5 mm Männchen: ca. 3 mm
Diese Art ähnelt der vorigen sehr stark, sie ist jedoch nicht schwarz-gelb gestreift, sondern dunkelbraun und weiß. Bei den Männchen können die Streifen auf dem Hinterleib fehlen. *S. sanguinea* hat ebenso wie alle anderen Glanzkreuzspinnen recht kurze Beine, einen glänzenden Hinterleib und ist nur wenig behaart. Die Radnetze, die sie anlegt, sind recht klein und stets in Bodennähe. Die Spinne legt sich Schlupfwinkel an, die ebenfalls in Bodennähe zu finden sind. Diese Art bevorzugt trockene, warme Gelände, lebt dicht über dem Boden und ist vor allem in Heidegebieten häufiger.

Glanzkreuzspinne *(Singa hamata)*
Weibchen: ca. 6 mm Männchen: ca. 4 mm
Kastanienbraune bis hellbraune Art mit weißlichen Quer- und Längsbinden auf der Oberseite ihres Hinterleibes. Rückenschild und Beine kastanienbraun, glänzend und ohne Zeichnung. Hinterleib oval mit hellen Längsstreifen, die in der Mitte des Hinterleibes von weißlichen Querstreifen gekreuzt werden. Die auf der Bauchseite liegenden hellen Seitenlinien sind sehr kurz. Diese Art hält sich an feuchten Stellen zwischen niederen Pflanzen auf. Die senkrechten kleinen Netze sind dicht über dem Boden angebracht. Hier befinden sich auch die blaßbraunen, gewebten Schlupfwinkel, in die sich die Spinne bei Gefahr zurückzieht und in die sie ihre Eikokons ablegt.

Sektorenspinne *(Zygiella x-notata)*
Weibchen: ca. 6 mm Männchen: ca. 5 mm
Die Sektorenspinne gehört zur Gattung *Zygiella,* die in unserem Gebiet mit 5 Arten vertreten ist. Die Arten dieser Gattung zeichnen sich durch typische Netze aus: Das Radnetz besitzt einen von Fangfäden freien Sektor (siehe Zeichnung), von dem aus ein Signalfaden zum nahegelegten Schlupfwinkel führt. Dieser besteht aus einer beiderseits offenen Gespinströhre, in der die Spinne auf Beute lauert und in der auch die braunen Eikokons abgelegt werden.
Z. x-notata besitzt eine graubraune Grundfärbung. Rückenschild und Beine sind graubraun bis schwarz, glänzend und mit wenigen schwarzen Stachelhaaren besetzt. Der ovale Hinterleib glänzt silbrig und trägt eine dunkelgraue Blattzeichnung, die in der Mitte jedoch durch ein breites, silbrig glänzendes Mittelband getrennt wird, auf dem deutlich 3–4 dunkle, grubige Vertiefungen zu erkennen sind. Diese Art ist oft in der Nähe von Gebäuden zu finden, wo sie an Zäunen und Fensternischen ihr typisches Netz anlegt.

Hypsosinga sanguinea ♀

Singa hamata ♀

Zygiella x-notata ♀

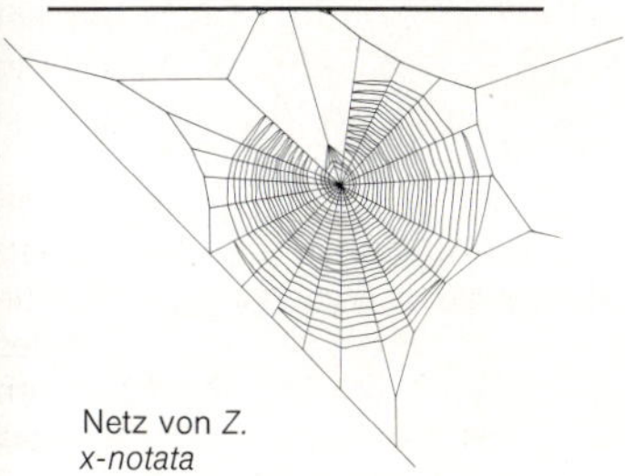

Netz von *Z. x-notata*

Zygiella atrica (Zygiella calophylla)
Weibchen: ca. 6 mm Männchen: ca. 5 mm
Grundfärbung rotbraun. Rückenschild rotbraun mit dunklem Mittelstreifen, der zwischen den Augen beginnt und zum Hinterende schmal zusammenläuft, Ränder schmal schwarz eingefaßt. Hinterleib kreisförmig bis oval mit silbrig glänzender Blattzeichnung und rotbraunen Rändern; im ersten Drittel links und rechts der Mittellinie zwei paarige dunkle Flecken. Beine rötlichbraun und schwarz geringelt, mit langen dunklen Stachelhaaren.
Diese Art lebt vor allem in Sträuchern und an den Stämmen von Nadelbäumen und baut ein relativ kleines Netz.

Zygiella stroemi
Weibchen: ca. 4 mm Männchen: ca. 3 mm
Kleinste europäische Sektorenspinnen-Art mit kreisförmigem bis ovalem Hinterleib und gelblich-brauner Färbung. Rückenschild braun mit dunklem Mittelband, das zwischen den Augen beginnt und nach hinten schmaler wird, Ränder schmal dunkel eingefaßt. Hinterleib gelblich mit rötlichbrauner Blattzeichnung. Beine rötlichbraun und dunkel geringelt, mit schwarzen Stachelhaaren besetzt.
Diese Art bevorzugt die Stämme von Nadelbäumen beim Bau ihrer kleinen und zarten Netze – vor allem Stämme mit stark rissiger Rinde, in die die Spinne sich bei Gefahr verkriechen kann.

Zygiella montana
Weibchen: ca. 7 mm Männchen: ca. 5 mm
Diese Art kommt nur im Gebirge vor und lebt hier an Bäumen, Sträuchern und Felsen, gelegentlich auch in Häusern.
Grundfärbung schwärzlich weiß. Rückenschild schwarz, glänzend, ebenso die Beine. Hinterleib länglich-oval, weißlich und rötlich gesprenkelt mit deutlicher schwarzer Blattzeichnung und schmaler schwarzer Mittellinie.

Streifenkreuzspinne *(Mangora acalypha)*
Weibchen: bis 7 mm Männchen: ca. 4 mm
Grundfärbung dreifarbig: weißlich, schwarz und rötlichbraun. Rückenschild gelbbraun mit dunklem Rand und dünnem dunklem Mittelstreifen. Beine dunkelbraun bis schwarz mit dunkleren Punkten. Hinterleib länglich-oval, rötlichbraun mit schwarzer Blattzeichnung, die breit weiß eingefaßt ist.
Diese Art ist sehr verbreitet, jedoch nicht überall häufig. Sie lebt an warmen, sonnigen Plätzen und legt ihr Radnetz fast waagrecht dicht über dem Boden an. Die Spinne hält sich im Netz auf und baut keine Schlupfwinkel.

Zygiella atrica ♀

Zygiella montana ♀

Zygiella stroemi ♀

Mangora acalypha ♀

Die folgenden beiden Arten, *Cyclosa conica, Aryope bruennichi,* zeichnen sich dadurch aus, daß sie in ihr Radnetz ein sogenanntes „Stabiliment" einweben; ein breites Seidenband, das von der Nabe aus nach beiden Richtungen führt. Diese Stabilimente dienen nicht etwa der Stabilisierung des Netzes, wie der Name aussagt, sondern sollen – Näheres ist jedoch noch nicht bekannt – der Tarnung dienen und den Feind von der in der Nabe lebenden Spinne ablenken. Gestörte Spinnen schwingen im Netz, ihre Konturen lösen sich optisch auf und verschwimmen völlig – wohl ein Schutz vor Vögeln.

Konische Radspinne, Kreisspinne *(Cyclosa conica)*

Weibchen: bis 7 mm Männchen: ca. 4 mm

Diese Art ist in Farbe und Zeichnung außerordentlich variabel. Die Vertreter der Kreisspinnen besitzen alle einen hinten über den Spinnwarzen deutlich höckerigen oder konisch verjüngten Hinterleib. Der Rückenschild ist meist hoch gewölbt, schwarz oder dunkelbraun und glänzend und normalerweise von den angezogenen Beinen verdeckt. Hinterleib weißlich bis rötlichbraun mit deutlicher dunklerer Blattzeichnung. Die Radnetze sind meist kreisförmig und besitzen ein breites Stabiliment, das oft noch mit Nahrungsresten bestückt wird.

C. conica hat ein schwarzes Rückenschild und einen weißlichen bis rötlichbraunen Hinterleib mit mehr oder weniger deutlicher dunkler Blattzeichnung. Der Hinterleib erscheint von oben gesehen dreizackig, im vorderen Drittel liegt ein Höckerpaar. Die Beine sind meist angezogen, sie sind rötlichbraun oder blaßbraun und dunkel geringelt. Diese Art lebt hauptsächlich in sonnigem Gelände und legt ihr Netz in Bodennähe an. Die Spinne sitzt mit angezogenen Beinen kopfunter im Zentrum.

Zebraspinne, Wespenspinne *(Argyope bruennichi)*

Weibchen: 15 mm Männchen: ca. 4 mm

A. bruennichi gehört zu den ca. 150 Arten von Zebraspinnen und ist der einzige Vertreter dieser Gattung in Mitteleuropa. Die Weibchen der Zebraspinnen sind sehr auffällig, wespenähnlich gezeichnet, die Jungspinnen und die Männchen dagegen recht unscheinbar hell- und dunkelbraun. Ebenso auffällig wie die Zeichnung der Weibchen ist auch das Netz: Die Nabe ist dicht mit weißer Seide übersponnen. Von ihr aus führen senkrecht nach oben und unten zwei zickzackförmige weiße Seidenbänder (Stabilimente).

Rückenschild recht klein, schwarz und dicht mit silbrig-grauen, seidigen Härchen bedeckt. Hinterleib länglich-oval und wespenartig gelb und schwarz gestreift. Beine blaßbraun und dunkelbraun geringelt. Die Zebraspinne ist recht verbreitet und häufig. Sie bevorzugt sonniges Gelände und legt ihr charakteristisches Netz etwa 30 cm über dem Boden zwischen niederen Pflanzen an. Sie lebt in der Hauptsache von Feldheuschrecken. Die Spinne sitzt kopfunter im Netz und legt keinen Schlupfwinkel an. Der große, dunkelbraune, ballonförmige Eikokon, in den die Spinne 300–400 Eier ablegt, wird außerhalb des Netzes an Grashalmen etc. angeheftet. Ein Weibchen baut bis zu 5 solcher Kokons. Die Jungspinnen schlüpfen erst im Frühjahr, überwintern also im Kokon.

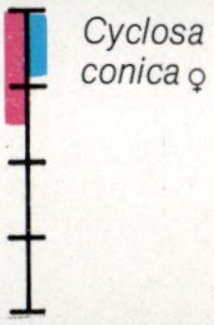
Cyclosa conica ♀

Argiope bruennichi ♂

Argiope bruennichi ♀

Baldachin- oder Deckennetzspinnen (Linyphiidae)

Zur großen Familie der Baldachin- oder Deckennetzspinnen gehören ca. 3500 netzbauende Arten, von denen in Mitteleuropa bisher 260 Arten bekannt sind. Zu dieser Familie zählen auch die Zwergspinnen, die von manchen Autoren auch als eigene Familie (Micryphantidae) behandelt werden. Zu den Zwergspinnen zählen rund 1000 Arten, von denen in Mitteleuropa bisher ca. 150 bestimmt wurden.
Die Vertreter der Baldachinspinnen sind relativ klein, besitzen mit Stacheln besetzte, relativ lange, dünne Beine mit 3 Klauen. Sie sind meist schwarz oder dunkel- bis hellbraun gezeichnet.
Die meisten Arten können nur mit Hilfe eines Mikroskopes und spezieller Literatur bestimmt werden – vielfach ist eine genaue Bestimmung auch nur bis zur Gattung möglich. Aus diesem Grund sind auch noch nicht alle bei uns heimischen Arten erfaßt; auch über die Lebensweisen ist noch nicht viel bekannt geworden.

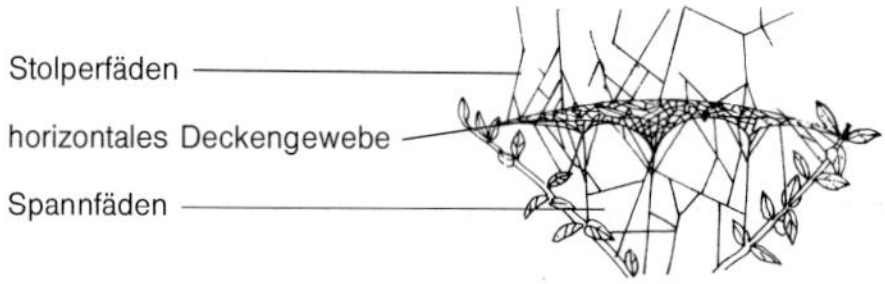

Die Baldachinspinnen weben eine horizontale, leicht gewölbte, baldachinartige Gewebedecke (Familienname!), die in Bodennähe zwischen niederen Pflanzen oder auf Gesträuch angebracht wird (siehe Zeichnung). Von dieser dichten Gewebedecke geht nach oben ein Gewirr aus sogenannten Absturz- oder Stolperfäden, nach unten Spannfäden, die das Netz in seiner Lage halten und spannen. Baldachinspinnen legen sich in der Regel keine Schlupfwinkel an. Die Spinnen sitzen stets mit dem Bauch nach oben auf der Unterseite der gewölbten Gewebedecke und warten, bis sich ein Beutetier in den Stolperfäden verfängt. Meist bleibt das Opfer in den Fäden hängen und muß erst von der Spinne auf die Gewebedecke „heruntergeschüttelt" werden. Fällt die Beute dann auf den Baldachin herunter, so beißt die Spinne durch das Gewebe hindurch, wartet, bis das Beutetier gelähmt ist, beißt dann das Gewebe durch und zieht die Beute unter das Netz, um sie dort in Ruhe zu verspeisen.
Geschlechtsreife Männchen weben keine eigenen Netze mehr. Sie suchen sich eine Partnerin, die sie umwerben und in deren Netz sie nach der Paarung (die oft stundenlang dauern kann) noch eine geraume Zeit leben – allerdings sehr an die Seite gedrückt.
Baldachinspinnen leben zeitlebens in ihrem Gewebe. Ihre Verbreitung erfolgt durch die Jungspinnen, die mit Hilfe von Flugfäden (Altweibersommer) vom Wind vertrieben werden.
Die Zwergspinnen, die wir mit zu den Baldachinspinnen gerechnet haben, unterscheiden sich zum einen durch ihre geringe Größe von den restlichen

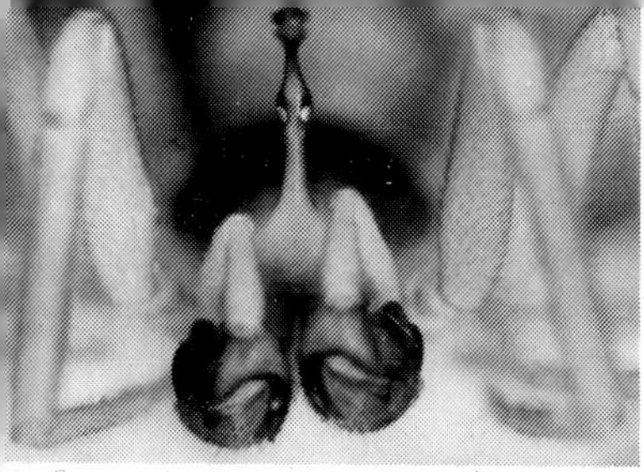

Walckenaera acuminata ♂

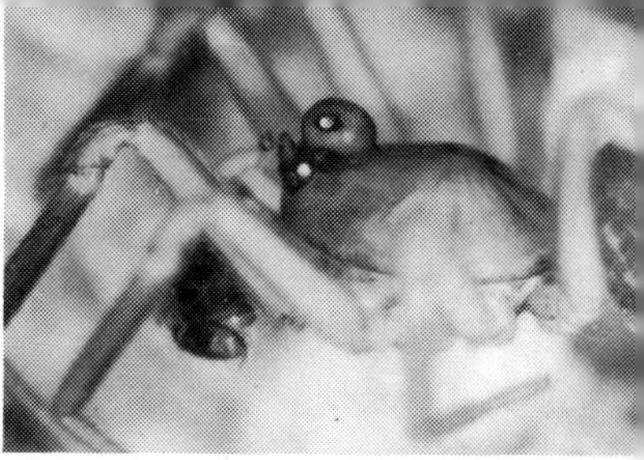

Walckenaera antica ♂

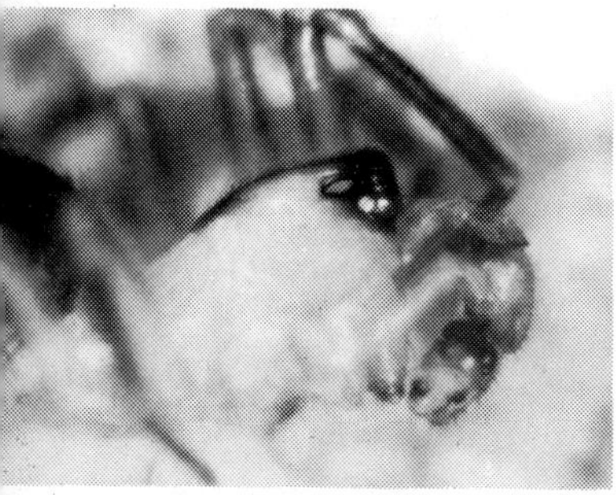

Trematocephalus cristatus ♂

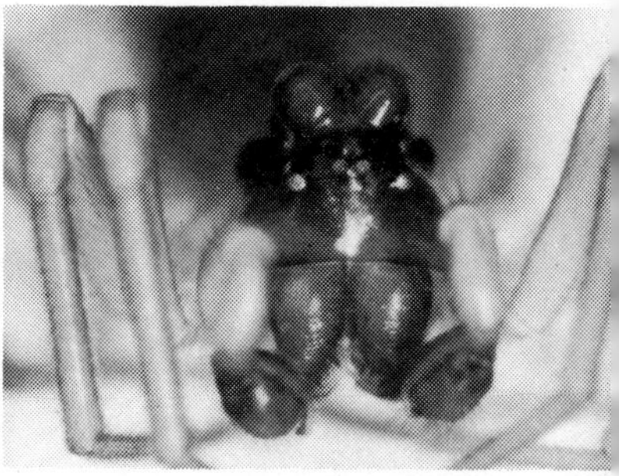

Hypomma bituberculatum ♂

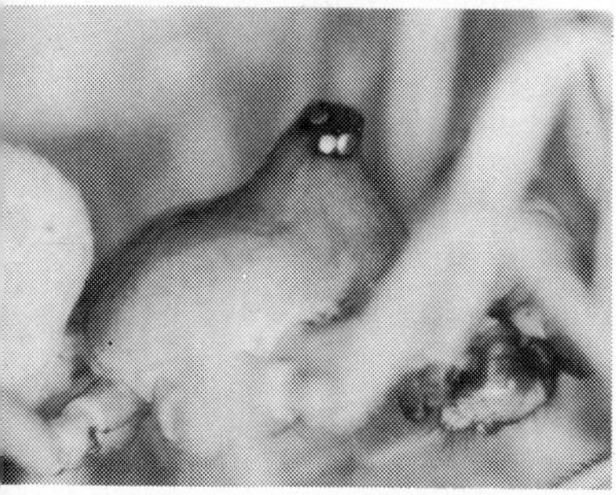

Gonatium rubens ♂

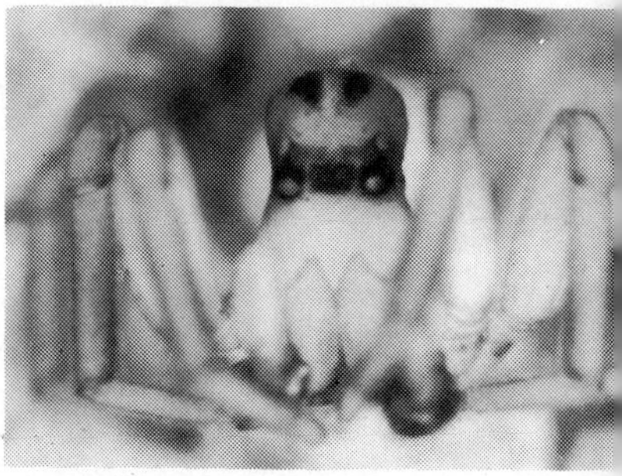

Peponocranium ludicrum ♂

Oedothorax apicatus ♂

Floronia bucculenta ♂

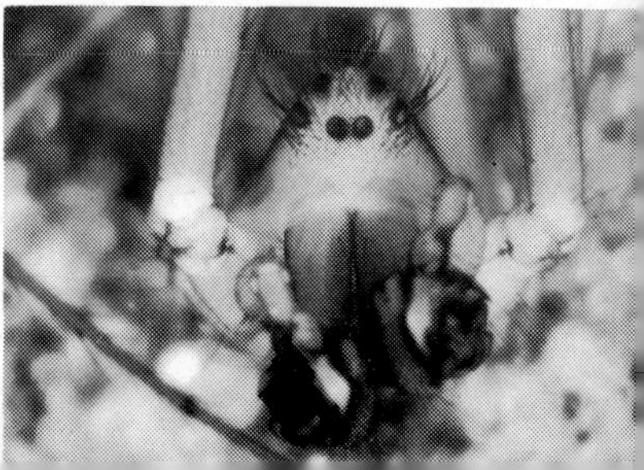

Baldachinspinnen, zum andern dadurch, daß die Männchen durch eine außergewöhnliche Kopfform auffallen, das heißt, die Männchen der einzelnen Arten tragen arttypische Auswüchse am Kopf, an denen die Augen sitzen. Wozu diese Auswüchse dienen, ist bisher noch nicht bekannt. Die Kiefertaster der Männchen sind zudem boxhandschuhähnlich verdickt.
Zu den Zwergspinnen werden die folgenden Gattungen gerechnet: *Walckenaera, Trematocephalus, Gongylidium, Hypomma, Gonatium, Ostearius, Peponocranium, Evansia, Lessertia, Erigone* und *Lophomma.* Von vielen dieser Gattungen ist bisher nur eine Art eindeutig bestimmt worden.

Walckenaera acuminata

Weibchen: 3,5 mm Männchen: ca. 3 mm

Das Männchen unterscheidet sich vom Weibchen durch seine Auswüchse am Kopf und die vergrößerten Kiefertaster. Bei dieser Art ist der Auswuchs am Kopf stiel- bis turmförmig. Die 8 Augen sitzen zu je vier an diesem „Stiel", der wie ein Teleskop wirkt. Grundfärbung dunkelbraun bis schwarz. Rückenschild, Kiefertaster und Hinterleib dunkelbraun bis schwarz und glänzend. Der Hinterleib ist dicht mit kurzen, hellen Flaumhaaren bedeckt. Die Beine sind hellbraun, relativ lang und dünn.
Diese Art lebt an geschützten Stellen in Wäldern zwischen Laubstreu und Moos. Die Weibchen sind das ganze Jahr über zu sehen, die Männchen nur vom Herbst bis zum Frühjahr.

Walckenaera antica

Weibchen: ca. 2,5 mm Männchen: ca. 2 mm

Bei dieser Art ist bei den Männchen der Kopf in zwei Lappen ausgezogen, einen kleineren Vorderlappen, der ein Paar Höcker trägt, die aus miteinander verbundenen Härchen bestehen und nach vorne weisen, und einen größeren Hinterlappen. Die ganze Spinne ist dunkelbraun bis schwarz gefärbt und glänzt sehr stark. Der Hinterleib ist hoch aufgewölbt und mit vielen kurzen Flaumhärchen besetzt, die Beine sind bis auf die Schenkel schwarz; die Schenkel sind braun.
Diese Art liebt sonnige, trockene Plätze und hält sich bevorzugt auf Abfall- und Komposthaufen auf, wo sie vom Herbst bis zum Frühjahr anzutreffen ist.

Walckenaera melanocephala

Weibchen: 2,5 mm Männchen: 2 mm

Die Männchen dieser Art tragen am Kopf ebenfalls zwei lappenförmige Auswüchse, die denen von *W. antica* ähneln. *W. melanocephala* unterscheidet sich jedoch anhand ihrer Körperfärbung wesentlich von *W. antica.* Der Rückenschild ist orangebraun, nur der Kopfbereich ist schwarz gefärbt. Der nach vorne hochgezogene Hinterleib ist glänzend dunkelbraun oder schwarz und mit vielen hellen Flaumhärchen bedeckt. Die Beine sind orangebraun, nur die Schienen der ersten beiden Beinpaare sind dunkelbraun.
Diese Art kommt im Gras und zwischen Heidekraut vor und ist hauptsächlich im Sommer anzutreffen.

Walckenaera acuminata ♂

Walckenaera antica ♀

Walckenaera melanocephala ♀

Trematocephalus cristatus
Weibchen: 2,5 mm Männchen: 2 mm
Die Männchen dieser Art besitzen an ihrem Kopf waagrecht verlaufende Auswüchse, an deren Seiten die Augen sitzen. Betrachtet man diese Auswüchse von der Seite, so kann man bei geschlechtsreifen Männchen ein deutliches Loch erkennen (siehe Schwarzweißfoto Seite 269). Bei noch nicht erwachsenen Männchen ist dieses Loch noch nicht erkennbar, da es erst bei der letzten Häutung entsteht. Rückenschild orangerot, Kopfbereich braun bis dunkelbraun getönt. Hinterleib dunkelbraun, am Vorderende hoch aufgewölbt und von oben fast kreisrund aussehend; manchmal mit einem zarten hellen Mittelband, immer jedoch mit vielen kurzen Flaumhärchen bedeckt.
Diese Art lebt auf Büschen und Bäumen bis in eine Höhe von 1,5 m über dem Boden. Sie ist häufig im Frühjahr und Frühsommer zu sehen (wenn man dies bei der Kleinheit der Spinne überhaupt sagen kann).

Gongylidium rufipes
Weibchen: 2,5 mm Männchen: 3 mm
Die Männchen von *G. rufipes* besitzen ebenfalls eine buckelige Auswölbung ihres Kopfes, auf der die 8 Augen sitzen. Rückenschild braun bis orangefarben mit dunklem Kopfbereich, stark glänzend. Hinterleib dunkelbraun bis schwarz mit hellerem, breitem Mittelband und vielen hellen Flaumhärchen. Beine hellbraun, zum Teil mit orangefarbenen Flecken. Diese Art ähnelt auf den ersten Blick *Phaeocedus braccatus* (Seite 76), ist jedoch weitaus kleiner und glänzt viel stärker.
Diese Art lebt an Bäumen, Büschen und niederen Pflanzen in Waldgebieten; die Männchen sind im Frühjahr und Herbst anzutreffen, die Weibchen auch im Sommer.

Hypomma bituberculatum
Weibchen: ca. 3 mm Männchen: ca. 2,5 mm
Männchen mit dunklem Kopf, der in zwei große Zipfel ausgezogen ist (siehe Schwarzweißfoto Seite 269). Rückenschild orangefarben bis hellbraun, ebenso die Beine. Hinterleib schwarz, glänzend, mit zwei Paar deutlich sichtbaren grubigen Vertiefungen und mit kurzen hellen Härchen besetzt.
Diese Art bevorzugt feuchte Stellen und ist von Frühjahr bis Herbst häufig in der niederen Vegetation an Gewässerrändern zu finden.

Trematocephalus cristatus ♀

Gongylidium rufipes ♀ mit Kokon

Hypomma bituberculatum ♀ mit Kokon

Gonatium rubens
Weibchen: 3 mm Männchen: 2,5 mm
Beim Männchen liegt die Augenregion auf einem spitz zulaufenden Höcker (siehe Seite 269). Diese Spinne ist bis auf die dunklen Augen und die letzten beiden dunkler gefärbten Beinglieder orangerot bis orangebraun gefärbt und stark glänzend. Hinterleib vorne etwas über den Rückenschild gewölbt, nach hinten spitz auslaufend, mit dunkleren, kurzen Härchen besetzt. Die Schienen der ersten beiden Beinpaare sind etwas gebogen und nach unten zu verdickt.
Diese Art lebt in niederer Vegetation oder in Büschen an schattigen Plätzen und ist das ganze Jahr über zu finden.

Ostearius melanopygius
Weibchen: 2,5 mm Männchen: 2–2,5 mm
Bei dieser Art liegen die Augen der männlichen Tiere ebenfalls auf einer Erhebung. Die Grundfärbung von Männchen und Weibchen ist dunkelbraun bis schwarz. Rückenschild meist dunkler gefärbt als Hinterleib und stark glänzend. Der vorne hochgewölbte Hinterleib überragt den Rückenschild ein Stück. Hinterleib zu den Spinnwarzen hin spitz zulaufend, rötlichbraun mit vielen kurzen braunen Härchen bedeckt, um die Spinnwarzen herum dunkler gefärbt. Beine dunkelbraun bis gelblichbraun, glänzend, mit dunklen Stachelhaaren.
O. melanopygius kommt in fast allen Lebensräumen vor, ist weltweit verbreitet und vom Frühjahr bis zum Herbst anzutreffen.

Peponocranium ludicrum
Weibchen: ca. 2 mm Männchen: ca. 2 mm
Recht kleine Art, die auf Grund ihrer Färbung und ihrer Kleinheit in der niederen Vegetation und im Gebüsch kaum auffällt. Das Männchen unterscheidet sich vom Weibchen wiederum durch eine auffällige Kopfform (siehe Seite 269). Der Augenbereich ist sehr stark kuppelförmig vergrößert und obendrein noch dunkel gefärbt, so daß die Männchen – trotz ihrer geringen Größe und ihrer braunen Färbung – leicht zu bestimmen sind. Grundfärbung braungrau bis gelbbraun. Rückenschild gelbbraun und stark glänzend, wird ebenfalls ein Stück vom hochgewölbten Hinterleib überragt. Hinterleib braungrau, mit vielen kurzen hellen Härchen besetzt. Beine gelbbraun, wobei die einzelnen Glieder im unteren Teil stets etwas dunkler gefärbt sind.
Diese Art ist in ganz Europa verbreitet, lebt in niederer Vegetation und an Büschen. Die Männchen sind im Frühsommer häufiger anzutreffen, das Weibchen das ganze Jahr über.

Gonatium rubens ♀

Ostearius melanopygius ♀

Peponocranium ludicrum ♂

Evansia merens

Weibchen: ca. 2,5 mm Männchen: ca. 2 mm

Kleine, gelbbraune bis braune Spinne, die meist unter Steinen lebt und häufig zusammen mit Ameisen vorkommt. Ob sie sich von diesen ernährt oder nur deren Schutz sucht, ist noch nicht bekannt. Rückenschild braun, glänzend, mit dunkler gefärbtem Kopfbereich. Im hinteren Drittel des Rückenschildes liegt ein helleres, gelbliches Mal, das bei blasser gefärbten Exemplaren jedoch kaum zu erkennen ist. Hinterleib gelbbraun, mit kurzen weißen Härchen bedeckt. Bei stark ausgefärbten Exemplaren ist ein Muster aus zwei links und rechts der Mittellinie liegenden hellen Punktreihen und im hinteren Drittel einige helle Schrägstreifen zu erkennen. Beine ziemlich lang und dünn, dunkelbraun glänzend, oberste beide Beinglieder gelblich gefärbt.

Lessertia dentichelis

Weibchen: ca. 3 mm Männchen: ca. 3 mm

Diese Art kann in ganz verschieden gezeichneten Exemplaren vertreten sein, die Grundfärbung ist jedoch meist ein blasses, fast durchscheinendes Braun. Rückenschild braun mit dunklerem Kopfbereich, stark glänzend, im hinteren Drittel mit hellerem Mittelband. Hinterleib länglich-oval bis kugelförmig, gelblichbraun, mit vielen kurzen hellen Härchen besetzt und mit undeutlichen, schmalen, helleren Winkeln, die von der Mittellinie aus nach beiden Seiten verlaufen. Die Färbung des Hinterleibes kann von Grünlichbraun bis Rosabraun variieren. Beine wie Rückenschild gefärbt und mit hellen Härchen besetzt.

Diese Art ist an feuchten, unter der Erde liegenden Lebensräumen (Höhlen, Bergwerke, Kanalisationsrohre) zu finden. Sie kann von der vorigen Art hauptsächlich aufgrund des anderen Lebensraumes unterschieden werden. Die Weibchen sind das ganze Jahr über anzutreffen, die Männchen nur im Herbst. *L. dentichelis* ist weit verbreitet, jedoch recht selten.

Erigone

Von der Gattung *Erigone* sind in Mitteleuropa bisher 11 Arten bekannt, von denen 2 (*E. atra* und *E. dentipalpis*) recht häufig beim „Luftschiffen“, d. h.

Erigone atra ♂ beim Start zum Luftschiffen

Evansia merens ♀

Lessertia dentichelis ♀ mit Kokon

Erigone arctica ♀ mit Kokon (Text S. 278)

beim Verbreiten mit Hilfe von Seidenfäden und Wind, gefunden werden können. *Erigone*-Arten bevorzugen feuchte Lebensräume und legen kleine Netze in Bodenlöchern an. Von anderen Zwergspinnen sind sie anhand der großen und deutlich mit Zähnen bestückten Kiefertaster der Männchen zu unterscheiden. Grundfärbung dunkelbraun bis schwarz und glänzend. Beine meist heller als Körper. Kopfbereich beim Männchen stets erhabener als beim Weibchen.

Erigone arctia (Bild Seite 277)
Weibchen: 2,5 mm Männchen: 2,5 mm
Rückenschild und Hinterleib glänzend schwarz. Beine beim Männchen rötlichbraun, beim Weibchen gelblichbraun. Diese Art lebt bevorzugt unter Steinen und angespültem Seetang an Küsten oder unter Steinen an Süßwassertümpeln, ist das ganze Jahr über anzutreffen und verbreitet sich im Hochsommer und Herbst als „Luftschiffer".
Sehr ähnlich ist *E. atra* (Bild Seite 276), bei der die Männchen gelblichbraune Beine besitzen, die Weibchen braune. *E. atra* lebt im Moos und in niederer Vegetation an feuchten Plätzen.

Lophomma punctatum
Weibchen: 2,5 mm Männchen: 2–2,5 mm
Kleine, dunkelbraun bis schwarz gefärbte Zwergspinne, die vor allem in der niederen Vegetation von Sumpfgebieten vorkommt. Rückenschild schwarz mit vielen hellen Pünktchen, Hinterleib gelbbraun, mit vielen kurzen hellen Härchen bedeckt. Beine recht lang, die beiden oberen Beinglieder schwarz, die unteren braun gefärbt.

Die folgenden Arten gehören nicht mehr zu den Zwergspinnen.

Bathyphantes gracilis
Weibchen: ca. 2,5 mm Männchen: ca. 1,5 mm
Von der Gattung *Bathyphantes* gibt es in Mitteleuropa mehrere Arten, die jedoch nur sehr schwer zu unterscheiden sind. Am deutlichsten gekennzeichnet und am einfachsten zu bestimmen ist *B. gracilis:* Kleine, schwarz bis gelbbraun gezeichnete, veränderliche Art. Rückenschild breit, flach und schwarz glänzend. Hinterleib hellbraun bis gelbbraun mit schwarzem, unterbrochenem Mittelband und 3–4 dünnen Seitenbändern. Bei manchen Exemplaren kaum eine Zeichnung zu erkennen. Beine gelbbraun, lang und dünn. Diese Art lebt zwischen niederer Vegetation und kommt überall recht häufig vor.

Poeciloneta globosa
Weibchen: 2 mm Männchen: ca. 2 mm
Die einzige bei uns vertretene Art der Gattung *Poeciloneta* ähnelt stark den Vertretern der Gattung *Lepthyphantes* (Seite 184), unterscheidet sich von diesen jedoch durch ein kräftiger gezeichnetes, etwas anderes Muster auf Rückenschild und Hinterleib. Grundfärbung braunschwarz mit hellem Muster. Rückenschild dunkelbraun, Kopfbereich schwarz und stark glänzend.

Lophomma punctatum ♀

Bathyphantes gracilis ♀

Poeciloneta globosa ♀

Hinterleib hochgewölbt und zu den Spinnwarzen hin spitz auslaufend. Oberseite weißlich und braun genetzt, mit schwarzem Mittelband, das nach hinten zu schmäler wird und im ersten Drittel stark gezähnt ist. In der hinteren Hinterleibshälfte liegen rechts und links des schmalen Mittelbandes 3 Paar schwarze, unregelmäßige Flecken. Beine sehr lang und dünn, gelbbraun – manchmal mit klarer dunkler Ringelung, manchmal mit dunkleren unteren Beingliedern.
Diese Art kommt vorwiegend in niederer Vegetation, zwischen Moos und unter Steinen vor, ist jedoch auch in Büschen und Bäumen anzutreffen.

Drapetisca socialis
Weibchen: 4 mm Männchen: 3,5 mm
Diese Art ist der einzige mitteleuropäische Vertreter der Gattung. Erwähnenswert sind die außerordentlich feinen Netze, die diese Art senkrecht an den Rinden von Bäumen anlegt. Dieses Netz ist nur ca. 60 × 40 mm groß. Die Spinne fängt darin kleine Insekten, wie z. B. Blattläuse, die sich an der Baumrinde aufhalten.
Diese Art ist aufgrund der Zeichnung und Färbung des Rückenschildes gut zu erkennen. Die Färbung des Hinterleibes kann je nach Lebensraum verschieden sein: Exemplare, die in Industriegebieten gefunden werden, besitzen einen dunklen Hinterleib, Exemplare in ländlichen Gebieten haben einen hellrosafarbenen Hinterleib mit dunkler Zeichnung (siehe Abbildung). Rückenschild flach, gelbbraun mit feinem dunklem Rand, einem Y-förmigen dunklen Mittelband und 3–4 dunklen Schrägstreifen. Hinterleib breit-oval, weißlich und rosa genetzt mit unregelmäßiger dunkler Zeichnung und vielen feinen hellen Härchen. Beine gelbbraun und dunkelbraun bis schwarz geringelt. Kiefertaster des Weibchens bauchseits mit langen, kräftigen Haaren besetzt.
D. socialis hält sich vorwiegend in Wäldern an den Stämmen von Nadelbäumen und Buchen auf, wird aber manchmal auch an den Holzpfosten von Zäunen gefunden.

Tapinopa longidens
Weibchen: 4 mm Männchen: 4 mm
Bei dieser Art unterscheiden sich die Geschlechter auch dadurch, daß die Männchen an den Kiefertastern lange, dornenartige Fortsätze tragen. Grundfärbung gelbbraun bis dunkelbraun. Rückenschild ziemlich lang, breit und flach, gelbbraun mit schmalem hellem Rand, der jedoch deutlich zu sehen ist. Hinterleib länglich-oval, gelbbraun mit einigen helleren Flecken und grubigen Vertiefungen, mit feinen, kurzen hellen Härchen besetzt, vor allem an den Seiten. Beine gelbbraun und in den oberen Gliedern ebenso wie der Rückenschild glänzend, untere Beinglieder mit hellen Härchen bedeckt. Das Netz dieser Art ist typisch: Es besteht aus einer dichten hellen Gewebedecke, die über einer Bodenvertiefung oder in niederer Vegetation angebracht wird (siehe Bild Seite 281 unten).

Drapetisca socialis ♀

Tapinopa longidens ♀

Tapinopa longidens Gewebe

Labulla thoracica
Weibchen: ca. 5 mm Männchen: 4,5 mm
Bei dieser Art besitzt das Männchen scheibenförmige Kiefertaster. Der Rükkenschild ist im Vergleich zum Hinterleib klein. Er ist gelbbraun gefärbt mit breitem, dunklem Rand und dunklem Mittelband, Kopfbereich ebenfalls dunkel gefärbt und glänzend. Hinterleib hochgewölbt, fast kugelförmig, in der Färbung stark veränderlich: rötlich, gelblichbraun bis fast weiß, mit unterschiedlich großen, dunklen Flecken, glänzend – obwohl mit hellen Härchen bedeckt. Bauchseite mit einem großen und zwei kleinen hellen Flecken nahe den Spinnwarzen (siehe Zeichnung). Beine gelbbraun mit deutlicher dunkler Ringelung.
L. thoracica legt ihre feinen Deckennetze zwischen aus dem Erdboden herausschauenden Wurzeln von Waldbäumen an und ist vor allem im Herbst häufiger anzutreffen.

Spinnwarzen von unten

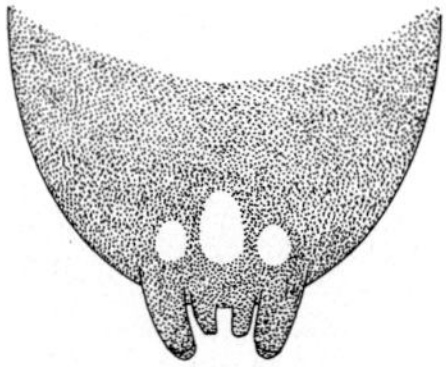

Baldachinspinne *(Stemonyphantes lineatus)*
Weibchen: 5 mm Männchen: 4 mm
Gelbbraun gefärbte Spinne mit weißlich-rosafarbenem Hinterleib und relativ kurzen, dünnen Beinen. Rückenschild gelbbraun mit dunklem Mittelband und dunklem Rand. Rückenschild beim Männchen breiter als beim Weibchen. Hinterleib länglich-oval und weiß und rosafarben gefleckt; mit drei Längsstreifen, die aus dunklen Punkten bestehen. Beine gelbbraun und dunkelbraun geringelt. Diese Art legt im Verhältnis zu ihrer Körpergröße recht kleine Deckennetze an und kommt in den verschiedensten Lebensräumen unter Steinen oder in niederer Vegetation vor. Auffällig sind die dichtgewebten weißen Eikokons, die direkt über dem Boden angelegt werden. Die Spinne webt eine dichte Gewebedecke, legt darauf ihre Eier ab und deckt diese wiederum mit einer dichten Gewebedecke ab, die mit der unteren Seidenlage verwoben und am Boden befestigt wird.

Taracnucnus setosus
Weibchen: 3 mm Männchen: 2,5 mm
Diese gelblichbraun und schwarz gefärbte Spinne kommt vor allem vom Herbst bis zum Frühjahr in der niederen Vegetation sumpfiger Gebiete vor. Rückenschild dunkelbraun bis schwarz und glänzend. Hinterleib relativ kurz, oval, rötlichbraun mit zwei kurzen schwarzen Längsstreifen, die fast in der Mitte des Hinterleibes zu beiden Seiten der Mittellinie liegen. Im hinteren Drittel mit schwarzen Winkeln. Beine sehr lang und dünn, bei älteren Tieren rötlichbraun; Jungspinnen besitzen graue Beine, die viel dunkler als der Körper sind.

Labulla thoracica ♀

Stemonyphantes lineatus ♀ mit Kokon

Taracnucnus setosus ♀

Helophora insignis

Weibchen: 4 mm Männchen: 3,5 mm

Rötlichbraun gefärbte Spinne, deren Rückenschild fast so groß wie der gesamte Hinterleib ist. Rückenschild braun mit feiner, dunkler Einfassung, stark glänzend. Hinterleib länglich-oval, rötlichbraun bis orangebraun, mit schwarzen Flecken an den Seiten und 2–3 dünnen schwarzen Winkeln am Hinterende. Beine sehr lang und dünn, braun bis orangebraun und mit kurzen schwarzen Stachelhaaren besetzt.

Diese Art lebt hauptsächlich zwischen niederen Pflanzen in feuchten Waldgebieten und ist im Herbst und Winter zu sehen.

Lepthyphantes

Die Gattung *Lepthyphantes* ist die größte Gattung innerhalb der Familie der Baldachinspinnen. Die Vertreter dieser Gattung kommen weltweit vor und zeichnen sich durch folgende gemeinsame Merkmale aus: Rückenschild vorne flacher als hinten, unbehaart und glänzend, meist breit-oval und nach vorne schmäler werdend. Die 8 Augen sitzen auf kleinen dunklen Erhebungen. Hinterleib länglich-oval, hochgewölbt und zu den Spinnwarzen hin spitz auslaufend. Beine ziemlich lang und dünn und mit langen Stachelhaaren besetzt. Die größeren Arten tragen auf der Oberseite ihres Hinterleibes meist ein Muster aus paarweise angeordneten dunklen Punkten, kleinere Arten sind meist gleichmäßig ausgefärbt und ziemlich blaß.

Lepthyphantes-Arten bauen einfache Deckennetze mittlerer Größe.

Lepthyphantes nebulosus

Weibchen: 4 mm Männchen: 3,5 mm

Beide Geschlechter ähneln sich sehr stark. Rückenschild gelbbraun mit dunkler Mittellinie, die sich am Kopf gabelt, und dunklen, unregelmäßig breiten Rändern. Hinterleib oval, ziemlich kurz, hellbraun mit unregelmäßigen dunklen Flecken und vielen hellen Härchen bedeckt. Beine sehr lang und dünn, hell- und dunkelbraun geringelt, mit vielen dunklen Stachelhaaren.

Diese Art kommt vorwiegend in Häusern und Gärten vor.

Lepthyphantes leprosus

Weibchen: 3 mm Männchen: 2,5 mm

Diese Art ähnelt sehr stark der vorigen, ist jedoch in der Färbung etwas heller. Rückenschild braun mit dunklem Mittelband, das sich allerdings nicht gabelt wie bei *L. nebulosus,* und dunklem Rand. Hinterleib kurz-oval, nach hinten stark zugespitzt, hell gelbbraun mit dunklerer Fleckenzeichnung. Beine sehr lang und dünn, blaß hellbraun gefärbt, ohne Ringelung.

L. leprosus kommt ebenfalls in Häusern und Gärten vor, lebt aber auch auf Feldern und Wiesen.

Helophora insignis ♀

Lepthyphantes nebulosus ♀

Lepthyphantes leprosus ♀

Lepthyphantes minutus

Weibchen: 4 mm Männchen: 3,5 mm

Dunkelbraun gefärbte Art mit ganz charakteristischen goldfarbenen Punkten auf dem Hinterleib. Rückenschild dunkelbraun glänzend, breit-oval, nach vorne zu schmäler werdend. Hinterleib länglich-oval und recht hochgewölbt, beige bis rötlichbraun mit schwarzen Flecken und den typischen goldfarbenen Punkten an den Seiten, mit vielen kurzen hellen Härchen. Beine lang und dünn und gelb- bis rötlichbraun und schwarz geringelt.

L. minutus lebt hauptsächlich an Baumstämmen, auch an gefällten, liegenden Stämmen, kommt aber gelegentlich auch in Häusern vor und ist vor allem im Herbst anzutreffen.

Lepthyphantes alacris

Weibchen: 3 mm Männchen: 2,5 mm

Hell- bis dunkelbraune, relativ kleine Spinne mit langen, dünnen Beinen. Rückenschild dunkelbraun, glänzend, relativ klein. Hinterleib oval, rötlich- bis graubraun mit blaßgelben Punkten und dunkelbraunem Mittelband, das jedoch nur bis zur Hälfte des Hinterleibes reicht. Vom Mittelband gehen nach beiden Seiten dunkle Schrägstreifen aus, nach dem Mittelband folgen 2–3 dunkle Winkel. Beine blaßbraun, ohne dunkle Ringelung, jedoch mit dunklen Stachelhaaren besetzt.

L. alacris lebt in der niederen Vegetation von Laub- und Nadelwäldern.

Lepthyphantes tenuis

Weibchen: 2,5 mm Männchen: 2 mm

Relativ kleine *Lepthyphantes*-Art, die jedoch noch die typische Hinterleibszeichnung der größeren Arten trägt: paarweise angeordnete dunkle Punkte, die beiderseits der Mittellinie von vorne bis hinten über den Hinterleibsrükken ziehen. Grundfärbung gelblichbraun bis braun. Rückenschild dunkelbraun, glänzend. Hinterleib gelblichbraun mit dunklen Punktreihen und kurzen hellen Härchen. Beine gelblichbraun, ohne deutliche Ringelung.
Diese Art kommt das ganze Jahr über in niederer Vegetation vor.

Lepthyphantes tenuis ♀

Lepthyphantes minutus ♀

Lepthyphantes alacris ♀

Lepthyphantes obscurus ♀

Lepthyphantes obscurus (Bild Seite 287)
Weibchen: 2–2,5 mm Männchen: 2 mm
Sehr dunkle Art. Rückenschild dunkelbraun oder schwarz, glänzend, im Vergleich zum Hinterleib relativ klein. Hinterleib hellbraun mit zwei dunklen Punktreihen und dunkleren Seiten. Beine lang und dünn, hellbraun, ohne dunkle Ringelung, mit dunklen Stachelhaaren.
L. obscurus lebt zwischen niederen Pflanzen und Gebüsch und ist hauptsächlich im Sommer anzutreffen.

Lepthyphantes ericaeus
Weibchen: 1,5 mm Männchen: 1,5 mm
Diese Art gehört zu den kleinen *Lepthyphantes*-Arten, die meist sehr blaß gefärbt sind und kaum eine Zeichnung tragen. Grundfärbung beige bis gelblich-grün. Rückenschild und Hinterleib fast gleich groß. Rückenschild gelblich glänzend mit grünlichem Rand; die Augen, die auf dunklen Erhebungen sitzen, fallen bei der blassen Färbung besonders auf. Hinterleib recht kurz, nach hinten zugespitzt, gelblichgrün und hellbraun genetzt und mit langen dunklen Haaren besetzt. Beine recht lang, gelblichgrün, mit vielen langen dunklen Stachelhaaren.
L. ericaeus lebt in niederer Vegetation an lichten Plätzen.

Lepthyphantes expunctus
Weibchen: 2,5 mm Männchen: 2 mm
Kleine, braun bis schwarz gefärbte Art, die an Baumstümpfen und den unteren Ästen von Nadelbäumen lebt und sich von allen *Lepthyphantes*-Arten am weitesten vom Boden entfernt. Rückenschild im Vergleich zum Hinterleib recht klein, braun mit dunkler Zeichnung hinter dem Kopf und dunklen Rändern, glänzend. Hinterleib blaßbraun mit deutlichem braunem Herzmal, dem 5–6 schmale dunkle Winkel folgen. Beine hellbraun, ohne Zeichnung, jedoch mit langen dunklen Stachelhaaren.
L. expunctus kommt am häufigsten im Frühherbst vor.

Pityohyphantes phrygianus
Weibchen: ca. 5 mm Männchen: 4,5 mm
Sehr deutlich gezeichnete und relativ leicht zu bestimmende Art. Beide Geschlechter ähneln sich in Färbung und Zeichnung: Rückenschild blaßbraun mit dunklem Mittelband, das zwischen den Augen beginnt und nach hinten spitz zuläuft, mit schmalem dunklem Rand und hellen, strahlenförmig vom Mittelband ausgehenden Streifen. Hinterleib weiß und braun fein genetzt, mit deutlichem dunkelbraunem Mittelband, das fast wie ein Farnblatt gezeichnet und gezackt ist. Beine gelblichbraun und dunkelbraun geringelt und mit langen dunklen Stachelhaaren besetzt.
Diese Art ist vom Frühjahr bis Frühsommer an den unteren Ästen von Nadelbäumen zu sehen.

Lepthyphan-
tes ericaeus
♂

Lepthyphan-
tes expunctus
♀

Pityohyphan-
tes
phrygianus
♀

Floronia bucculenta
Weibchen: 4 mm Männchen: 4 mm
Männchen und Weibchen in Färbung und Zeichnung sehr ähnlich. Das Männchen unterscheidet sich jedoch deutlich vom Weibchen durch die Kopfform und die Form des Hinterleibes: Kopfteil beim Männchen breit erhaben und mit vielen zu Büscheln angeordneten langen dunklen Haaren im Augenfeld (siehe Schwarzweißfoto Seite 269). Hinterleib nicht so stark gewölbt wie beim Weibchen. Rückenschild graubraun mit dunklem Rand, relativ flach und klein im Vergleich zum Hinterleib. Hinterleib sehr hochgewölbt (von der Seite halbkugelförmig) und in den Spinnwarzen spitz auslaufend, rötlichbraun mit dunklen Streifen und weißen Punkten auf der Oberseite und dunklen Bögen an den Seiten. Beine sehr lang und dünn, rötlichbraun mit vielen langen dunklen Stachelhaaren.
Diese Art bevorzugt feuchte Plätze, an denen sie in niederer Vegetation ihre einfach gebauten und teilweise sehr großen Netze anlegt.

Eigentliche Baldachinspinnen *(Linyphia)*
Zur Gattung *Linyphia* (auch *Neriene, Microlinyphia* oder *Frontinella* genannt) gehören 10 in Mitteleuropa heimischen Arten, die unter anderem an ihrem typischen Netzbau zu erkennen sind: Das Fangnetz besteht aus einer dicht gewebten, waagrecht hängenden Seidendecke, unter der sich die Spinne aufhält. Über dieser Decke verlaufen zahlreiche Fäden, die zum einen das Netz befestigen, zum andern als „Stolperfäden" für Beutetiere dienen. Unter der dichten Decke ist oft noch eine „Schutzdecke" eingezogen, die die Spinne vor eventuellen Feindangriffen von unten her schützt. Fühlt sich die Spinne bedroht, dann rennt sie zum Rand des Netzes, um dort nicht so sehr aufzufallen, oder aber sie läßt sich von dort aus an einem Sicherheitsfaden auf den Boden herab, um sich unter Laubstreu oder Steinen zu verbergen. Die Arten der Gattung *Linyphia* sind fast durchweg dunkelbraun oder schwarz gefärbt, die Weibchen tragen eine deutliche helle Hinterleibszeichnung, an der sie recht leicht zu bestimmen sind. Die Männchen besitzen meist keine so deutliche helle Zeichnung auf dem Hinterleibsrücken, sind dafür jedoch mehr oder weniger tief eingeschnürt (siehe Bild Seite 294 unten) und können eigentlich nur zur Paarungszeit, wenn sie im Netz des Weibchens wohnen, genau eingeordnet und bestimmt werden.

Baldachinspinne *(Linyphia triangularis)*
Weibchen: 6 mm Männchen: 5 mm
Bei dieser Art kann zumindest das Weibchen anhand seiner deutlichen Zeichnung gut bestimmt werden. Rückenschild breit oval, flach, blaßbraun glänzend mit dunklem, gegabeltem Mittelband und dunklen Randbändern, mit helleren, fast orangefarbenen Strahlen, die vom Mittelband ausgehen, und einem feinen hellen, oft orangefarbenen Rand. Hinterleib länglich-oval, weiß mit einem dunkelbraunen Blattmuster, das in sich rötlichbraun und weiß gesprenkelt ist. Seiten dunkelbraun mit einigen hellen Schrägstreifen. Beine recht lang, dunkelbraun bis graubraun, wobei die obersten beiden Beinglieder oft orangefarben oder hellbraun gefärbt sind, mit langen dunklen Stachelhaaren.

Floronia bucculenta
♀

Diese Art ist sehr häufig und weit verbreitet, man kann sie in allen Biotopen finden. Das Netz wird meist in recht großer Höhe (bis zu 6 m über dem Boden) an Bäumen angelegt oder in geringerer Höhe in Büschen und höheren Pflanzen. Am häufigsten anzutreffen ist *L. triangularis* im Spätsommer und Herbst.

Linyphia triangularis
♀

Linyphia montana

Weibchen: 6 mm Männchen: 4 mm

Recht dunkel gefärbte Baldachinspinne mit relativ großem, länglich-ovalem Hinterleib. Rückenschild im Vergleich zum Hinterleib kurz und schmal, dunkelbraun mit schwarzen Rändern und schwarzer Mittellinie, glänzend. Die dunklere Zeichnung des Rückenschildes ist mit bloßem Auge oft kaum zu erkennen. Hinterleib auf der Oberseite und den Seiten weißlich und dunkelbraun bis schwarz genetzt, mit einer breiten dunkelbraunen Blattzeichnung, die leicht gezähnt ist. Beine gelbbraun und dunkelbraun geringelt, mit schwarzen Stachelhaaren.

Diese Art legt ihre dichten und stabilen Netze in Büschen und unter gefällten Baumstämmen an. Die Spinnen sind im Frühsommer häufig zu sehen.

Linyphia hortensis

Weibchen: ca. 5 mm Männchen: ca. 4 mm

Rückenschild und Hinterleib dieser Art sind fast gleich lang und gleich breit. Rückenschild dunkelbraun, glänzend. Hinterleib dunkelbraun mit breiter purpurbrauner, dichter Blattzeichnung, die weiß gerandet ist. Diese Umrandung ist im vorderen Teil breiter und deutlicher zu erkennen als im hinteren Teil des Hinterleibes. Beine im Vergleich zum Körper sehr lang und dünn, heller braun und ohne Zeichnung, jedoch mit vielen dunklen Stachelhaaren.

Diese Art bevorzugt mit niederen Bäumen und Gebüsch bewachsene Waldränder und ist hauptsächlich im Frühsommer anzutreffen.

Linyphia clathrata

Weibchen: 5 mm Männchen: 4 mm

Recht dunkel gefärbte, kompakte Art. Rückenschild dunkelbraun bis schwarz, glänzend, fast so lang wie Hinterleib, jedoch schmäler. Hinterleib länglich-oval, braun mit dunkelbrauner Blattzeichnung, die bis zu den Seiten reicht und innen heller gefärbt ist als am Rand. Beine einfarbig braun, mit schwarzen Stachelhaaren, recht kompakt.

Erwachsene Tiere dieser Art sind das ganze Jahr über in niederer Vegetation an beschatteten und nicht zu trockenen Plätzen zu finden. Die Männchen besitzen eine sehr tiefe Einschnürung des Hinterleibes, so daß sie auf den ersten Blick einer Ameise sehr ähnlich sehen.

Linyphia (Neriene) montana ♀ mit Kokon

Linyphia hortensis ♀

Linyphia (Neriene) clathrata ♀

Linyphia furtiva

Weibchen: 4 mm Männchen: 3,5 mm

Diese Art gleicht sehr stark der vorigen, ist in der Färbung aber eher grauschwarz als braunschwarz. Rückenschild schwarz, glänzend, etwa so lang wie der Hinterleib. Hinterleib mehr oder weniger schwarz mit hellem, gezacktem Mittelband. Beine grauschwarz, ohne Zeichnung, aber mit dunklen Stachelhaaren. Gut von *L. clathrata* abzugrenzen, da *L. furtiva* bevorzugt an trockenen, der Sonne ausgesetzten Plätzen vorkommt.

Linyphia peltata

Weibchen: 4 mm Männchen: 2–3 mm

Auch bei dieser Art ist das Weibchen recht deutlich zu erkennen und gut von anderen *Linyphia*-Arten zu unterscheiden. Rückenschild im Vergleich zum Hinterleib recht kurz und schmal, rötlichbraun mit dunkelbraunem Mittelband, das sich nach vorne zu verbreitert und den ganzen Kopfbereich bedeckt. Hinterleib breit-oval, mit dunkelbraunem Mittelband, das aus einzelnen Dreiecken zusammengesetzt erscheint, restliche Oberseite weiß und leicht bräunlich genetzt. Seiten dunkelbraun. Beine blaßbraun und ohne Zeichnung, mit dunklen Stachelhaaren. *L. peltata* besiedelt bevorzugt Büsche und die unteren Äste von Nadelbäumen.

Microlinyphia pusilla

Weibchen: ca. 5 mm Männchen: 3,5 mm

Bei dieser Art ist das Weibchen wieder typisch dunkelbraun bis schwarz und weiß gezeichnet, das Männchen dunkelbraun mit nur zwei weißen Flecken auf dem Vorderende des Hinterleibes. Auf dem untenstehenden Bild sieht man recht deutlich die Einschnürung des Hinterleibes, die bei allen *Linyphia*-Männchen mehr oder weniger deutlich vorkommt. Rückenschild und Hinterleib beim Weibchen schwarz bis dunkelbraun, glänzend. Auf der Oberseite und den Seiten des Hinterleibes sind mehr oder weniger regelmäßig weiße Flecken verteilt. Beine hellbraun, ohne Zeichnung, aber mit schwarzen Stachelhaaren. *M. pusilla* lebt bevorzugt in niederer Vegetation an feuchten Plätzen und ist vor allem im Frühsommer anzutreffen.

Microlinyphia pusilla ♂

Linyphia (Neriene) furtiva ♀

Linyphia (Neriene) peltata ♀

Microlinyphia pusilla ♀

Linyphia frutetorum
Weibchen: 5 mm Männchen: 5 mm

Auch bei dieser Art ist das Weibchen deutlich schwarz-weiß gezeichnet. Rükkenschild dunkelbraun mit dunklerem Mittelstreifen, glänzend, im Vergleich zum Hinterleib recht klein. Hinterleib länglich-oval, weiß, mit deutlicher breiter, schwarzer bis dunkelbrauner Blattzeichnung. Unterseite gelblich-weiß und schwarz gefleckt. Beine braun bis dunkelbraun, ohne Zeichnung, mit dunklen Stachelhaaren.

L. frutetorum lebt auf Gebüsch und niederen Bäumen und legt ihre feinen Gewebedecken ca. 1 m über dem Boden an.

Linyphia marginata
Weibchen: 5 mm Männchen: 5 mm

Diese Art scheint der vorigen auf den ersten Blick sehr stark zu ähneln: Grundfärbung ebenfalls dunkelbraun bis schwarz und weiß. Beide Geschlechter gleichen sich; das Männchen ist allerdings etwas schlanker als das Weibchen. Rückenschild braun mit hellen Rändern und dunklerem Kopfbereich. Hinterleib länglich-oval, weiß mit feiner schwarzer oder dunkelbrauner Blattzeichnung, die im Gegensatz zur Zeichnung von *L. frutetorum* immer wieder durch helle Flecken und Punkte unterbrochen wird. Auf den hellen Seiten des Hinterleibes liegt im vorderen Bereich je eine dunkle, waagrechte Linie, im hinteren Teil je 3–4 senkrechte dunkle Linien. Unterseite des Hinterleibes schwarz mit hellem Mittelband, das von 3 hellgelben, fast dreieckigen Flecken flankiert wird. Beine braun bis dunkelbraun, ohne Zeichnung, mit dunklen Stachelhaaren.

L. marginata lebt ebenfalls in Büschen und niederen Bäumen und legt ihre Gewebe ca. 1 m über dem Boden an. Das einheitliche Netz besitzt ein kuppelförmiges Aussehen und besteht aus einem dreidimensionalen Gitterwerk feinster Seidenfäden, die im Sonnenlicht sehr schön reflektieren.

Microlinyphia impigra
Weibchen: 5 mm Männchen: 4 mm

Männchen und Weibchen dieser Art unterscheiden sich.

Weibchen: Rückenschild graubraun bis schwarz mit dunklem Mittelband, das sich zum Kopf hin verbreitert und den ganzen Kopf bedeckt, mit dunklen Rändern, stark glänzend. Hinterleib länglich-oval, zu den Spinnwarzen hin spitz auslaufend. Oberseite weiß mit unregelmäßigem Herzmal in der vorderen Hälfte und zwei Reihen dreieckiger Flecken in der hinteren Hälfte. Seiten weiß oder grau, Unterseite schwarz. Beine hell graubraun, ohne Zeichnung, mit dunklen Stachelhaaren.

Männchen: Rückenschild dunkel rötlichbraun. Hinterleib tief dunkelbraun, nur am Vorderende zwei helle Flecken, sonst ohne Zeichnung. Beine rötlichbraun, ohne Zeichnung, mit dunklen Stachelhaaren.

Diese *Linyphia*-Art kommt vorwiegend in der niederen Vegetation in Sumpf- oder Moorgebieten und an Gewässerufern vor, ist weit verbreitet und am häufigsten im Frühsommer zu sehen.

Linyphia frutetorum ♀

Linyphia (Neriene) marginata ♀

Microlinyphia impigra ♀

Linyphia emphana
Weibchen: ca. 6 mm Männchen: 5 mm
Männchen und Weibchen ähneln sich in Färbung und Zeichnung sehr, unterscheiden sich jedoch anhand der Körperform. Das Männchen ist viel schlanker als das Weibchen und besitzt auf der Unterseite des Hinterleibes eine geschwollene Bauchfalte (ähnlich wie die Vertreter der Gattung *Theridion*, Seite 224).
Rückenschild blaß graubraun mit dunkleren Rändern, glänzend. Kopfbereich hellbraun, glänzend. Rückenschild fast so breit wie der Hinterleib. Hinterleib länglich-oval. Oberseite weiß mit einem dünnen schwarzen Herzmal, dem 3 kurze schwarze Querbarren folgen. Seiten grau-weiß, Unterseite grau. Beine im Vergleich zum Körper sehr lang und relativ kräftig, blaßgrau, ohne Zeichnung, mit dunklen Stachelhaaren.
Diese Art ist weit verbreitet, im Sommer häufig anzutreffen. Sie lebt in Bäumen, in denen sie ihr relativ großes, feines Netzwerk ab 2 m über dem Boden aufwärts befestigt.

Weberknechte, Afterspinnen, Kanker (Opiliones)

Weberknechte sind 1–20 mm lange Spinnentiere, die oft mit den Webespinnen verwechselt werden. Sie unterscheiden sich jedoch durch einige wesentliche Merkmale sehr deutlich von den Spinnen:

1. Weberknechte besitzen einen ovalen bis länglichen, einteiligen Körper, d. h. Vorderkörper und Hinterleib sind miteinander verwachsen; es fehlt die deutliche Verengung zwischen Vorderleib und Hinterleib. Die Verbindung zwischen dem breiten Vorderleib und dem kurzen, breiten Hinterleib ist meist nur sehr schwer zu erkennen. Sie ist von einem dunklen Band, dem sogenannten „Sattel“ bedeckt, das vom Kopf bis zum Hinterleibsende führt. Die Form dieses Sattels dient u. a. zur Artbestimmung, darf jedoch nicht als einziges Bestimmungsmerkmal angesehen werden.
2. Der Hinterleib ist deutlich gegliedert und besitzt keine Spinnwarzen.
3. Die Beine sind außerordentlich lang, das letzte Beinglied (Fuß) ist je nach Art noch mehrmals unterteilt, was dem Tier mehr Beweglichkeit verleiht. Die Beine der Weberknechte sind sehr zerbrechlich und besitzen sogenannte „Sollbruchstellen“, so daß sie bei Gefahr leicht abgeworfen werden können oder abbrechen.
4. Weberknechte besitzen nur 1 Paar kleine, punktförmige Augen (Spinnen 6–8), das auf einer Erhebung, dem Augenhügel (Ocularium), liegt.
5. An den Seiten des Vorderkörpers liegt jeweils eine Duftdrüse.
6. Die Geschlechtsöffnung liegt zwischen dem hinteren Beinpaar. Das Männchen besitzt ein röhrenartiges Begattungsorgan, das Weibchen

Linyphia (Neriene) emphana ♀

eine langgestreckte, sehr dehnfähige und bewegliche Legeröhre. Diese Geschlechtsteile liegen in der Geschlechtsöffnung und können bei Bedarf hervorgestreckt werden.

7. Im Gegensatz zu den Spinnen gibt es bei den Weberknechten keine Werbung. Die Paarung kann wenige Sekunden bis einige Minuten dauern und des öfteren wiederholt werden. Das Weibchen legt im Herbst mit Hilfe seiner langen Legeröhre die Eier in feuchte Erde. Die Jungtiere schlüpfen im Frühjahr. Weberknechte sind einjährig.
8. Weberknechte können keine Netze oder Schlupfgespinste weben (fehlende Spinnwarzen). Sie suchen Schutz zwischen Rinde und Mauerspalten.
9. Einige heimische Arten tragen an ihrem Körper, den Kieferklauen und den Beinen höckerartige Erhebungen, die je nach Form und Größe unterschieden werden in Stacheln, Zähne und Borsten.
   Stacheln nennt man die kugelförmigen Höcker, die sich von der Körperoberfläche erheben und von der Oberhaut gebildet werden. Zähne sind kleinere, kugelförmige Erhebungen, die meist in Querreihen angeordnet sind. Die Borsten schließlich ähneln den Stacheln, wie sie bei den Spin-

Leiobunum rotundum ♂ und ♀

nen beschrieben werden. Sie sind allerdings kürzer, bedecken die Beine und werden auf den Spitzen der Zähne und in manchen Fällen auch auf den Stacheln gefunden.

10. Weberknechte sind nachtaktive Landtiere und Allesfresser; sie ernähren sich sowohl von pflanzlicher als auch von tierischer Nahrung, von lebendem wie auch totem Material.

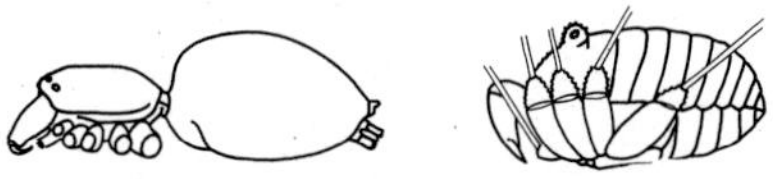

Spinne Weberknecht

Spinnenfuß
Weberknechtfuß

Von den ca. 2500 bisher bekannten Arten kommen in Mitteleuropa ca. 35 Arten aus 4 Familien vor:
Brettkanker (Trogulidae)
Fadenkanker (Nemastomatidae)
Schneckenkanker (Ischyropsalidae)
Echte Weberknechte (Phalangiidae)

Brettkanker (Trogulidae)

Die Angehörigen der Familie der Brettkanker besitzen einen länglich-ovalen, warzigen, dunklen Körper, der meist mit Erdreich und Detritus bedeckt ist, so daß die Tiere in ihrer Umgebung kaum auffallen. Der Vorderkörper ist vorne in zwei Fortsätzen oder einem kapuzenartigen Gebilde verlängert. Die Beine sind relativ kurz, die Fußglieder des 2. Laufbeinpaares höchstens 3gliedrig. Brettkanker sind relativ träge Tiere, die sich bei Gefahr totstellen. Sie leben unter Laub, Steinen, Moos und Detritus. In unserem Gebiet sind 4 Arten bekannt: *Anelasmocephalus cambridgei, Trogulus tricarinatus, Trogulus tingiformis* und *Trogulus nepaeformis.*

Fadenkanker (Nemastomatidae)

Die Vertreter dieser Familie besitzen einen ziemlich kompakten Körper und meist weberknechtartig lange, dünne Beine mit vielgliedrigen (20–30) Füßen. Diese langsamen, am Boden lebenden Tiere kommen vor allem im Gebirge und an feuchten Stellen vor und ernähren sich von kleinen Insekten und Milben. In Mitteleuropa sind 6 Arten bekannt: *Nemastoma bimaculatum, Nemastoma chrysomelas, Nemastoma saxonica, Nemastoma dentipalpe, Nemastoma quadripunctatum* und *Nemastoma triste.*

Megabunus diadema

Schneckenkanker (Ischyropsalidae)

Die Schneckenkanker ähneln sehr stark den Fadenkankern. Vorderkörper und Hinterleib sind durch eine breite Gelenkhaut verbunden. Die Kiefertaster sind jedoch fast körperlang (bei den Fadenkankern gibt es nur selten Exemplare, die solch lange Kiefertaster besitzen), die Atemöffnungen deutlich sichtbar (bei den Fadenkankern nicht sichtbar). Schneckenkanker sind sehr selten. Sie kommen vor allem in feuchten Mittelgebirgstälern an Baumstümpfen und im Bodenlaub vor. Die einzeln lebenden Tiere sind vor allem dämmerungsaktiv. Sie fressen vorwiegend kleine Nackt- und Gehäuseschnecken. Bei uns sind 2 Arten bekannt: *Ischyropsalis taunica* und *Ischyropsalis helwigi.*

Echte Weberknechte, Schneider (Phalangiidae)

Die Echten Weberknechte oder Schneider besitzen sehr lange Beine. Vor allem das 2. Beinpaar ist außerordentlich lang (5- bis 7mal so lang wie der gesamte Körper). Sie besitzen sogenannte „Sollbruchstellen", so daß die Tiere ihre Beine abwerfen können, wenn sie von einem Freßfeind gepackt werden oder in Gefahr sind. Die abgeworfenen Beinglieder zucken noch einige Zeit nach, so daß der Freßfeind vom eigentlichen Tier abgelenkt wird.
Die Echten Weberknechte kommen oft gesellig vor und leben vorwiegend auf Gras, Sträuchern, Bäumen, an Mauern und Hauswänden. Sie ernähren sich von Pflanzen und toten und lebenden kleineren Insekten.
In Mitteleuropa kommen 11 Gattungen mit über 20 Arten (siehe Seite 304–315) vor, die jedoch im Gelände nicht einfach zu bestimmen sind.

Brettkanker (Trogulidae)

Anelasmocephalus cambridgei
Weibchen: 3,5 mm Männchen: 3,5 mm
Männchen und Weibchen ähneln sich in Größe und Färbung sehr stark. Das 2. Beinpaar ist deutlich am längsten und mißt ca. 3,8 mm, ist also länger noch als der gesamte Körper. Körper leicht nach oben gewölbt, purpurfarben, bei erwachsenen Tieren jedoch mit Erde und Schmutz bedeckt. Kopf in zwei kurze, gerade Zipfel ausgezogen, die mit Stacheln besetzt sind. Die beiden punktförmigen Augen sitzen ganz am Vorderrand des Kopfes, direkt hinter den beiden Zipfeln, die die Kieferklauen und Kiefertaster bedecken. Beine gleichmäßig gefärbt, ebenfalls mit Erde und Schmutz bedeckt, dicht mit kurzen, gebogenen Stacheln und Borsten besetzt. Die Füße der ersten beiden Beinpaare sind 3gliedrig, die der beiden anderen Beinpaare 4gliedrig.
Diese Art ist weit verbreitet, jedoch recht selten zu sehen (und zu erkennen, da der schmutzbedeckte Körper mit der Umgebung verschmilzt). Sie kommt vorwiegend auf Kalkböden im Laub- und Bodenstreu vor. Die 3 *Trogulus*-Arten sehen *Anelasmocephalus* recht ähnlich, unterscheiden sich aber vor allem in der Größe (*T. tingiformis* 8,5–10 mm, *T. nepaeformis* 7–12 mm, *T. tricarinatus* ca. 7 mm) und sind viel seltener anzutreffen. Ihr Körper ist flach, die Kopffortsätze sind länger und ringförmig gebogen.

Fadenkanker (Nemastomatidae)

Nemastoma bimaculatum
Weibchen: 2,5 mm Männchen: 2,5 mm
Beide Geschlechter ähneln sich in Größe und Färbung. 2. Beinpaar 6 mm lang. Grundfärbung mattschwarz mit zwei rechteckigen, blaßgelben bis blaßgoldenen Flecken an der Verbindung zwischen Vorderleib und Hinterleib. (Bei der seltenen Unterart *bimaculatum unicolor* fehlen diese beiden hellen Flecken.) Hintere Segmente des Hinterleibes glänzend schwarz. Rükkenschilder ohne Höcker. Augenhügel recht niedrig. Beine bis auf das 2. Beinpaar mäßig lang, dünn, mattschwarz, untere Segmente jedoch leicht bräunlich.
Diese Art ist ziemlich häufig, weit verbreitet, tritt jedoch meist einzeln auf und kommt vorwiegend unter Steinen und Baumstämmen in Waldgebieten vor.

Die *Nemastoma*-Arten unterscheiden sich in der Hauptsache durch das Besitzen oder Nichtbesitzen von Höckern auf dem Hinterleib, der mit 4–5 Schildern bedeckt ist.
N. saxonica trägt auf den vorderen Rückenschildern spitze Höcker, *N. dentipalpe* trägt 5 Paar große Stacheln, die auf der Hinterleibsmitte sitzen, *N. triste* hat auf den ersten 4 Rückenschildern je ein Paar große, breite Höcker, die in der Mitte der Schilder liegen, *N. quadripunctatum* besitzt 2 Paar helle Flekken auf dem Rücken, ist jedoch in vielen Varietäten vorhanden und nur schwer zu bestimmen.

Anelasmoce-
phalus
cambridgei

Nemastoma
bimaculatum

Nemastoma chrysomelas
Weibchen: ca. 3 mm Männchen: ca. 3 mm
Beide Geschlechter gleichen sich in Größe und Färbung sehr stark. 2. Beinpaar ca. 7 mm lang. Körper hochgewölbt, hinten am breitesten, bräunlich mit goldfarbenen Querlinien oder Flecken. Rückenschilder vorne glatt, am Hinterrand jedoch gezähnt. Beine ziemlich lang und dünn, schwärzlich, untere Segmente jedoch blasser. Die dunkelgefärbten Kiefertaster sind länger als der Körper und dicht mit klebrigen Borsten besetzt.
Diese Art ist weit verbreitet, jedoch ziemlich selten. Die Tiere kommen einzeln lebend im Moos, unter Steinen und Baumstämmen in Waldgebieten vor.

Echte Weberknechte, Schneider (Phalangiidae)

Homalenotus quadridentatus
Weibchen: ca. 5 mm Männchen: ca. 5 mm
Beide Geschlechter sehr ähnlich, Männchen etwas dunkler gefärbt. 2. Beinpaar ca. 12 mm lang. Körper oval, leicht gewölbt, blaßbraun und dunkelbraun gefärbt. Vorderkörper halbkreisförmig mit dunklem Rand, der hell punktiert ist. Mit deutlich sichtbarem Stachel am Vorderrand, hinter dem dann der Augenhügel liegt. Hinterleib mit vier Zahnreihen, am Hinterrand 4 deutlich sichtbare, längere Zähne. Beine hell- und dunkelbraun gefärbt, mit Borsten besetzt und vielen Zähnchen an den Schenkeln, Knien und Schienen.
Diese Art ist das ganze Jahr über auf Kalkböden unter Steinen und Bodenstreu anzutreffen, ist jedoch nicht häufig.

Dicranopalpus ramosus
Weibchen: 4–6 mm Männchen: 3–4 mm
Bei dieser Art ist das Männchen kleiner und dunkler gefärbt als das Weibchen. Das 2. Beinpaar ist außerordentlich lang (bis 50 mm). Körper breit-oval, relativ flach, graubraun mit weißlicher und dunkelbrauner Zeichnung. Die beiden punktförmigen Augen auf dem Augenhügel sind deutlich zu erkennen, sie liegen sehr dicht beieinander. Vorderkörper graubraun bis rötlichgrau, Hinterleib rötlichgrau mit dunkler Querlinie in der vorderen Hälfte und blasser Mittelzone, die von hellen Punkten und kurzen Streifen sowie dunklen Flecken gesäumt wird. Am Hinterrand mit großem, aufragendem Höcker. Beine sehr lang, dunkelbraun und rötlichbraun gezeichnet. Kiefertaster so lang wie Körper, mit langem, zahnartigem Fortsatz.
Diese Art kommt hauptsächlich im Frühherbst in Gärten, auf Büschen und Mauern vor, ist aber auch in Gebäuden anzutreffen.

Nemastoma chrysomelas

Homalenotus quadridentatus

Dicranopalpus ramosus ♀

Mitopus morio

Weibchen: 4–8 mm Männchen: 5–6 mm

Weibchen etwas größer und dunkler gefärbt als Männchen. 2. Beinpaar sehr lang (30–40 mm). Körper sehr auffällig gezeichnet: dunkelbrauner, hell eingefaßter Sattel auf hellem Untergrund, sehr veränderlich; manchmal auch ganzer Hinterleib dunkelbraun. Beim Männchen Hinterleib zum größten Teil dunkelgrau mit hellen Punkten an den Seiten. Der Augenhügel liegt ziemlich weit hinten. Beine blaßbraun mit dunkleren Flecken, Knie und Schiene eckig geformt, mit Borsten besetzt.
Diese Art lebt hauptsächlich zwischen niederer Vegetation, ist sehr häufig und weit verbreitet und vor allem von Sommer bis Spätherbst zu sehen.

Oligolophus tridens

Weibchen: ca. 6 mm Männchen: ca. 5 mm

Beide Geschlechter ähneln sich, Männchen etwas kleiner. 2. Beinpaar 15 mm lang. Körper länglich-oval, etwa doppelt so lang wie breit, bräunlich gefärbt mit schwarzem Sattel, der vorne fast dreieckig ist, hinten jedoch schmaler wird und fast parallel liegende Seiten besitzt. Rücken matt und leicht genarbt. Mit dreizackigem Höcker am Stirnband. Beine mäßig lang, mit kleinen schwarzen Stacheln besetzt, bräunlich bis schwarz gefärbt.
Diese Art kommt vom Spätsommer bis Spätherbst in niederer Vegetation und auf Büschen in Wäldern vor, ist häufig und weit verbreitet.

Oligolophus hanseni

Weibchen: 6 mm Männchen: 4 mm

Männchen kleiner als Weibchen, dunkler gefärbt. 2. Beinpaar ca. 19 mm lang. Körper dunkel graubraun, etwa doppelt so lang wie breit, stumpf oval. Mit Querreihen heller Zähne auf dem Hinterleibsrücken. Augenhügel niedrig und dunkel gefärbt. Sattel zart beigefarben. Am Stirnrand Dreizack mit 3–5 breiten und einem schmaleren Zahn. Beine mäßig lang, dunkelbraun und hellbraun bis beigefarben gezeichnet. Knie und Schenkel leicht eckig.
Diese Art lebt in der Hauptsache auf Nadelbäumen und ist den ganzen Sommer über anzutreffen.

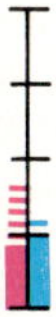

Mitopus morio
♀ mit Milben

Oligolophus tridens

Oligolophus hanseni

Oligolophus agrestis

Weibchen: 6 mm Männchen: 4 mm

Beide Geschlechter ähneln sich in Färbung und Zeichnung, das Männchen ist jedoch kleiner als das Weibchen. 2. Beinpaar sehr lang (14–20 mm). Körper spitz-oval, gewölbt, rötlichbraun bis graubraun gefärbt, mit einer Mittellinie aus hellen Punkten. Augenhügel niedrig, hell gefärbt. Hinterrand des Vorderkörpers mit heller Querlinie. Am Stirnrand mit Dreizack aus 3 stumpfen Zähnen, von denen der mittlere am längsten ist. Beine mäßig lang, ebenfalls graubraun bis rötlichbraun. Knie und Schienen eckig.

Diese Art ist häufig und weit verbreitet. Sie ist im Sommer und Herbst in Feld und Wald auf Bäumen, aber auch in niederer Vegetation zu finden.

Paroligolophus meadii

Weibchen: 4 mm Männchen: 3 mm

Beide Geschlechter ähneln sich in Färbung und Zeichnung, das Männchen ist jedoch etwas kleiner und dunkler gefärbt. 2. Beinpaar 17 mm lang. Körper länglich-oval, blaßbraun bis blaßgelb mit hellerem Sattel, der auf beiden Seiten von paarweise angeordneten dunkelbraunen Flecken flankiert wird. Augenhügel dunkel und deutlich erkennbar auf dem hellen Vorderleibsrücken. Hinterleib mit Querreihen kleiner Zähnchen. Am Stirnrand Dreizack aus 3 Zähnen, von denen der mittlere etwa doppelt so lang ist wie die beiden äußeren. Beine mäßig lang, wie der Körper gefärbt, untere Segmente etwas heller. Knie und Schienen eckig.

Diese helle Art ist von Sommer bis Spätherbst in trockenen Gebieten anzutreffen, vor allem in sandigen Heiden und Dünengebieten, in denen der helle Weberknecht gut getarnt ist.

Odiellus spinosus

Weibchen: ca. 10 mm Männchen: ca. 8 mm

Beide Geschlechter bis auf die Größenunterschiede gleich gefärbt und gezeichnet. 2. Beinpaar 23 mm lang. Körper breit-oval mit mehr oder weniger deutlich erkennbarem Sattel. Grundfärbung grau bis graubraun. Sattel dunkler mit hellen Flecken und Streifen, Ränder nicht parallel verlaufend, von unterschiedlicher Breite, nach hinten zu dunkler werdend, Hinterrand des Sattels weiß umrahmt. Hinterleibsrücken mit Querreihen kleiner Zähnchen. Augenhügel hell mit einer blassen Linie, die bis zum Dreizack am Stirnrand führt. Dreizack aus 3 auseinandergehenden, gedrungenen Zähnen. Beine relativ kurz und gedrungen, mit veränderlicher Zeichnung, jedoch in der Färbung wie der Körper. Knie und Schienen sehr eckig.

Diese Art ist im Herbst in Gärten und Häusern anzutreffen.

Oligolophus agrestis

Paroligolo-phus meadii

Odiellus spinosus

Phalangium opilio
Weibchen: 6–9 mm Männchen: 4–7 mm
Bei dieser Art unterscheiden sich die beiden Geschlechter sehr deutlich voneinander, zum einen durch die Größe, zum andern auch durch die unterschiedliche Färbung.
Weibchen: 2. Beinpaar 38 mm. Grundfärbung rötlich-graubraun. Körper länglich-oval, etwa doppelt so lang wie breit mit deutlich sichtbarem Sattel. Sattel dunkelbraun und relativ breit, zweimal eingeschnürt (einmal etwa in der Körpermitte, einmal kurz vor dem Hinterleibsende), wobei der Teil zwischen den beiden Einschnürungen hell umrahmt ist. Unter dem Vorderrand des Rückenschildes zwei blasse Zähne. Der Augenhügel ist hell gefärbt und mit einer Reihe kleiner Zähne besetzt, die bis zum Stirnrand reichen. Beine blaß rötlich-graubraun mit wenigen kleinen, dunklen Flecken, Schenkel mit vielen kleinen Zähnchen besetzt, die alle eine schwarze Spitze tragen.
Männchen: 2. Beinpaar 54 mm lang. Grundfärbung hell- bis dunkelbraun. Körper länglich-oval, etwa doppelt so lang wie breit, mit dunklem Sattel, der ebenfalls zweimal eingeschnürt ist. Sattelzeichnung und Körperfärbung nicht so klar wie beim Weibchen. Das Männchen von *Phalangium opilio* unterscheidet sich von anderen europäischen *Phalangium*-Männchen vor allem dadurch, daß am zweiten Segment der Kieferklauen ein nach vorn gerichtetes „Horn" (siehe Abbildung Seite 311 Mitte) sitzt. Bei einigen *Ph. opilio*-Männchen ist dieses Horn so lang wie der ganze Körper. Bauchseite beigefarben, ohne Zeichnung. Beine dunkelbraun, mit vielen Borstenhaaren besetzt.
Diese Art lebt vorwiegend in niederer Vegetation an trockenen Plätzen in Wäldern, Dünen und Heiden, ist sehr häufig und weit verbreitet und vor allem vom Sommer bis in den Winter hinein anzutreffen.

Opilio parietinus
Weibchen: 8 mm Männchen: 7,5 mm
Bei dieser Art gleichen sich die beiden Geschlechter in Größe und Färbung sehr stark. 2. Beinpaar sehr lang (44 mm). Grundfärbung grauschwarz mit sehr verschwommener und undeutlicher Zeichnung. Der Sattel ist kaum zu erkennen. Die Oberseite des Hinterleibes trägt in der Hauptsache dunkle, gebogene Querbarren, auf die Querreihen gut zu erkennender weißer Zähnchen folgen. Der Sattel ist meist ganz undeutlich lila bis grau gefärbt und wird von den dunklen Querbarren und den hellen Zähnchenreihen unterbrochen. Der Augenhügel ist hell gefärbt und trägt eine Reihe kleiner weißer Punkte, die in der Mittellinie verlaufen. Beine blaß lilagrau in den oberen Gliedern, nach unten zu dunkler werdend. Schenkel und Schienen leicht eckig.
Auch diese Art ist ziemlich häufig und weit verbreitet. Sie ist vor allem im Herbst in Gärten und Wäldern an nicht zu feuchten Stellen zu sehen.

Phalangium opilio ♀

Phalangium opilio ♂

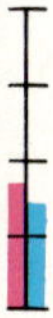

Opilio parietinus

Opilio saxatilis

Weibchen: 5 mm Männchen: 4,5 mm

Beide Geschlechter gleichen sich in Größe und Färbung. 2. Beinpaar 23 mm lang. Diese Art gleicht der vorigen in ihrer Färbung und Zeichnung sehr stark, unterscheidet sich von dieser jedoch durch die geringere Größe. Grundfärbung beigefarben-lila getönt, mit dunkleren Querbarren und hellen Zähnchenreihen. Der Sattel ist beigefarben bis lilagrau, sehr schmal und wie ein feiner Strich vom Augenhügel bis zum Hinterleibsende durchgehend. Beine blaßbraun mit dunkleren Flecken. Schenkel und Schienen leicht eckig.
Diese Art kommt vorwiegend in Sanddünen vor und ist vor allem im Herbst anzutreffen. Sie besiedelt aber auch andere trockene Plätze, ist häufig und weit verbreitet.

Rilaena triangularis

Weibchen: 6 mm Männchen: 4 mm

Sehr hell gefärbte Art, bei der sich beide Geschlechter ähnlich sehen. 2. Beinpaar 35 mm lang. Grundfärbung blaßbraun bis fast weißlich mit dunklerer Zeichnung. Der Sattel, der vorn und hinten abgerundet ist und zwei deutliche Einschnürungen besitzt, ist deutlich zu erkennen. Er ist hellbraun, wird aber zum Hinterende immer dunkler. Die Seiten sind mit helleren und dunkleren Pünktchen übersät. Augenhügel sehr breit, die Augen stehen weit voneinander entfernt. Beine blaßbraun, nur die oberen Glieder noch heller, ohne Zeichnung. Die Kieferklauen des Männchens tragen zwei kleine zahnähnliche Fortsätze an der Vorderseite des 2. Segmentes.
Diese Art kommt vom Frühjahr bis zum Hochsommer in der niederen Vegetation von Wäldern vor, ist häufig und weit verbreitet.

Megabunus diadema

Weibchen: 4,5 mm Männchen: 3 mm

Beide Geschlechter sehen sich in Färbung und Zeichnung recht ähnlich, das Männchen ist jedoch viel kleiner. 2. Beinpaar 35 mm lang. Diese Art ist recht leicht an ihrem außergewöhnlich großen und eigenartig geformten Augenhügel zu erkennen (siehe auch Bild Seite 301). Der große, kugelförmige Augenhügel ist mit großen Stacheln besetzt, die wie Wimpern um die beiden schwarzen Punktaugen stehen und dem Augenhügel ein igelartiges Aussehen verleihen. Grundfärbung blaßbraun bis hellbeige mit rötlichbraunen und dunkelbraunen Flecken und einem dunkelbraunen Sattel, der zweimal eingeschnürt ist und dem von *Phalangium opilio* stark ähnelt. Der Vorderrand des Rückenschildes trägt einen dünnen Stachel, an den Seiten liegen zwei weitere Stacheln. Die Beine sind lang und dünn und hell- und dunkelbraun gefärbt, Schenkel und Knie tragen je ein Paar helle Stacheln mit dunkler Spitze.
Diese Art lebt hauptsächlich an mit Flechten bewachsenen Baumstämmen in feuchten Waldgebieten, wo sie hervorragend getarnt ist.

Opilio saxatilis

Rilaena triangularis

Megabunus diadema

Leiobunum rotundum
Weibchen: 6 mm Männchen: 3,5 mm
Beide Geschlechter unterscheiden sich zum einen sehr deutlich durch ihren Größenunterschied, zum andern durch die Färbung: Das Männchen ist rötlichbraun gefärbt, das Weibchen hellbraun bis beigefarben (siehe Bild Seite 299). 2. Beinpaar sehr lang (58 mm).
Weibchen: länglich-ovaler Körper, etwa doppelt so lang wie breit. Grundfärbung hellbraun bis beige mit dunkelbraunem bis schwarzem Augenhügel und dunkelbraunem bis schwarzem Sattel. Hinter dem Augenhügel und an den Seiten des Hinterleibes liegen dunkle Punkte verstreut. Sattel mit fast parallel verlaufenden Seiten, verbreitert sich zum Hinterende zu und ist hinten stumpf gerundet. In dem dunklen Sattel, aber auch auf den hellbraunen Seiten liegen viele kleine weiße Pünktchen verteilt. Beine sehr lang und dünn, dunkelbraun und ohne Zeichnung.
Männchen: kurz-ovaler Körper, der rötlichbraun gefärbt ist und kaum eine Zeichnung zeigt. Besonders auffällig der dunkle Augenhügel. Beine sehr lang und dünn, dunkelbraun gefärbt und ohne Zeichnung.
Diese Art ist sehr häufig, weit verbreitet und bewohnt alle möglichen Lebensräume. Sie ist in der Hauptsache vom Hochsommer bis zum Spätherbst anzutreffen. Auffällig ist bei dieser wie aber auch bei den anderen Weberknecht-Arten, daß man sehr häufig Tiere mit weniger als 4 Beinpaaren sieht, da die langen, dünnen Beine sehr leicht „abbrechen“.

Leiobunum blackwalli
Weibchen: 6 mm Männchen: 3–4 mm
Beide Geschlechter unterscheiden sich sowohl in der Größe als auch in Körperform und Färbung.
2. Beinpaar sehr lang und dünn (50 mm).
Weibchen: mit fast birnenförmigem Körper, der sich zum Hinterende hin stark verbreitert. Grundfärbung hellbraun bis blaßbraun mit dunkelbraunem Sattel. Augenhügel goldfarben mit dünnem dunkelbraunem Mittelring. Er wird von dunklen Flecken eingerahmt. Sattel relativ kurz und fast dreieckig, wobei die Spitze des Dreiecks am Vorderrand des Hinterleibes liegt. Bauchseite hellbeige, ohne Zeichnung. Beine dunkelbraun, Kiefertaster blaßbraun bis beigefarben, ohne Zeichnung.
Männchen: Körper länglich-oval, etwa doppelt so lang wie breit. Grundfärbung etwas dunkler als beim Weibchen, daher auch der Sattel nicht immer deutlich zu erkennen. Augenhügel goldfarben mit hellem, die Augen umgebendem Ring. Beine dunkelbraun, Kiefertaster hellbraun und ohne Muster.
Diese Art lebt hauptsächlich in feuchten Waldgebieten und ist vom Hochsommer bis Spätherbst häufiger zu sehen. Sie ist jedoch seltener als *Leiobunum rotundum.*

Leiobunum rotundum
♀

Leiobunum blackwalli
♀

Register

Die halbfett gesetzten Seitenzahlen verweisen auf Abbildungen.